Oldenbourgs

Technische Handbibliothek

Band XV:

B. Jacobi, Elektromotorische Antriebe

München und Berlin

Druck und Verlag von R. Oldenbourg

1910

Elektromotorische Antriebe

für die Praxis bearbeitet

von

Oberingenieur **B. Jacobi**

———————

Mit 172 in den Text gedruckten Abbildungen

München und **Berlin**

Druck und Verlag von R. Oldenbourg

1910

Vorwort.

Im Laufe des letzten Jahrzehnts hat sich der Elektromotor in fast allen Zweigen der Industrie eingebürgert. Sowohl die kleinsten, wie auch die größten vorkommenden Kräfte werden durch Elektromotoren entwickelt. Infolge der außerordentlich vielseitigen Anwendungsmöglichkeiten und der Anpassungsfähigkeit des Elektromotors sind immer neue Anforderungen gestellt, die sich vorher entweder gar nicht oder nur unvollkommen erfüllen ließen, und es haben sich daher allmählich entsprechend den verschiedensten Betriebsbedingungen eine große Anzahl von Spezialkonstruktionen, sowohl der Elektromotoren selbst, als auch besonders der Anlaß- und Regulierapparate herausgebildet. Nur durch das Studium der gesamten Fachliteratur, Kataloge, Preislisten usw. ist es dem in der Praxis stehenden Fachmann, dem hierzu vielfach Zeit und Gelegenheit fehlt, bisher möglich gewesen, sich Kenntnis über die bekannt gewordenen Ausführungen zu verschaffen.

Die Kraftübertragung vom Elektromotor zum Kraftverbraucher oder zur Transmission und eventuell auch letztere selbst muß oft im Projekt enthalten sein bzw. mit ausgeführt werden. Außerdem beeinflußt diese nicht selten die Wahl des Motors, der Anlaßvorrichtung usw., so daß es geboten erschien, auch hierüber das Nötigste zu sagen, zumal dem Elektriker dieses Gebiet im allgemeinen weniger bekannt ist und eine zweckmäßige mechanische Kraftübertragung vielfach ebenso wichtig ist, als ein passender Motor, richtig bemessener Anlasser u. a. m.

Die Berechnungsbeispiele sollen nur den Zweck erfüllen, den Gang der Rechnung für einige herausgegriffene Fälle klarzulegen.

Der für eine größere Anzahl von Maschinen angegebene Kraftbedarf entspricht mittleren Werten und soll rasche approximative Überschlagsrechnungen und ungefähre Kostenangaben ermöglichen.

Die vorliegende Arbeit soll daher versuchen, nicht nur dem maschinentechnisch gebildeten Besitzer elektrischer Anlagen, Betriebsingenieur oder Werkführer, der eine vorhandene Anlage zu erweitern oder eine neue zu projektieren gezwungen ist, ein Ratgeber, hauptsächlich auf elektrotechnischem Gebiete, zu sein, der ihn instand setzt, sich aus der Fülle des Vorhandenen das für seinen Betrieb Passendste auszuwählen, sondern sie soll auch jüngeren Elektroingenieuren, sowie Montageinspektoren und Monteuren ermöglichen, sich über seltener vorkommende und daher weniger geläufige Fälle rasch zu informieren.

Daß bei der außerordentlichen Vielseitigkeit der Materie die Arbeit keinen Anspruch' macht, erschöpfend zu sein, und dies auch wegen des stetigen Fortschritts nicht sein kann, möge noch erwähnt werden.

Auf zahlreiche deutliche Zeichnungen sowie ein ausführliches Sachverzeichnis wurde besonderer Wert gelegt.

Für Verbesserungsvorschläge und etwaige Berichtigungen werde ich stets dankbar sein.

Braunschweig, Frühjahr 1910.

Der Verfasser.

Inhaltsverzeichnis.

Offene, ventiliert gekapselte und gekapselte Ausführung.
    Leistung dieser Typen bei Dauer- und intermittieren-
    dem Betrieb.
Mechanischer Aufbau der Motoren.
    a) Gleichstrommotoren.
    b) asynchrone Wechsel- und Drehstrommotoren.
    c) synchrone   »   »   »
Anordnung der Magnete bei Gleichstrommotoren.
Wendepole.
Dämpfungswicklung bei synchronen Wechsel- und Dreh-
    strommotoren.
Trommel- und Ringanker.
Glatte und Nutenanker.
Luftspalt zwischen Anker und feststehendem Teil.
Kühlung.
    a) Natürliche Abkühlung.
    b) Kühlung durch Ventilationsflügel.
    c)   ›   »   Preßluft.
    d)   »   »   Wasser.
Lager. Gleitlager, Kugellager, Lagerreibung, Schmierung
    (Ringschmierung, Preßölschmierung, Fettschmierung).
Anordnung der Lager.
Bügel-Schilder-Stehlager.
Anzahl der Lager.
Riemenscheibe.
Kommutatoren.
Bürsten. Arten und Belastungsfähigkeit derselben.
Bürstenhalter.
Schleifringe der Wechsel- und Drehstrommotoren.
Kurzschluß- und Bürstenabhebevorrichtung bei asyn-
    chronen Drehstrommotoren.
Eingebaute selbsttätige Anlasser bei asynchronen Dreh-
    strommotoren.

A. Wahl der Stromart.

Bei der Projektierung von Neuanlagen ist die Festsetzung der anzuwendenden Stromart abhängig von:

1. der Art der erforderlichen Motoren,
2. der Art des Betriebes,
3. der ev. Lichtanlage,
4. der Wahl der Reserve.

Handelt es sich um Betriebe mit gleichmäßig laufenden Maschinen, wie z. B. Holzbearbeitungs-, Schleiferei- usw. Maschinen, so eignen sich Gleichstrom-, Ein-, Zwei- und Dreiphasenstrommotoren gleich gut für den Antrieb. Ist jedoch für die Mehrzahl der Maschinen eine größere Geschwindigkeitsregulierung erforderlich, wie in Zeugdruck-Papier- usw. Fabriken, so ist der Gleichstrommotor vorzuziehen, weil dann die gesamte Geschwindigkeitsänderung in den Motor verlegt werden kann und daher mechanische Einrichtungen nur ausnahmsweise nötig werden. Es lassen sich zwar, wie später gezeigt wird, auch Drehstrommotoren durch entsprechende Einrichtungen regulieren, doch ist eine wirtschaftliche Regulierung nur in größeren Sprüngen möglich. Bei Gleichstrom gibt es dagegen verschiedene einfache Mittel, die Umlaufzahlen zu regulieren, die alle Anforderungen erfüllen.

Einen weiteren Einfluß auf die Stromart übt die Art des Betriebes aus. Es ist für schmutzige und staubige Betriebe der Drehstrommotor mit Kurzschlußanker entschieden dem Gleichstrommotor vorzuziehen. Ferner ist dies der Fall in

Betrieben, in denen Explosionsgefahr vorliegt, wie in Mühlen, Spinnereien, Explosivstoffabriken u. a. Es lassen sich zwar auch in diesen Gleichstrommotoren verwenden, wenn dieselben vollständig gekapselt werden. Der Anschaffungspreis wird dadurch aber erheblich höher. Auch der Mangel an zuverlässigem Bedienungspersonal kann ausschlaggebend für die Wahl des Drehstromes sein, da der asynchrone Drehstrommotor mit Kurzschlußanker eigentlich gar keiner Wartung bedarf, wenn man von dem in längeren Zwischenräumen erforderlichen Nachfüllen von Öl in die Ringschmierlager absieht. In nassen bzw. feuchten Betrieben ist der Drehstrommotor ebenfalls dem Gleichstrommotor überlegen. Ersterer kann in vielen Fällen, mit einem entsprechenden Anstrich der Wicklung zum Schutz gegen Feuchtigkeit, als offener Motor verwendet werden, wo der Gleichstrommotor mit Rücksicht auf den Kollektor gekapselt oder mindestens ventiliert gekapselt sein muß. Auch dort, wo der Drehstrommotor gekapselt werden muß, ist er aus Betriebsrücksichten vorzuziehen, da er wenig Wartung verlangt, und daher die unbequeme Öffnung der Kapselung auf das Mindestmaß beschränkt bleibt. Bei Anlagen, in denen die Betriebsspannung stark schwankt, ist Gleichstrom am Platze, da die Drehstrommotoren gegen Spannungsschwankungen empfindlicher sind als Gleichstrommotoren und außerdem in Gleichstromanlagen durch eine Pufferbatterie die Spannungsschwankungen erheblich gemildert werden können.

Auch in Betrieben mit eigener Stromerzeugungsanlage, in denen vor und nach der normalen Betriebszeit Motoren laufen müssen, z. B. für Kesselspeisepumpen, Kettenroste usw. ist es meist zweckmäßig, Gleichstrom anzuwenden und eine Akkumulatorenbatterie aufzustellen, welcher der erforderliche Strom außerhalb der normalen Betriebszeit entnommen wird. An Stelle der Batterie eine besondere kleine Maschine, z. B. Gasmotor oder Dieselmotor aufzustellen, empfiehlt sich in solchen Fällen meist nur dann, wenn hierdurch keine besonderen Bedienungskosten entstehen.

Die gleichzeitige Abgabe von Strom für Lichtzwecke muß, hauptsächlich wenn der Lichtstrom prozentual überwiegt, ebenfalls berücksichtigt werden. Obwohl es für Glühlichtbeleuchtung gleichgültig ist, welche Stromart angewendet wird, so ist dies bei Bogenlichtbeleuchtung nicht mehr der Fall. Wechselstrombogenlampen stehen den Gleichstrombogenlampen erheblich nach. Kommt also die direkte oder indirekte Bogenlichtbeleuchtung als Hauptbeleuchtung in Frage, so sind für gleiche Helligkeit die Betriebskosten bei Gleichstrom wesentlich geringer als bei Wechsel- oder Drehstrom.

Auch die Frage der Kraftreserve darf bei der Festsetzung der Stromart nicht unberücksichtigt bleiben. Es gibt wohl nur wenige Anlagen, die ohne jede Reserve arbeiten, jedoch viele, die keine eigene Reserve haben. Der Anschluß an das Leitungsnetz einer Stadt- oder Überlandzentrale oder an ein Nachbarwerk gestattet nicht nur auf eine eigene Reserve zu verzichten, sondern auch bei etwaigen Überstunden für einzelne Teile des Betriebes die eigene, schwach belastete und daher unwirtschaftlich arbeitende Anlage stillzusetzen. Ob es in solchen Fällen bei nicht zweckmäßiger Stromart der betreffenden Anlage zu empfehlen ist, die eigene Anlage mit der gleichen Stromart herzustellen, um eine billige Anlage zu erhalten, oder ob es zweckmäßig ist, den Strom umzuformen, richtet sich ganz nach den jeweiligen Verhältnissen und muß von Fall zu Fall entschieden werden. Oft genügt es, wenn nur die hauptsächlichsten Motoren vom Reserveanschluß gespeist werden können; der ev. Umformer braucht dann nur für diese bemessen zu werden.

In allen Fällen, in denen auf eine eigene Kraftstation verzichtet und der Strom bezogen wird, werden die Motoren möglichst für diese Stromart zu wählen sein, es sei denn, daß ausschlaggebende Gründe dagegen sprechen. Es dürfte z. B. selbstverständlich sein, daß beim Anschluß einer Papierfabrik an ein Drehstromnetz die Motoren für die Papiermaschinen trotzdem als Gleichstrommotoren mit Nebenschlußregulierung oder mit besonderer Dynamo ausgeführt werden, da nur hierdurch eine genaue Geschwindigkeitsregulierung und eine gute Papierqualität zu erzielen ist.

Fast bei allen Anlagen kommt es vor, daß die Anforderungen sich widersprechen, daß z. B. die große Regulier-

Tabelle 1.

Stromart	Vorteile	Nachteile	Verwendungsgebiet
A. Gleichstrom	1. Möglichkeit, die Motoren für jede Umdrehungszahl zu bauen 2. Große Anzugskraft der Motoren 3. Überlastungsfähigkeit derselben 4. Rationelle Anlaßmethoden 5. Rationelle Regelung der Umlaufzahlen 6. Geringe Empfindlichkeit gegen Spannungsschwankungen 7. Möglichkeit, Akkumulatoren als Momentreserve u. für schwachen Betrieb zu verwenden	1. Die Wartung der Kollektoren 2. Die auch bei großen Motoren verhältnismäßig niedrige Spannung	1. Kleine Anlagen 2. Anlagen mit Motoren für weitgehende Regelung der Umlaufzahlen 3. Anlagen mit stark schwankender Belastung (Batterie)
B. Drehstrom und Zweiphasenstrom	1. Große Anzugskraft und 2. Große Überlastungsfähigkeit der asynchronen Motoren 3. Ihre einfache Bauart unter Fortfall des Kollektors 4. Möglichkeit, hohe Spannungen anzuwenden	1. Abhängigkeit der Umdrehungszahl von d. Periodenzahl des Netzes und der Größe des Motors 2. Beschränkung in d. Regelung d. Umdrehungszahlen 3. Große Empfindlichkeit gegen Spannungsschwankungen 4. Schwierigkeit der Verwendung von Akkumulatoren 5. Notwendigkeit, die synchronen Motoren erst künstlich auf Touren zu bringen und eine besondere Gleichstromquelle zur Erregung derselben bereit zu halten 6. Geringe Überlastungsfähigkeit der synchronen Motoren	1. Größere Anlagen 2. Anlagen mit vielen Motoren für konstante Umlaufzahlen 3. Anlagen mit nassen, staubigen oder schmutzigen Räumen 4. Anlagen mit unkundigem Bedienungspersonal
C. Einphasenstrom	1. Einfache Bauart der asynchronen Motoren unter Fortfall des Kollektors 2. Große Anzugskraft 3. Große Überlastungsfähigkeit 4. Rationelle Anlaßmethoden 5. Rationelle Regelung der Umlaufzahlen } der Kommutatormotoren 6. Möglichkeit, hohe Spannungen anzuwenden	1. Abhängigkeit der Umdrehungszahl von d. Periodenzahl des Netzes und der Größe des Motors 2. Beschränkung in d. Regelung d. Umdrehungszahlen u. 3. große Empfindlichkeit gegen Spannungsschwankungen der asynchronen Induktionsmotoren 4. Schwierigkeit der Verwendung von Akkumulatoren 5. Notwendigkeit, die synchronen Motoren erst künstlich auf Touren zu bringen und eine besondere Gleichstromquelle zur Erregung derselben bereit zu halten 6. Geringe Überlastungsfähigkeit der synchronen Motoren 7. Unmöglichkeit, die normalen asynchronen Induktionsmotoren unter Last anlaufen zu lassen	1. Ausgedehnte Anlagen mit überwiegendem Lichtbetrieb 2. Anlagen für Bahnbetrieb 3. Anlagen mit vielen Motoren für weitgehende Regelung der Umlaufzahlen

barkeit der Maschinen Gleichstrommotoren verlangt, während gleichzeitig wegen mangelhafter Bedienung u. a. m. Drehstrommotoren vorzuziehen wären. Der projektierende Ingenieur muß dann stets die einzelnen Gründe gegeneinander abwägen und ev. zum gemischten System übergehen.

In nebenstehender Tabelle sind die hauptsächlichsten Vor- und Nachteile sowie das Verwendungsgebiet nochmals übersichtlich zusammengestellt.

B. Wahl der Spannung.

Die zu wählende Betriebsspannung hängt ab von:
1. der Ausdehnung der Anlage, der
2. Größe der Motoren, der
3. ev. Lichtanlage, der
4. Wahl der Reserve.

Die Ausdehnung der Anlage ist vor allem ausschlagebend für die Spannung. Die Anlagekosten für das Leitungsnetz nehmen bekanntlich nicht proportional mit zunehmender Spannung ab, sondern etwa im quadratischen Verhältnis. Eine Spannungserhöhung im Verhältnis 1 : 2 bringt also eine Verminderung der Anlagekosten für das Leitungsnetz im Verhältnis 4 : 1 mit sich. Zur Erzielung eines wirtschaftlichen Erfolges ist demnach eine möglichst hohe Spannung immer erwünscht. Bei verhältnismäßig kleinen Leitungsquerschnitten bringt eine Erhöhung der Spannung meist nicht die erwünschte Verbilligung, da die Isolierung der Motoren und der Leitungsanlage mehr kostet als bei niedriger Spannung; auch die Apparate sind bei hohen Spannungen teurer. — Eine Erhöhung der Spannung z. B. von 5000 V auf 10 000 V kann verkehrt sein, weil die teureren Apparate, verstärkter Schutz gegen Überspannungen usw. den Gewinn an Leitungsmaterial wieder verschlingen. Zur richtigen Beurteilung muß das Minimum an Kosten ermittelt werden für Motoren, Apparate und Leitungsanlage zusammen.

Die durchschnittliche Größe der Motoren ist ebenfalls mitbestimmend für die Wahl der Spannung. Für Anlagen mit überwiegend kleinen Motoren, z. B. Webereien, ist eine hohe Spannung nicht angebracht, selbst wenn sehr viele Motoren zur Aufstellung kommen und größere Leitungsquerschnitte bedingen. Die Spannung darf in solchen Fällen nur so hoch gewählt werden, daß normale Motoren verwendet werden können. Je größer die durchschnittliche Motorleistung, um so höher kann die Betriebsspannung gewählt werden.

Auch die Gefahr für das Bedienungspersonal muß Berücksichtigung finden. In feuchten und durchtränkten Räumen, in denen die Lebensgefahr bei Berührung eines stromführenden Teiles größer ist als in trockenen, wird man die Spannung möglichst niedrig wählen, ebenso, wenn das Bedienungspersonal nicht sachverständig ist, viel wechselt oder aus Saisonarbeitern besteht, wie z. B. in Zuckerfabriken.

In vielen Fällen wird auch die Beleuchtung die Spannung beeinflussen, wenigstens bei Gleichstromanlagen, da bei Wechsel- und Drehstromanlagen in einfacher Weise durch ruhende Transformatoren eine Spannungsänderung möglich ist. Durch Anwendung des Dreileitersystems können zwar die Vorteile der niedrigen und höheren Spannung z. T. vereinigt werden, doch ist wegen der Lampenspannung trotzdem nur eine Höchstspannung von 440 V für die Motoren erreichbar. Für Bogenlichtbeleuchtung ist wegen der größeren Unabhängigkeit der Lampen — zwei oder drei gewöhnliche Bogenlampen hintereinander oder eine Dauerbrandlampe allein — 2×110 V vorzuziehen.

Das unter A. über Beeinflussung durch die Wahl der Reserve Gesagte gilt fast in gleicher Weise auch für die Wahl der Spannung, wenigstens bei Gleichstromanlagen. Bei Wechsel- und Drehstromanlagen ist man viel unabhängiger von der Spannung, da eine Spannungsumformung durch billige, keiner Wartung bedürfende Transformatoren möglich ist. Jedenfalls darf aber die einfache Lösung der Reservebeschaffung nicht dazu führen, die Neuanlage der etwa vorhandenen Reserve anzupassen, statt umgekehrt zu verfahren.

Tabelle 2.

Spannung	Vorteile	Nachteile	Verwendungsgebiet
Niedrig	1. Verwendbarkeit der kleinsten Motoren 2. Billige Apparatenanlage 3. Geringe Gefährlichkeit für unkundiges Personal 4. Möglichkeit ohne weiteres Licht abzunehmen 5. Billige Motoren	Teure Leitungsanlage	1. Kleine Anlagen 2. Anlagen mit geringer Ausdehnung 3. Anlagen m. überwiegend kleinen Motoren 4. Anlagen mit unkundigem Bedienungspersonal 5. Anlagen m. überwiegend feuchten, durchtränkten, feuer- u. explosionsgefährlichen Räumen 6. Anlagen mit überwiegendem Lichtbetrieb
Hoch	Billige Leitungsanlage	1. Schwierigkeit, kleine Motoren anzuschließen 2. Teure Apparatenanlage 3. Größere Gefährlichkeit für unkundiges Personal 4. Schwierigkeit der Anlage direkt Licht zu entnehmen 5. Teure Motoren	1. Große Anlagen 2. Anlagen mit großer Ausdehnung 3. Anlagen m. überwiegend großen Motoren

Wie aus vorstehenden Ausführungen hervorgeht, ist die Wahl von Stromart und Spannung von so vielen Überlegungen und Berechnungen abhängig, daß nur die sorgfältigste Prüfung aller in Frage kommenden Punkte zur richtigen Lösung führt. Unter allen Umständen sind Anschauungen wie: »Für Motorenbetrieb ist Drehstrom von 500 V oder Gleichstrom von

220 V das beste« grundfalsch. Jede Stromart und Spannung hat ihre Vorzüge und Nachteile und muß an richtiger Stelle angewendet werden. In vorstehender Tabelle sind die hauptsächlichsten Vor- und Nachteile sowie das Verwendungsgebiet der niedrigen und hohen Spannung zusammengefaßt.

C. Die Motoren, ihre Eigenschaften und ihr Anwendungsgebiet.

I. Gleichstrom.

1. Hauptstrommotoren.

Die Eigenschaft des Hauptstrommotors (Fig. 1), seine Umlaufzahl annähernd proportional mit der Belastung zu ändern, macht ihn für viele Antriebe brauchbar, bei denen es erwünscht ist, bei geringen Belastungen große und bei großen Belastungen geringe Geschwindigkeiten anzuwenden. Besonders ist dies bei Kranen, Spills, Straßen- und Industriebahnen usw. der Fall. Da bei völliger Entlastung der Hauptstrommotor durchgeht, müssen besondere Einrichtungen getroffen werden, wenn die Gefahr der Entlastung nahe liegt. Diese bestehen z. B. in einer Zentrifugalklingel, die bei Überschreitung der höchst zulässigen Umlaufzeit ertönt, oder in einem automatischen Schwachstromauschalter, der den Motor bei einer gewissen unteren Stromstärke abschaltet, oder in einem automatischen Ausschalter, der mit einer für die Betriebsspannung bemessenen Wicklung versehen ist, die durch einen Zentrifugalkontakt bei Überschreitung der zulässigen Umlaufzahl an das Netz gelegt wird und dadurch den Ausschalter zur Auslösung bringt u. a. m. Im allgemeinen ist es wegen der Gefahr des Durchgehens üblich, Hauptstrommotoren nur für intermittierende Betriebe, bei denen der Motor nach der Arbeitsleistung abgeschaltet wird, anzuwenden, für Dauerbetriebe jedoch nur dann, wenn Motor und Maschine direkt gekuppelt werden und der Leerlauf der anzutreibenden Maschine ausreichend ist, ein Durchgehen zu verhindern. In vielen Fällen, in denen jetzt fast ausschließlich Nebenschluß- oder Compoundmotoren verwendet werden, ist Betrieb mit Hauptstrommotoren möglich und wegen der großen Betriebssicherheit des Hauptstrommotors vorzuziehen. Dahin gehört z. B. der direkte Antrieb von Ventilatoren, Zentrifugalpumpen, die nicht zu saugen brauchen, usw. Der Einwand, daß wegen der Abhängigkeit zwischen Leistung und Umlaufzahl der Kraftbedarf der anzu-

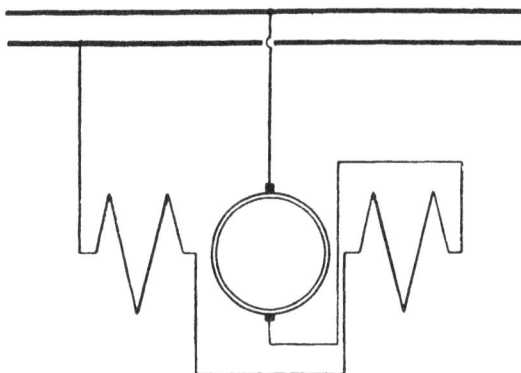

Fig. 1. Hauptstrommotor.

treibenden Maschine sehr genau bekannt sein müßte, ist nicht ausschlaggebend. Es genügt, wie in allen andern Fällen, die Kenntnis des angenäherten Kraftbedarfes. Die Umlaufzahl kann in einfacher und billiger Weise durch einen festen Parallelwiderstand zu den Magneten bei der Montage einreguliert werden; bei der Projektierung muß die Umlaufzahl des Motors etwas kleiner gewählt werden als erforderlich, damit durch Feldschwächung die verlangte Umlaufzahl erreicht werden kann.

Da das Magnetfeld abhängig ist von der Betriebsstromstärke, so entwickelt der Hauptstrommotor ein äußerst kräftiges Anzugsmoment, das vollständig unabhängig ist von der Klemmenspannung.

Der Anlaufstrom richtet sich nach dem erforderlichen Drehmoment und ist gleich dem normalen bei normalem Drehmoment. Vorübergehend kann der Hauptstrommotor bis zum dreifachen Betrage überlastet werden.

2. Nebenschlußmotoren.

Bei weitem die größte Verbreitung haben die Nebenschlußmotoren (Fig. 2) gefunden. Ihre Umlaufzahl ist annähernd konstant und ändert sich zwischen Leerlauf und Vollbelastung nur um ca. 3—5%.

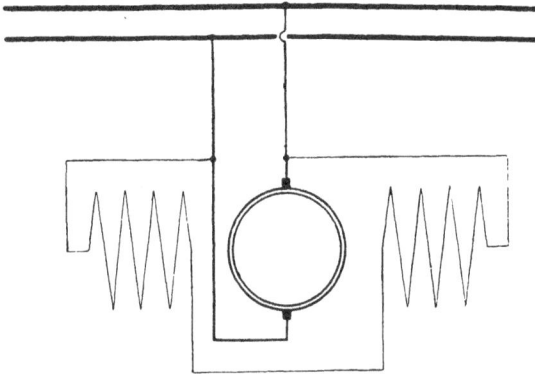

Fig. 2.   Nebenschlußmotor.

Infolge von Spannungsschwankungen im Leitungsnetz ändert sich bei stark gesättigten Magneten die Umlaufzahl annähernd proportional der Spannung. Ist dies nicht zulässig und sind Spannungsschwankungen zu erwarten, so muß ein Motor größerer Type gewählt werden, der mit schwachem Magnetfeld arbeitet. Einer Spannungserhöhung entspricht dann eine Feldverstärkung und umgekehrt, so daß die Umlaufzahl entweder konstant bleibt oder nur nur innerhalb enger Grenzen schwankt.

Da das Magnetfeld unabhängig von der jeweiligen Belastung ist, so kann durch Änderung desselben eine bestimmte Änderung der Umlaufzahl bei jeder beliebigen Belastung herbeigeführt werden. Dieser sehr wertvollen Eigenschaft ver-

dankt der Nebenschlußmotor seine ausgedehnte Anwendung
für weitgehende Regulierung der Umlaufzahlen. Eine Steigerung der Umlaufzahl bis zu 15% kann bei jedem normalen
Motor durch einen entsprechend bemessenen Nebenschlußregulator erreicht werden. Bei sehr großen Änderungen der
Umlaufzahl und daher sehr weit getriebener Feldschwächung
werden zur Erzielung eines funkenfreien Laufes zweckmäßig
Wendepole angewendet.

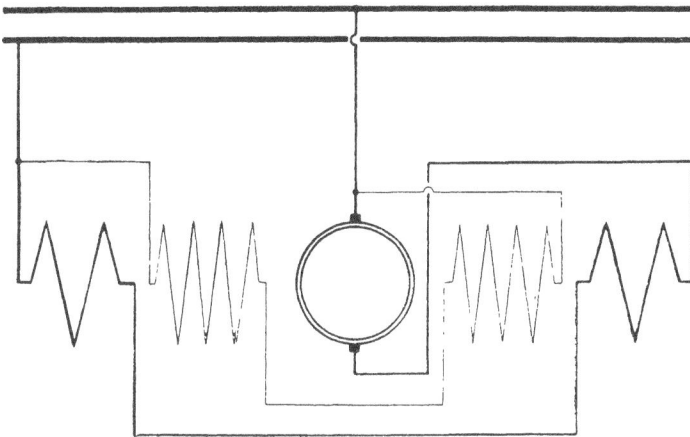

Fig. 3. Compoundmotor für variable Umlaufzahl.

Der Leerlaufstrom beträgt 10—5% des Vollaststromes
je nach der Größe des Motors.

Bei normalem Drehmoment übersteigt der Anlaufstrom bei
richtig gewähltem Anlasser den normalen Betriebsstrom nicht.

Auch die Nebenschlußmotoren können vorübergehend auf
das Doppelte und noch höher überlastet werden.

3. Compoundmotoren.

Die Compoundmotoren (Fig. 3) bilden eine Vereinigung
der Haupt- und Nebenschlußmotoren und besitzen dement-
sprechende Eigenschaften. Je nachdem, ob die Wirkung der
Hauptstrom- oder diejenige der Nebenschlußwicklung überwiegt, ist das Magnetfeld mehr oder weniger abhängig von

der Belastung und folglich auch die Umdrehungszahl weniger oder mehr konstant. Ist aus bestimmten Gründen selbst eine geringe Änderung unzulässig, so läßt sich durch den Compoundmotor Abhilfe schaffen, indem die Hauptstromwicklung der Nebenschlußwicklung entgegen geschaltet wird (Fig. 4). Die Hauptstromwicklung darf jedoch dann nur einen bestimmten Teil der Nebenschlußerregung aufheben. Der bei steigender Belastung eintretende Abfall der Umlaufzahl wird dadurch, daß die Hauptstromwicklung das Magnetfeld mehr als bei

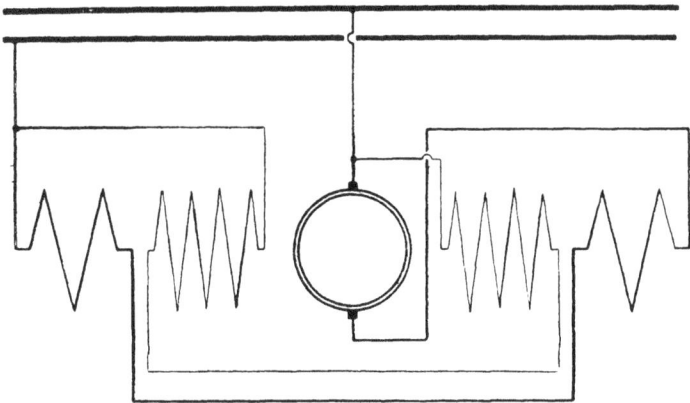

Fig. 4. Compoundmotor für konstante Umlaufzahl.

geringer Belastung schwächt, wieder ausgeglichen. Bei richtiger Abgleichung kann eine genau konstante Umlaufzahl bei allen Belastungen erreicht werden. Eine vielseitige Verwendung findet der Compoundmotor bei Antrieben mit stoßweiser Belastung in Verbindung mit Schwungmassen. Seine Eigenschaft, bei Belastung eine geringere Umlaufzahl anzunehmen und dadurch den von ihm angetriebenen Schwungmassen Gelegenheit zu geben, sich zu entladen, und umgekehrt, wird noch viel zu wenig beachtet. Wohl wird bei Stanzen, Pressen usw. eine Schwungmasse angeordnet, der Antrieb aber trotzdem durch einen Nebenschlußmotor bewirkt. Die Folge ist, daß die Schwungmasse nur ganz unvollkommen wirken kann und daher der Motor den größten Teil des Stoßes aufnehmen muß. Es ist daher erforderlich, den Motor nicht für die mittlere, sondern für annähernd die höchste Beanspruchung zu bemessen. Bei Anwendung eines Compoundmotors kann dagegen die Motortype in den meisten Fällen kleiner genommen werden. Aber auch bei Antrieben mit gleichmäßigem Drehmoment ist der Compoundmotor dann vorteilhaft, wenn beim Anlassen große Massen zu beschleunigen sind, z. B. sehr lange

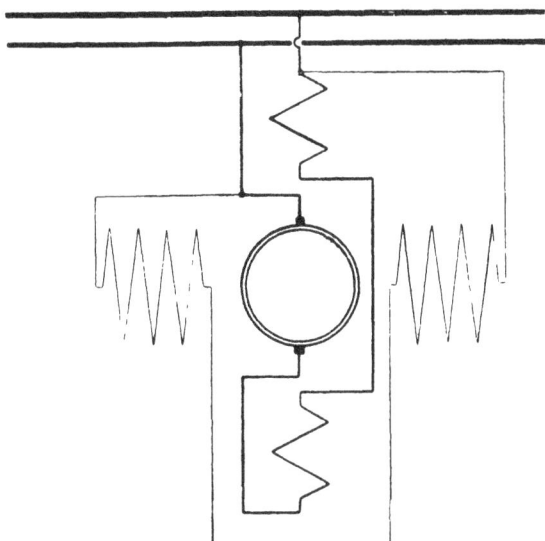

Fig. 5. Nebenschlußmotor mit Wendepolen.

Transmissionen mit vielen Riemenscheiben oder Zentrifugen usw. Wird in solchen Fällen auf möglichst konstante Umlaufzahl Gewicht gelegt, so kann die Hauptstromwicklung nach Erreichung der normalen Umlaufzahl durch den Anlasser abgeschaltet oder der Nebenschlußwicklung entgegen geschaltet werden.

Der Leerlauf und Anlaufstrom sowie die Überlastungsfähigkeit sind etwa dieselben wie beim Hauptstrom- bzw. Nebenschlußmotor.

Trotz dieser Vorzüge hat sich der Compoundmotor bis jetzt nicht eingebürgert. Ob dies nur daran liegt, daß er etwas

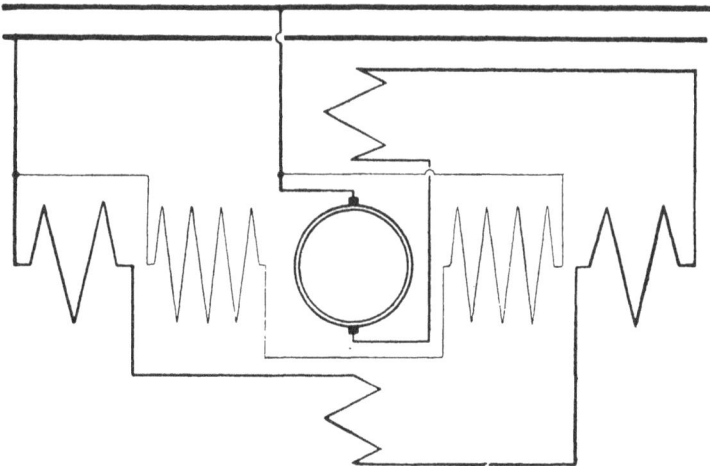

Fig. 6. Compoundmotor für variable Umlaufzahl mit Wendepolen.

Fig. 7. Asynchroner Drehstrommotor mit Kurzschlußanker.

teurer ist als der Nebenschlußmotor, oder daran, daß seine Eigenschaften nicht genügend bekannt sind, mag dahingestellt bleiben. Jedenfalls ist er sehr häufig dort vorteilhafter anwendbar, wo jetzt der Nebenschlußmotor läuft.

Nebenschluß- und Compoundmotoren (Fig. 5 und 6) werden neuerdings in bestimmten Fällen mit Wendepolen ausgeführt zum Zwecke, die Kommutierung zu verbessern, und zwar bei:

1. Umlaufzahlen, die wesentlich über den normalen liegen,
2. durch Feldschwächung bewirkter Änderung der Umlaufzahlen von mehr als 15 %,,
3. Spannungen über 500 V,
4. Motoren, die auch als Dynamomaschinen arbeiten müssen,
5. Motoren, die wechselnde Drehrichtungen besitzen und längere Zeit mit derselben Drehrichtung laufen,
6. sehr stark schwankender Belastung und zeitweiser Überlastung
7. sehr großen Stromstärken und verhältnismäßig geringer Klemmenspannung.

Wendepolmotoren sind etwas teurer als normale und haben einen etwas geringeren Wirkungsgrad, der meist etwa 1 % unter dem normaler Motoren liegt.

II. Drehstrom.

1. Asynchrone Induktionsmotoren.

Die asynchronen Drehstrommotoren besitzen ähnliche Eigenschaften wie die Gleichstrom-Nebenschlußmotoren, nämlich annähernd konstante Umlaufzahlen, die bei Vollast etwa 5 % geringer sind als bei Leerlauf. Die Stromaufnahme bei Leerlauf ist jedoch wesentlich höher und beträgt etwa $1/2$—$1/3$ der normalen, da mit abnehmender Belastung auch die Phasenverschiebung zwischen Strom und Spannung zunimmt; die Leerlaufenergie dagegen beträgt nur 10—5 % der normalen. Als Vorzug gegenüber dem Gleichstrommotor ist die größere Betriebssicherheit bzw. die größere Unempfindlichkeit infolge Fortfall des Kommutators zu erwähnen. Dies trifft besonders bei den Motoren mit Kurzschlußanker zu (Fig. 7). Aber auch diejenigen mit Schleifringanker (Fig. 8) sind in dieser Beziehung

dem Gleichstrommotor überlegen, weil an den Schleifringen
keine Stromunterbrechungen vorkommen.

Die Anzugskraft ist, gleichbleibende Klemmenspannung
vorausgesetzt, beim Kurzschlußanker gleich der normalen bei
dreifacher Anlaufstromstärke und beim Schleifringanker gleich
der normalen bei normalem Anlaufstrom.

2. Asynchrone Kommutatormotoren.

Unter Kommutatormotoren werden Induktionsmotoren
verstanden, deren Anker, ähnlich einem Gleichstromanker,

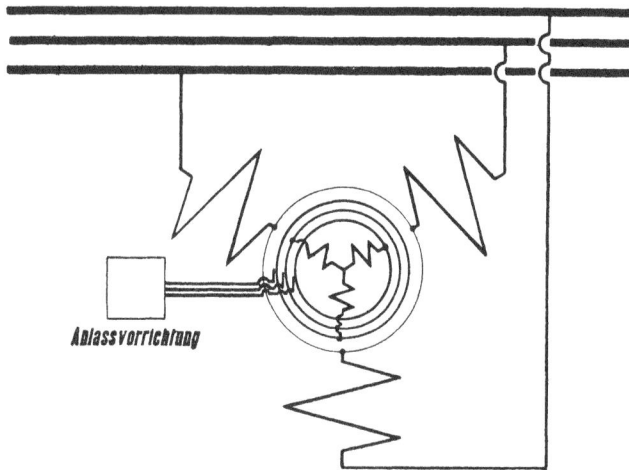

Anlassvorrichtung

Fig 8. Asynchroner Drehstrommotor mit Schleifringanker.

mit einem Kommutator versehen ist. Der Zweck dieser Ausführung ist, eine wirtschaftliche Regulierung der Umlaufzahlen in feinstufiger Weise zu ermöglichen.

Die Eigenschaften dieser Motoren sind denen der vorbeschriebenen vollständig gleich. Eine große Verbreitung haben
sie jedoch bis jetzt nicht gefunden.

3. Synchrone Motoren.

Alle bis jetzt beschriebenen Arten von Motoren laufen von
selbst an und können unter entsprechender Erhöhung der Anlaufstromstärke selbst mit dem mehrfachen Drehmoment an-

ziehen. Im Gegensatz dazu ist der synchrone Motor (Fig. 9), nicht imstande, von selbst anzulaufen. Er muß erst durch eine andere Kraftquelle auf eine der synchronen sehr nahe liegende Umlaufzahl gebracht werden, bevor er mit seiner Zuleitung verbunden werden darf. Vorher ist jedoch noch Phasengleichheit herbeizuführen, d. h. der Motor ist so einzuregulieren, daß seine Spannungskurve sich mit derjenigen des Netzes deckt, also die positiven und negativen Maxima zu gleicher Zeit auftreten. Ferner ist es nötig, die Magnete, welche meist rotieren, mit

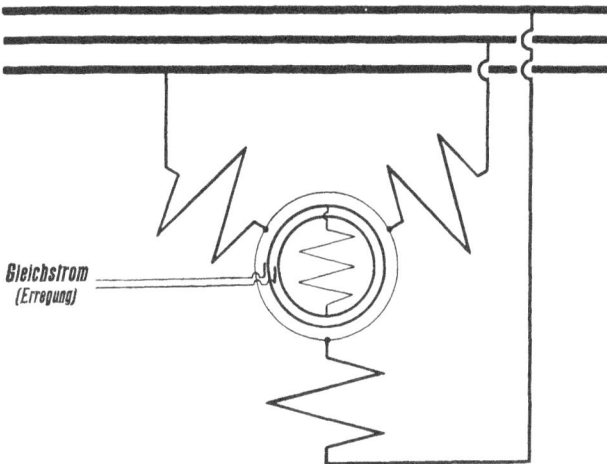

Fig. 9. Synchroner Drehstrommotor.

Gleichstrom zu speisen. Dieser kann einer besonderen Maschine oder einem vorhandenen Gleichstromnetz entnommen werden, seltener wird er durch Gleichrichtung des Drehstromes gewonnen. Die Umdrehungszahl des synchronen Motors ist genau proportional der zugeführten Polwechselzahl und bleibt konstant, so lange diese konstant bleibt. Durch Änderung der Erregerstromstärke läßt sich sowohl bei Leerlauf wie bei jeder beliebigen Belastung die Stromstärke des zugeführten Drehstromes ändern, da hierdurch die Phasenverschiebung geändert wird. Eine zu schwache Erregung — Untererregung — bewirkt ein Zurückbleiben der Stromkurve hinter der Spannungskurve, eine zu starke Erregung — Übererregung — ein Voreilen der Stromkurve vor der Spannungskurve. Im ersteren Falle wirkt der Motor wie ein asynchroner Motor auf das Netz, bildet also eine induktive Belastung, im letzteren wirkt er wie eine Kapazität. Diese wertvolle Eigenschaft wird oft dazu benutzt, die Phasenverschiebung eines Netzes ganz oder teilweise zu kompensieren. Der synchrone Motor wird dann also gleichzeitig als Phasenregler benutzt. Bei Belastung des Netzes mit vielen asynchronen Motoren muß er demnach übererregt und bei ausgedehnten Kabelnetzen und überwiegender Lichtbelastung untererregt werden. Wenn infolge des wattlosen Stromes die Generatoren nur unvollkommen ausgenutzt werden können, so läßt sich durch Aufstellung von synchronen Motoren mit Übererregung eine bessere Ausnutzung und höhere Belastung erreichen.

III. Zweiphasenstrom.

Der früher öfter angewendete Zweiphasenstrom wird jetzt nur in Ausnahmefällen gewählt. Es gilt für ihn in allen Punkten das über Drehstrom Gesagte.

IV. Einphasenstrom.

1. Asynchrone Induktionsmotoren.

Der einphasige Asynchronmotor, (Fig. 10), hat annähernd konstante Umlaufzahlen bei allen Belastungen. Bei Vollbelastung sind dieselben etwa 5 % geringer als bei Leerlauf. Um den Motor zum Anlauf zu bringen, ist es erforderlich, künstliche Hilfsmittel anzuwenden, also ihn entweder wie einen synchronen Motor durch eine andere Kraftquelle in Gang zu setzen oder ihn mit einer zweiten Wicklung zu versehen, der sogenannten Hilfsphase, und ihn als Zweiphasenmotor anlaufen zu lassen. Der Wechselstrom muß dabei gespalten und ein Zweig durch einen Induktionswiderstand oder eine Kapazität in der Phase verschoben werden. Da diese Verschiebung nicht ganz vollkommen ist, so erfolgt der Anlauf auch nur mit sehr geringem Drehmoment; belasteter An-

lauf ist ausgeschlossen. Der Motor ist sehr wenig überlastungsfähig und hat etwas größeren Leerlaufstrom, etwa $1/_2$ des normalen, und dementsprechend größere Leerlaufenergie, 15—8 %,
als der asynchrone Drehstrommotor. Der Anlaufstrom ist sehr
groß und erreicht den $1 1/_2$ bis 2 fachen Betrag des normalen,
wenn der Motor leer anläuft.

Die Abmessungen und der Preis eines Einphasenmotors
sind größer als diejenigen eines Drehstrommotors gleicher

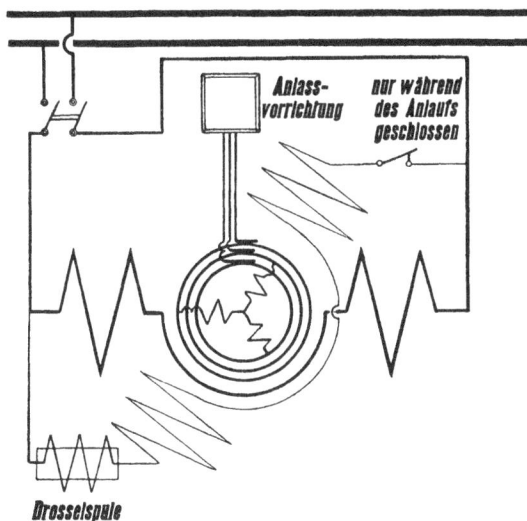

Fig. 10. Asynchroner Einphasen-Induktionsmotor.

Leistung oder, da von den meisten Firmen für beide Arten
von Motoren dieselben Gestelltypen benutzt werden, es leistet
dieselbe Type als Einphasenmotor gewickelt weniger (nur
ca. 70 %) als mit Drehstromwicklung.

2. Kommutatormotoren.

Während bei Drehstrom die Kommutatormotoren nur
eine untergeordnete Rolle spielen, sind sie beim Einphasenstrom in letzter Zeit ganz erheblich in den Vordergrund getreten. Obwohl nicht anzunehmen ist, daß in ihrer Entwicklung bereits ein Abschluß erreicht ist, so sind doch die meisten

in der Praxis so durchprobiert, daß ihrer Verwendung grundsätzliche Bedenken nicht entgegenstehen. Das alle kenn-
zeichnende Merkmal ist der Anker, welcher sehr große Ähn-
lichkeit mit dem Anker eines Gleichstrommotors besitzt. Aus der
außerordentlich großen Anzahl der bekannt gewordenen Konstruktionen sollen hier die hauptsächlichsten besprochen werden.

Werden bei einem Gleichstrom-Hauptstrommotor die Zuleitungen vertauscht, so bleibt die Drehrichtung trotzdem die-

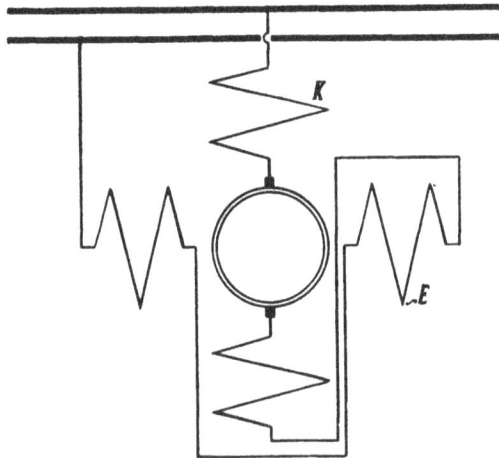

Fig. 11. Einphasen-Reihenschlußmotor mit Kompensation.

selbe, da sich ja Anker und Magnetfeld in Serie befinden und
folglich die Stromrichtung in beiden umgekehrt geworden ist;
die Wechselwirkung zwischen Anker und Magnetfeld bleibt
dieselbe. Es kann daher jeder Gleichstrom-Hauptstrommotor auch mit Einphasen-Wechselstrom betrieben werden.
Zur Verkleinerung der Hysteresisverluste ist es jedoch zweckmäßig, das Magnetgestell aus dünnen Blechen zusammenzu-
setzen. Diese in der Bauart recht einfachen Motoren besitzen
den Nachteil, daß die Bürsten nicht funkenfrei laufen. Zur
Unterdrückung des Bürstenfeuers wird meist ein Querfeld
angewendet, welches die E.M.K. der durch die Bürsten kurz-
geschlossenen Ankerwindungen aufhebt und um 90° gegen das

Hauptfeld verschoben ist. Das Schema eines Reihenschluß-
motors mit Kompensationswicklung zeigt Fig. 11.

Der Reihenschlußmotor der Siemens - Schuckertwerke,
G. m. b. H., besitzt im Gegensatz hierzu nur eine einzige Statorwicklung, die entsprechend unterteilt ist. In Fig. 12 ist die
Schaltung für einen umsteuerbaren Motor dargestellt. Durch
einen einpoligen Umschalter wird entweder die Wicklung E_1

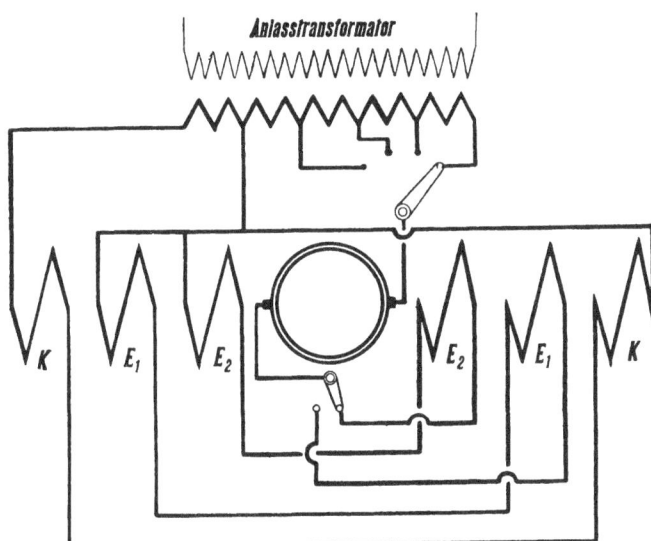

Fig. 12   Einphasen-Reihenschlußmotor mit Kompensation, umsteuerbar
(Siemens-Schuckertwerke).

oder E_2 angeschaltet und hierdurch die ¡Drehrichtung des
Motors bestimmt[1]).

Diese Motoren besitzen die charakteristischen Eigenschaften
der Gleichstrom-Hauptstrommotoren, also Umlaufzahlen abhängig vom Drehmoment. Bei völliger Entlastung gehen sie
durch. Das Anzugsmoment ist hoch und der cos φ bei Syn-
chronisnus annähernd gleich 1.

In dem von der Allgemeinen Elektrizitäts-Gesellschaft gebauten Reihenschluß-Kurzschlußmotor wird das Querfeld zur

---

[1]) E. T. Z. 1906 S. 537 und 558.   E. T. Z. 1907 S. 827.

Unterdrückung der Kurzschluß - E. M. K. im Anker selbst erzeugt, und zwar durch Ankerwindungen, die durch einen Bürstensatz kurzgeschlossen werden. Dieser Bürstensatz steht rechtwinklig zu demjenigen, welcher den Betriebsstrom führt[1]).
Das einfachste Schema dieses Motors zeigt Fig. 13. Es ist
selbstverständlich, daß der Ankerstrom auch transformiert
werden kann, wodurch erreicht wird, daß der Stator mit hoher
und der Anker mit niedriger Spannung betrieben wird. Ist
die Primärspannung sehr hoch, so wird auch der Stator an

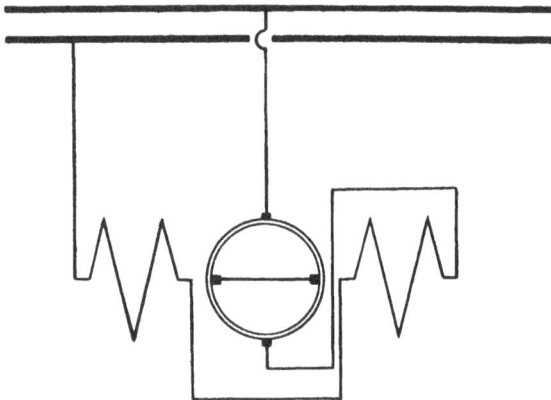

Fig. 13. Einphasen-Reihenschluß-Kurzschlußmotor.

die Niederspannungsseite eines Transformators angeschlossen
(Abb. 14) und noch ein besonderer Erregertransformator angewendet. Bei diesem Motor werden zur Unterdrückung des
Ankerfeuers außerdem noch kleine Wendespulen — im Schema
nicht angegeben — angeordnet, die vom Hauptstrom durchflossen werden und zwischen der Hauptwicklung liegen. Auch
dieser Motor hat zunehmende Drehzahl bei abnehmendem Drehmoment.

Der Repulsionsmotor von Elihu Thomsen (Fig. 15) besitzt
eine einfache Statorwicklung und einen Anker mit kurzge-
schlossenen Bürsten. Stator und Ankerfeld sind um einen
bestimmten Winkel γ gegeneinander verschoben.

[1]) E. T. Z. 1904 S. 75 und 918. E. T. Z. 1905 S. 767.

Der Repulsionsmotor, System Deri, der Aktiengesellschaft Brown, Boveri & Co.[1]) hat zwei Bürstensätze, die hintereinander geschaltet sind (Fig. 16). Ein Bürstensatz steht in der

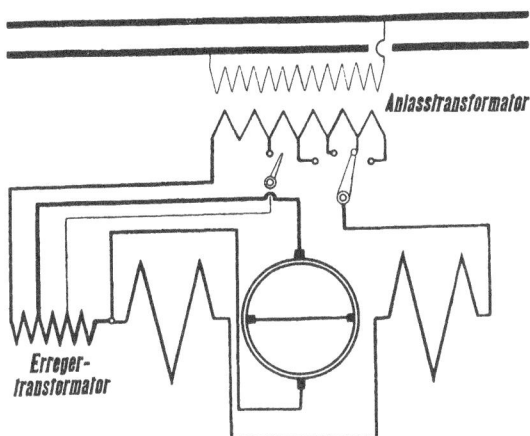

Fig. 14. Einphasen-Reihenschluß-Kurzschlußmotor mit Anlaß- und Erregertransformator.

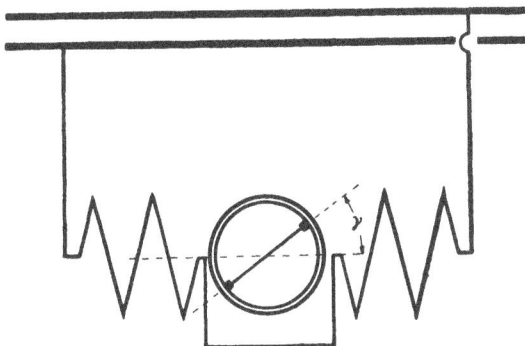

Fig. 15. Einphasen-Repulsionsmotor (Elehu Thomsen).

Richtung der Hauptfeldachse fest, der andere ist beweglich angeordnet. Da die Achse des resultierenden Ankerfeldes zwischen dem festen und beweglichen Bürstensatz liegt, folgt,

---

[1]) E. T. Z. 1907 S. 818. E. T. Z. 1905 S. 72, 91. Elektr. Anzeiger 1907 S. 800, 811

daß die Bürstenverschiebung doppelt so groß sein muß als die be-
absichtigte Änderung des Winkels γ. Die Einstellung kann daher
eine bei weitem genauere sein als bei nur einem Bürstensatz.

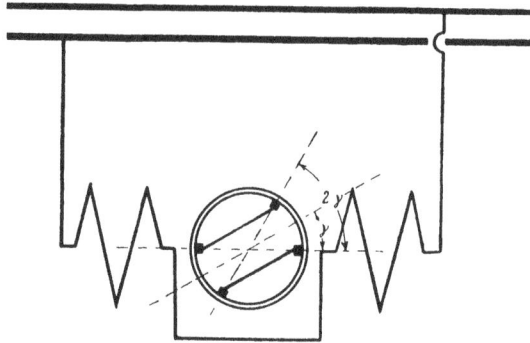

Fig. 16. Einphasen-Repulsionsmotor (Deri).

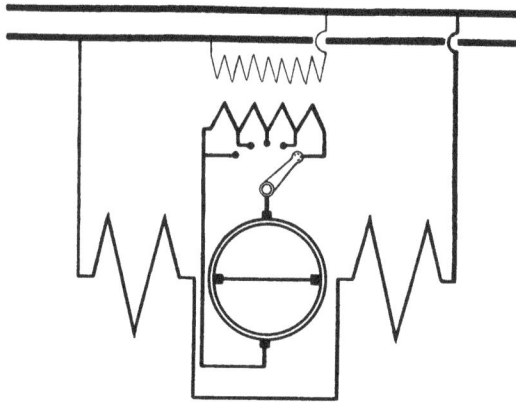

Fig. 17. Einphasen-Nebenschlußmotor mit Kompensation.

Das Anlassen des Motors erfolgt im Gegensatz zu allen
bisher beschriebenen Motoren nicht durch Anlaßwiderstände
oder Anlaßtransformatoren, sondern nur durch Verdrehen des
beweglichen Bürstensatzes.

Alle Repulsionsmotoren besitzen, wie die Reihenschlußmotoren, starkes Anzugsmoment und zunehmende Drehzahl

bei abnehmendem Drehmoment. Der cos φ ist kleiner als 1 und ungefähr so groß wie bei guten Drehstrommotoren.

Zum Betriebe von Maschinen mit gleichbleibender Geschwindigkeit eignet sich der kompensierte Nebenschlußmotor (Fig. 17). Das Anlaufmoment ist jedoch Null; wird der Kurzschluß zwischen den Kompensationsbürsten aufgehoben, so läuft der Motor an und erreicht, wenn die Bürsten allmählich über einen regulierbaren Widerstand kurzgeschlossen werden, seine normale Drehzahl.

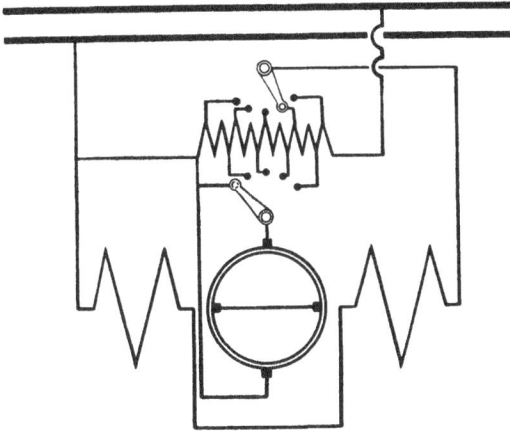

Fig. 18. Einphasen-Reihenschluß-Kurzschlußmotor, geschaltet als Nebenschlußmotor.

Auch der Reihenschluß-Kurzschlußmotor der A. E. G. läßt sich für gleichbleibende Geschwindigkeit einrichten (Fig. 18). Für das Anlassen gilt auch hier das eben Gesagte.

Der Repulsionsmotor von Deri in der Schaltung nach Fig. 19 hat ebenfalls konstante Drehzahl, die sich durch einen regulierbaren Widerstand beliebig einstellen läßt. Der Motor hat also die Eigenschaften eines regulierbaren Nebenschluß-Gleichstrommotors.

Die Felten & Guilleaume-Lahmeyerwerke bauen den Doppelschlußmotor, System Osnos, für konstante Geschwindigkeit[1]).

---

[1]) E. T. Z. 1907; S. 336, 358.

Derselbe besitzt drei Wicklungen, die Hauptwicklung, die senkrecht hierzu stehende Hilfswicklung und die parallel zum Anker liegende Transformatorenwicklung, welche durch einen Zentrifugalschalter nach Erreichung einer gewissen Drehzahl angeschaltet wird. Wird ein Reihentransformator hinter die Hauptwicklung geschaltet und der Anker an eine Teilspannung desselben gelegt, so kann die Hilfswicklung gespart werden,

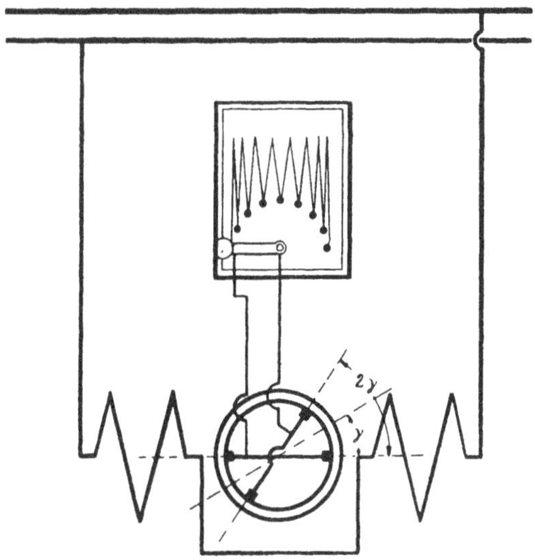

Fig. 19. Einphasen-Repulsionsmotor (Deri) geschaltet für konstante, einstellbare Umlaufzahl.

aber es muß wieder ein besonderer Transformator neben dem Motor montiert werden.

Eine Schaltung ohne Transformator ist in (Fig. 20, s. S. 33) dargestellt. Hier wird durch den Zentrifugalschalter nicht die Transformatorenwicklung, sondern der Ankerstromkreis geschlossen.

Der Motor läuft als Reihenschlußmotor an und zwar ohne jeden Vorschaltwiderstand; zum Anlassen und Abschalten genügt also ein zweipoliger Hebelausschalter.

Tabelle 3.

Art der Motoren	Vorteile	Nachteile	Verwendungsgebiet
Gleichstrom Hauptstrommotor	1. Großes Anzugsmoment 2. Große Überlastungsfähigkeit 3. Geringe Neigung zum Funken 4. Große Betriebssicherheit wegen des kleinen Extrastromes beim Abschalten, folglich auch 5. Geringere Abnutzung des Anlassers 6. Guter Anlauf auch bei stark sinkender Betriebsspannung	1. Motor geht bei völliger Entlastung durch 2. Schwierigkeit einer weitgehenden rationellen Regelung der Umdrehungszahlen	1. Krane, Aufzüge 2. Bahnen 3. Ventilatoren, Exhaustoren 4. Zentrifugalpumpen 5. Sonstige Antriebe mit konstantem Drehmoment, bei denen eine völlige Entlastung des Motors unmöglich ist 6. Serienübertragung
Nebenschlußmotor	1. Großes Anzugsmoment 2. Große Überlastungsfähigkeit 3. Annähernd gleichbleibende Umdrehungszahl bei allen Belastungen 4. Durchgehen ist unmöglich 5. Rationelle Regelung der Umdrehungszahlen	1. Neigung zum Funken bei stark veränderlicher Belastung und bei großer Änderung der Umdrehungszahlen infolge Feldschwächung 2. Starker Extrastrom beim Abschalten, der 3. besondere Einrichtungen am Anlasser erfordert.	1. Dauerbetriebe 2. Maschinen f. gleichbleibende Geschwindigkeit 3. Maschinen mit weitgehender Geschwindigkeitsänderung, bei denen die einmal eingestellte Geschwindigkeit aber konstant bleiben soll
Compoundmotor	1. Großes Anzugsmoment 2. Große Überlastungsfähigkeit 3. Durchgehen ist unmöglich 4. Rationelle Regelung der Umdrehungszahlen 5. Genau gleichbleibende Umdrehungszahl bei gegeneinander geschalteten Magnetwicklungen 6. Innerhalb gewisser Grenzen schwankende Umdrehungszahl bei gleichwirkend geschalteten Magnetwicklungen	1. Neigung zum Funken bei stark veränderlicher Belastung und bei großer Änderung der Umdrehungszahlen infolge Feldschwächung 2. Starker Extrastrom beim Abschalten, der 3. besondere Einrichtungen am Anlasser erfordert	1. Maschinen, die ein sehr großes Anzugsmoment erfordern 2. Maschinen, die mit Schwungmassen ausgerüstet sind, um letztere zur Arbeit zu zwingen 3. Maschinen, die eine absolut konstante Geschwindigkeit verlangen (gegeneinander geschaltete Feldwicklungen)

Tabelle 3 (Fortsetzung).

Art der Motoren	Vorteile	Nachteile	Verwendungsgebiet
Drehstrom und Zweiphasenstrom Asynchrone Induktionsmotoren	1. Großes Anzugsmoment 2. Große Überlastungsfähigkeit 3. Annähernd gleichbleibende Umdrehungszahl bei allen Belastungen 4. Durchgehen ist unmöglich 5. Einfache Bauart der Motoren 6. Geringes Wartungsbedürfnis 7. Möglichkeit, hohe Spannungen anzuwenden 8. Möglichkeit, automatische Anlaßvorrichtungen mit dem Läufer zu vereinigen 9. Möglichkeit, jeden Gleitkontakt zu vermeiden	1. Beschränkung in der Wahl der Umdrehungszahlen und 2. in der Regelung derselben 3. Sehr geringer Luftabstand zwischen Ständer und Läufer 4. Großer Leerlaufstrom 5. Empfindlichkeit gegen Spannungsschwankungen	Alle Arten von Antrieben mit Ausnahme solcher, die eine weitgehende, rationelle Änderung der Umdrehungszahlen in feinstufiger Weise verlangen
Asynchrone Kommutatormotoren	1. Großes Anzugsmoment 2. Große Überlastungsfähigkeit 3. Annähernd gleichbleibende Umdrehungszahl bei allen Belastungen 4. Durchgehen ist unmöglich 5. Möglichkeit, hohe Spannungen anzuwenden 6. Rationelle Regelung der Umdrehungszahlen	1. Beschränkung in der Wahl der Umdrehungszahlen 2. Sehr geringer Luftabstand zwischen Ständer und Läufer 3. Großer Leerlaufstrom 4. Empfindlichkeit gegen Spannungsschwankungen	Antriebe, die eine weitgehende, rationelle Änderung der Umdrehungszahlen in feinstufiger Weise verlangen
Synchrone Motoren	1. Genau gleichbleibende Umdrehungszahl bei allen Belastungen 2. Durchgehen ist unmöglich 3. Möglichkeit, hohe Spannungen anzuwenden 4. Geringer Leerlaufstrom 5. Verwendbarkeit als Phasen-	1. Beschränkung in der Wahl der Umdrehungszahlen und in der Regelung derselben 2. Notwendigkeit, normale Motoren künstlich auf Touren zu bringen und 4. Gleichstrom zur Erregung derselben bereit zu halten	1. Dauerbetriebe 2. Maschinen für gleichbleibende Geschwindigkeit und 3. annähernd gleichbleibendes Drehmoment 4. Anlagen, in denen Gleichstrom zur Erregung vorhanden ist.

	Vorteile	Beschränkungen und Nachteile	Verwendung
Einphasenstrom Asynchrone Induktionsmotoren	1. Einfache Bauart, hohe Spannungen anzuwenden 2. Möglichkeit, annähernd gleichbleibende Umdrehungszahl bei allen Belastungen 3. Durchgehen ist unmöglich. 4. Geringes Wartungsbedürfnis	1. Beschränkung in der Wahl der Umdrehungszahlen und 2. in der Regelung derselben. 3. Unmöglichkeit, norm. Motoren unter Last anlaufen zu lassen 4. Geringe Überlastungsfähigkeit 5. Empfindlichkeit gegen Spannungsschwankungen	1. Dauerbetriebe 2. Maschinen, die einen unbelasteten Anlauf des Motors gestatten 3. Maschinen, die keine erheblichen Überlastungen des Motors — auch nicht stoßweise — bedingen
Kommutatormotoren **a) Reihenschlußmotoren**	1. Großes Anzugsmoment 2. Große Überlastungsfähigkeit 3. Guter Anlauf auch bei stark sinkender Betriebsspannung 4. Guter Wirkungsgrad bei Übersynchronismus. 5. Möglichkeit, durch Reguliertransformator die Umlaufzahl rationell zu ändern und 6. die Anlaßverluste klein zu halten	1. Zur Beseitig. d. Bürstenfeuers muß er stets m. besond. Einrichtungen versehen werden (ein od. mehr. Hilfswicklg., Selbstindukt. parallel z. Anker usw.) 2. Beschränkung in der Höhe der Spannung (ca. 300 V) 3. Umsteuerbare Motor. müssen außerdem eine zweite Erregerwicklung besitzen 4. Phasenverschiebung bei niedrigen Umlaufzahlen hoch 5. Motor geht bei völliger Entlastung durch	Wie bei Gleichstrom-Hauptstrommotoren
b) Reihenschluß-Kurzschlußmotoren	1. Großes Anzugsmoment 2. Große Überlastungsfähigkeit 3. Guter Anlauf auch bei stark sinkender Betriebsspannung 4. Guter Wirkungsgrad bei Untersynchronismus. 5. Möglichkeit, durch Reguliertransformator die Umlaufzahl rationell zu ändern und 6. die Anlaßverl. klein z. halten 7. Ständer mit nur einer Wicklung 8. Angetrieben arbeitet der Motor als Generator; er soll sich hierbei selbst erregen 9. $\cos \varphi = 1$ bei Übersynchronismus; ja sogar negativ	1. Beschränkung in der Höhe der Spannung (ca 300 V) 2. Phasenverschiebung bei niedrigen Umlaufzahlen hoch 3. Motor geht bei völliger Entlastung durch 4. Neigung zum Funken bei Übersynchronismus 5. Wirkungsgrad bei Übersynchronismus unbefriedigend	Wie bei Gleichstrom-Hauptstrommotoren

Tabelle 3 (Fortsetzung).

Art der Motoren	Vorteile	Nachteile	Verwendungsgebiet
c) Repulsionsmotor. Elihu Thomsen	1. Großes Anzugsmoment 2. Große Überlastungsfähigkeit 3. Guter Anlauf auch bei stark sinkender Betriebsspannung 4. Möglichkeit, durch Reguliertransformator die Umlaufzahl rationell zu ändern und 5. die Anlaufverluste klein zu halten. 6. Ständer mit nur einer Wicklung	1. Neigung zum Funken bei Verstellung der Bürsten 2. Bürstenverschiebung darf nur sehr gering sein 3. Wirkungsgrad bei Übersynchronismus unbefriedigend 4. Motor geht bei völliger Entlastung durch 5. Änderung der Drehrichtung macht Schwierigkeiten 6. $\cos \varphi$ kann nicht auf 1 gebracht werden	Wie bei Gleichstrom-Hauptstrommotoren
Deri	1.—6. Wie beim Motor von Elihu Thomsen 7. Unterhalb des Synchronismus guter Leistungsfaktor 8. Anlaßvorrichtungen sind nicht erforderlich 9. Änderung der Drehrichtung ist einfach 10. Die Vielseitigkeit in der Benutzung des Motors	1. $\cos \varphi$ kann nicht auf 1 gebracht werden und ist bei Übersynchronismus schlecht 2. Notwendigkeit zweier Bürstensätze, von denen einer beweglich sein muß 3. Schwierigkeit, die Motoren aus der Ferne zu bedienen 4. Motor geht bei völliger Entlastung durch	Wie bei Gleichstrom-Hauptstrommotoren, jedoch nur, wenn der Motor nicht aus der Ferne bedient zu werden braucht
d) Motoren f. annähernd konstante Umlaufzahlen Kompensierter Nebenschlußmotor und Reihenschluß-Kurzschlußmotor der AEG.	1. Gute Kommutierung 2. Von der Belastung unabhängige, beinahe konstante Umlaufzahl 3. Motor geht bei völliger Entlastung nicht durch 4. Es läßt sich $\cos \varphi = 1$ erreichen 5. Umlaufzahl läßt sich leicht regulieren 6. Kleine Anlaufverluste	1. Motor läuft nicht in seiner normalen Schaltung an; beim Anlauf muß der Kurzschluß zwischen den Kompensationsbürsten aufgehoben und diese müssen allmählich kurzgeschlossen werden 2. Wirkungsgrad ist nicht befriedigend	Wie bei Gleichstrom-Nebenschlußmotoren

Repulsions-motor von Deri	1.—10. Wie unter c) Deri 11. Motor geht bei völliger Entlastung nicht durch 12. Von der Belastung unabhängige beinahe konstante Umlaufzahl, die 13. sich leicht regulieren läßt	1—3 wie unter c) Deri	Wie bei Gleichstrom-Nebenschlußmotoren, jedoch nur, wenn der Motor nicht aus der Ferne bedient zu werden braucht
Doppelschluß-motor von Osnos	1. Großes Anzugsmoment 2. Große Überlastungsfähigkeit 3. Guter Anlauf auch bei stark sinkender Betriebsspannung 4. Fortfall der Anlaßvorrichtung 5. Von d. Belastung unabhängige, beinahe konstante Umlaufzahl 6. $\cos \varphi$ annähernd $= 1$ 7. Geräuschloser Lauf 8. Angetrieben, gibt er Strom ins Netz zurück und bremst	1. Ständer mit 2 bzw. 3 Wicklungen 2. Wenn der Zentrifugalkontakt nicht arbeitet, geht der Motor nicht durch 3. Bürsten müssen sehr genau eingestellt werden 4. Wirkungsgrad nicht befriedigend	1. Maschinen für gleichbleibende Geschwindigkeit 2. Maschinen, die ein sehr großes Anzugsmoment erfordern
e) Motoren, die im Betriebe den Induktionsmotoren ähnlich sind. Induktions- und Repulsions-motor v. Schüler-Lahmeyer	1.—5. Wie beim Motor von Elihu Thomson 6. Änderung der Drehrichtung ist einfach 7. Geschwindigkeit läßt sich durch den dreiphasigen Anlasser bis auf die Hälfte herunter regulieren 8. Geschwindigkeit annähernd konstant bei allen Belastungen	Ständer mit 3 versetzten Wicklungen, von denen stets eine nicht benutzt wird	1. Wie bei Gleichstrom-Nebenschlußmotoren 2. Maschinen, die ein sehr großes Anzugsmoment erfordern
Synchrone Motoren.	1. Genau gleichbleibende Umdrehungszahl bei allen Belastungen 2. Durchgehen ist unmöglich 3. Möglichkeit, hohe Spannungen anzuwenden 4. Geringer Leerlaufstrom 5. Verwendbarkeit als Phasenregler	1. Beschränkung in der Wahl der Umdrehungszahlen und in der Regelung derselben 2. Notwendigkeit, normale Motoren künstlich auf Touren zu bringen und 3. Gleichstrom zur Erregung derselben bereit zu halten 4. Geringe Überlastungsfähigk.	1. Dauerbetriebe 2. Maschinen für gleichbleibende Geschwindigkeit und 3. annähernd gleichbleibendes Drehmoment 4. Anlagen, in denen Gleichstrom zur Erregung vorhanden ist

Der Induktions- und Repulsionsmotor von Schüler[1]), hergestellt von den Felten & Guilleaume-Lahmeyerwerken (Fig. 21), besitzt drei Wicklungen und außer dem Kommutator noch drei Schleifringe. Von den Wicklungen werden stets nur zwei benutzt. Der Umschalter dient zur Änderung der Drehrichtung. Die Geschwindigkeit ist annähernd konstant bei allen Belastungen und läßt sich durch den dreiphasigen Anlasser bis auf die Hälfte ermäßigen.

3. Synchrone Motoren.

Das bei den synchronen Drehstrommotoren Gesagte gilt in gleicher Weise auch für die synchronen Einphasenmotoren. Hinzuzufügen ist nur noch, daß letztere noch weniger überlastungsfähig sind, als die synchronen Drehstrommotoren, und daher leichter »außer Tritt« fallen. Sie werden daher fast immer mit Dämpferwicklungen auf den Magneten, massiven Polschuhen od. dgl. ausgerüstet. Die Parallelschaltung ist schwieriger, wenn die Kurvenform der zugeführten Spannung mit der im Motor erzeugten nicht genau übereinstimmt.

Der Übersichtlichkeit halber sind die Vor- und Nachteile aller Motoren, sowie ihr Anwendungsgebiet in vorstehender Tabelle (S. 27—31) nochmals übersichtlich zusammengestellt.

V. Wirkungsgrad.

Der Wirkungsgrad der Elektromotoren ist hauptsächlich abhängig von der Leistung derselben. Aber auch die Drehzahl beeinflußt den Wirkungsgrad nicht unerheblich. Wird z. B. ein Motor, um direkte Kupplung zu ermöglichen, für eine mit Rücksicht auf seine Leistung sehr niedrige Umlaufzahl gebaut, so fällt er sehr groß aus; die Lager und Luftreibung usw. werden sehr groß und der Wirkungsgrad sinkt. Ein gleiches tritt oft dann ein, wenn aus Betriebsgründen besondere Einrichtungen getroffen werden, z. B. wenn ein Rollgangmotor mit hohem Rotorwiderstand gebaut wird, damit ein sehr rascher und kräftiger Anlauf mit 2 oder 3 Widerstandsstufen möglich wird. Es lassen sich daher allgemein

---

[1]) E. T. Z. 1905, S. 1175.

gültige Angaben nicht machen. Bei normal laufenden Motoren
weichen die Wirkungsgrade der verschiedenen Fabrikate nicht

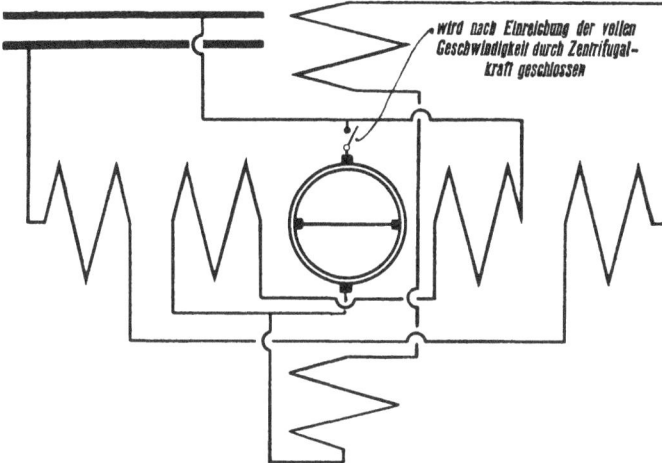

Fig. 20. Einphasen-Doppelschlußmotor (Osnos).

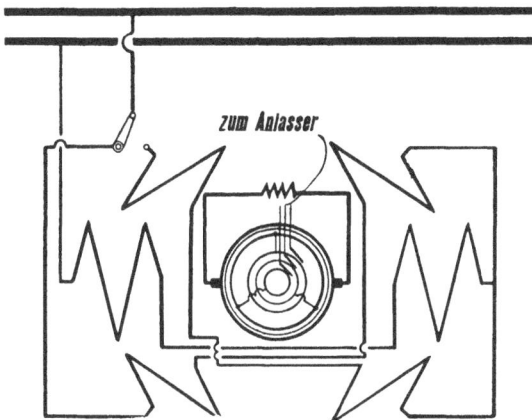

Fig. 21. Einphasen-Induktions- und Repulsionsmotor (Schüler).

erheblich voneinander ab. In Fig. 22 sind die mittleren
Werte der Wirkungsgrade, abhängig von der Leistung, dargestellt. Hierbei ist vorausgesetzt, daß die Motoren mit Ring-

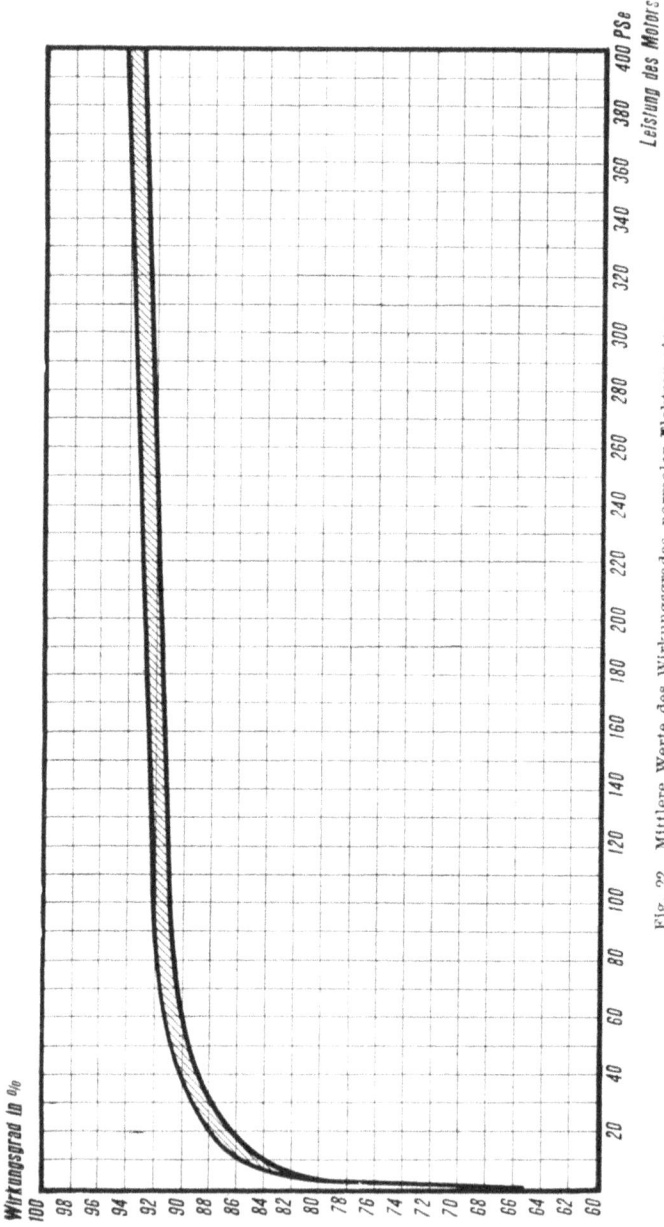

Fig. 22. Mittlere Werte des Wirkungsgrades normaler Elektromotoren.

Wirkungsgrad in %

100
98
96
94
92
90
88
86
84
82
80
78
76
74
72
70
68
66
64
62
60
58
56
54
52
50

$\eta = 0.9$

$\eta = 0.85$

$\eta = 0.8$

$\eta = 0.75$

$\eta = 0.7$

$\eta = 0.6$

Belastung in % der normalen

12,5   25   37,5   50   62,5   75   87,5   100   112,5   125 %

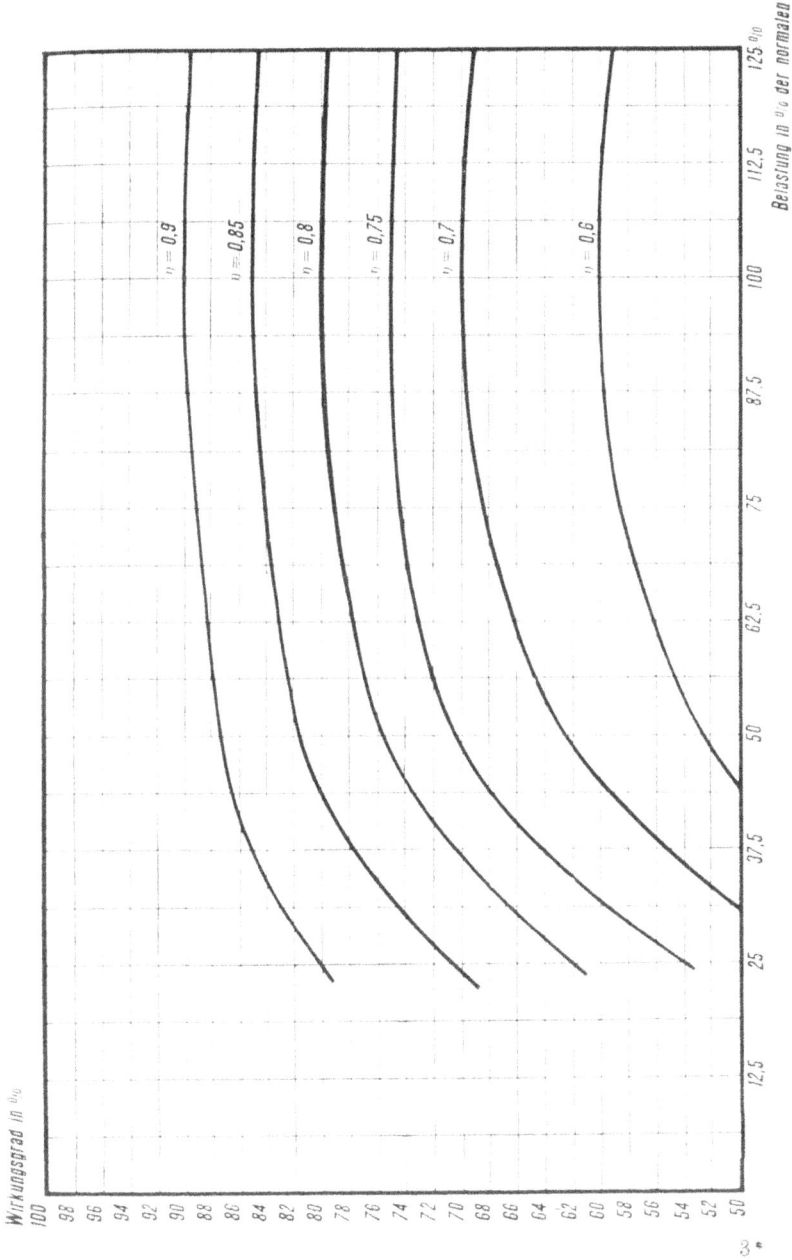

Fig. 23. Änderung des Wirkungsgrades von Elektromotoren bei Änderung der Belastung.

schmierlagern ausgeführt sind. Bei Anwendung von Kugellagern sind die Wirkungsgrade höher. Besonders bei kleinen
Typen bis zu 1 PS wird der Wirkungsgrad durch Kugellager ganz
erheblich, bis zu 10 % und teilweise noch mehr, verbessert.

Induktionsmotoren mit Kurzschlußanker haben höhere
Wirkungsgrade als Schleifringanker-Motoren und zwar bei
größeren Typen bis zu 1 % und bei kleineren bis zu 4 %.

Die Kurven gelten nicht für Einphasen - Kommutatormotoren, deren Wirkungsgrade vorläufig noch niedriger sind,
als die angegebenen.

Die von den Lieferanten angegebenen Wirkungsgrade beziehen sich stets auf den vollbelasteten Motor Wird der Motor
überlastet oder nicht voll belastet, so sinkt der Wirkungsgrad,
wie in Fig. 23 für mittlere Werte graphisch dargestellt.

VI. Leistung.

1. Dauerbetrieb.

Die Nennleistung des Motors wird nur bei seiner normalen
Drehzahl erreicht. Sobald diese vermindert wird, sinkt auch
die Leistung und zwar bis zu etwa 50 % der normalen Drehzahl, proportional mit dieser. Bei noch geringeren Umlaufzahlen nimmt die Leistung in etwas höherem Maße ab, wie
Fig. 24 zeigt.

2. Intermittierender Betrieb.

Die Leistung eines Motors, der intermittierend belastet
wird, hängt wesentlich von der Dauer der Betriebspausen ab.
Die in § 18 der »Normalien für Bewertung und Prüfung von
elektrischen Maschinen und Transformatoren« zugelassene
Temperaturzunahme tritt bei einer bestimmten Belastung naturgemäß um so später ein, je länger die Arbeitspausen sind; der
Motor kann also, wenn er voll ausgenutzt werden soll, bei
langen Arbeitspausen höher belastet werden, als bei kurzen.
Es bezeichne:

$a =$ Arbeitszeit in Minuten,

$r =$ Arbeitspause in Minuten, während der der Motor vollständig vom Netz abgeschaltet sein muß.

Der Ausdruck $\dfrac{100 \cdot a}{a + r}$ gibt dann in $\%$ der gesamten Betriebszeit an, wie lange der Motor arbeitet. Die zurzeit im
Handel erhältlichen Motoren sind meist so bemessen, daß
bei normalem Drehmoment dieser Ausdruck 33,3 $\%$ ergibt, d. h.
jeder Arbeitszeit soll eine doppelt so lange Pause folgen.
Wird die prozentuale Arbeitszeit größer als 33,3 $\%$, so darf
das Drehmoment des Motors nicht voll ausgenutzt werden,
ist sie kleiner, so kann der Motor höher beansprucht werden.

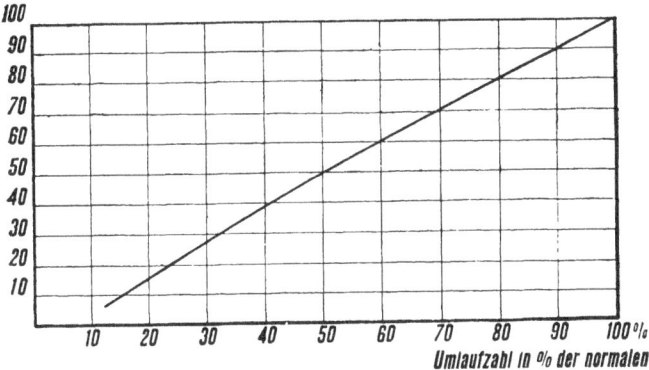

Fig. 24. Änderung der Leistung normaler Gleichstrommotoren bei Änderung
der Umlaufzahl.

Die Leistung in PS ergibt sich nach der bekannten Formel

$$N = \frac{2 \cdot \pi \cdot n \cdot \mathrm{Md}}{60 \cdot 75} = 0,0014 \; n \cdot Md,$$

wenn Umdrehungszahl n und Drehmoment Md bekannt sind.

VII. Drehmoment.

Das normale Drehmoment eines Motors berechnet sich
aus der Leistung zu

$$Md = P \cdot r = \frac{75 \cdot N}{\omega} = \frac{60 \cdot 75\,N}{2 \cdot \pi \cdot n} = 716,197 \; \frac{N}{n} \cdot \mathrm{mkg}$$

wobei $P = $ Kraft in kg.

$r = $ Hebelarm in m, an dem die Kraft angreift,

$\omega = $ Winkelgeschwindigkeit bedeutet.

$\dfrac{N}{n}$ wird Leistungs- oder Effektquotient genannt. In Fig. 25
ist die Abhängigkeit zwischen Md und $\dfrac{N}{n}$ graphisch veran-
anschaulicht. Ist $\dfrac{N}{n}$ größer als 0,2, so läßt sich Md trotzdem feststellen, indem $\dfrac{N}{n}$ durch 10 dividiert und das ge-
fundene Drehmoment mit 10 multipliziert wird. Würde z. B.
$\dfrac{N}{n} = 0,7$ sein, so finden wir bei $\dfrac{N}{n} = 0,07$ ein Drehmoment von
50,1 mkg. Das gesuchte Drehmoment ist daher $10 \cdot 50,1 =$
501 mkg.

Das maximale Drehmoment eines Motors ist erheblich
höher, als das normale, und beträgt

$Md_{max} = 3{,}0 \; Md$ bei Gleichstrommotoren,
$\qquad = 2{,}0 \; Md$ bis $2{,}5 \; Md$ bei Drehstrommotoren mit
$\qquad\qquad$ Schleifringanker,
$\qquad = 0{,}5 \; Md$ bis $2{,}0 \; Md$ bei Drehstrommotoren mit
$\qquad\qquad$ Kurzschlußanker,
$\qquad = 1{,}5 \; Md$ bei Einphasen-Induktionsmotoren (im
$\qquad\qquad$ Betriebe),
$\qquad = 0{,}3 \; Md$ bis $1{,}0 \; Md$ bei Einphasen-Induktions-
$\qquad\qquad$ motoren (beim Anlauf),
Schleifringanker vorausgesetzt.

Bei den Einphasen-Kommutatormotoren ist Md_{max} sehr
verschieden; für Reihenschluß-, Reihenschluß-Kurzschluß-, Re-
pulsions- und Doppelschlußmotoren dürfte $Md_{max} = 2{,}5 \; Md$
die obere Grenze darstellen.

Das maximale Drehmoment ist bei Gleichstromhauptstrom-
motoren, Drehstrom- und Einphasenstrommotoren nicht variabel
und eindeutig durch vorstehende Gleichungen bestimmt. Md
ist hierbei das normale Drehmoment des Motors, gleichgültig
ob der Motor wegen sehr langer Pausen im Betriebe mit höherem
Drehmoment beansprucht wird, oder wegen sehr kurzer Pausen
mit geringerem. Bei Gleichstrom-Nebenschlußmotoren für
intermittierenden Betrieb, die bei nicht voll ausnutzbarem
Drehmoment mit einer schwächeren Magnetwicklung versehen werden müssen, ist dagegen Md das Betriebs-Drehmoment.
Ein Hauptstrommotor kann also eine größere Anzugskraft ent-

wickeln, als ein gleich großer Nebenschlußmotor, wenn beide im
Betriebe mit einem Drehmoment, welches unter dem normalen
liegt, arbeiten.   Werden beide im Betriebe mit normalem Drehmoment beansprucht, so ist auch ihre Anzugskraft dieselbe.

Bei Drehstrom - und Einphasenstrom-Induktionsmotoren
nimmt das maximale Drehmoment etwa mit dem Quadrat der

Drehmoment M_d in mkg

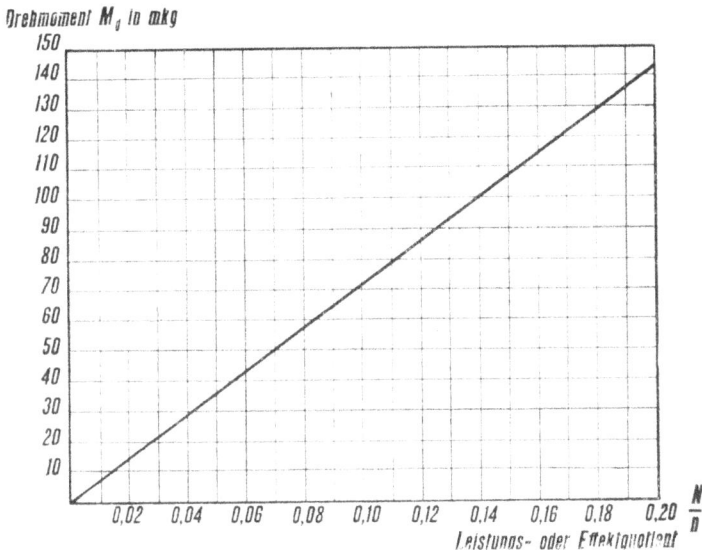

Fig. 26. Bestimmung des Drehmoments aus dem Leistungsquotienten.

Klemmenspannung ab, oder[1] um den doppelten Prozentsatz
der Spannungsverminderung.

Durch Anwendung von Kugellagern läßt sich ein erheblich höheres Anlaufdrehmoment erreichen.   Besonders wertvoll
ist dies bei kleinen Drehstrommotoren mit Kurzschlußanker
und den Einphasen-Induktionsmotoren.

VIII. Belastungsfähigkeit bei intermittierendem Betriebe.

Wie bereits erwähnt, bezieht sich die Angabe der Leistung
bzw. des Drehmomentes auf bestimmte Betriebsverhältnisse.

---

[1] Uppenborn, Kal für Elektrotechn. 1908, S. 189.

Wird der am meisten vorkommende Fall, daß sich die Arbeitszeit zur Arbeitspause wie 1 : 2 verhält, zugrunde gelegt} —
die Listen der Fabrikanten sind meist nach dieser Annahme
aufgestellt —, so kann die Belastungsfähigkeit nach neben-
stehenden Fig. 26 und 27 festgesetzt werden. Die Kurven der
Fig. 27 gelten indessen nur für alle diejenigen Fälle, in denen
der Nebenschlußmotor in den Arbeitspausen vollständig vom

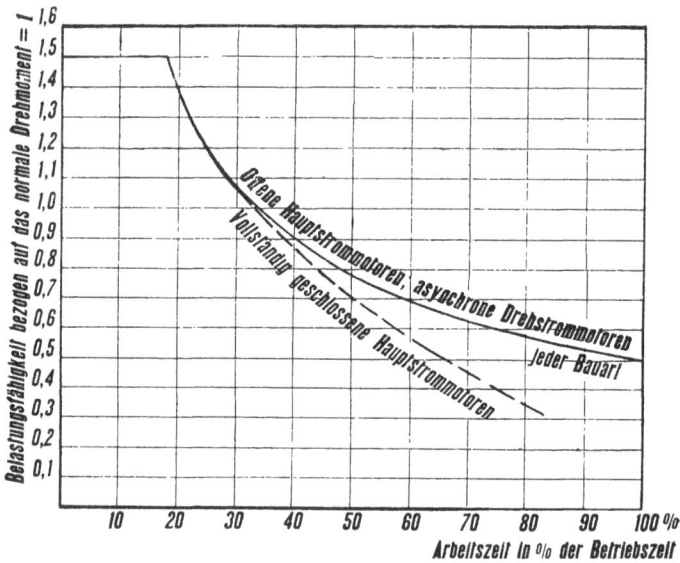

Fig. 26. Belastungsfähigkeit abhängig von der Arbeitszeit.

Netz abgeschaltet wird. Oft ist es jedoch wünschenswert oder
erforderlich den Motor in den Pausen unbelastet weiter laufen
zu lassen oder wenigstens die Magnetwicklung nicht auszu-
schalten. Da dann eine Abkühlung der Magnetwicklung nicht
möglich ist, darf auch ein Motor für intermittierenden Betrieb,
der in allen seinen Teilen mit Rücksicht auf die zu erwartende
Abkühlung bemessen ist, nicht gewählt werden, sondern ein
solcher für Dauerbetrieb. Je nach der prozentualen Arbeitszeit des Motors darf auch dieser nach Fig. 28 höher beansprucht werden.

Motoren für intermittierende Betriebe werden durchschnittlich 100% höher belastet, als die gleichen Typen für Dauerbetrieb.

IX. Umdrehungszahl.

1. Gleichstrom.

Gleichstrommotoren lassen sich fast für jede beliebige
Drehzahl herstellen. Entsprechend den verschiedenen Verwen-

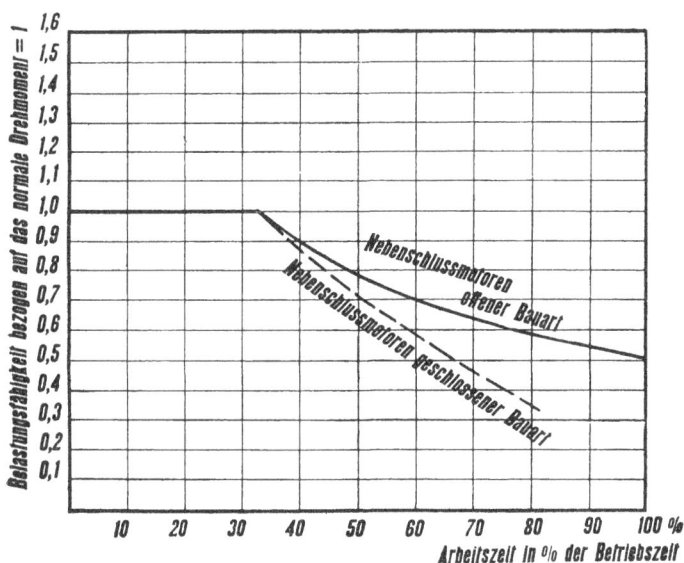

Fig. 27. Belastungsfähigkeit abhängig von der Arbeitszeit.

·dungszwecken werden zwar sowohl sehr rasch, als auch sehr
langsam laufende Typen gebaut, doch sind dies stets Spezial-
ausführungen, die nicht nur erheblich längere Lieferfristen,
sondern auch viel höhere Preise bedingen. Die Drehzahlen
der listenmäßigen Normaltypen aller Motorenfabriken weichen
zwar nicht unerheblich voneinander ab, doch ist durchschnittlich der Motor mit einer mittleren Drehzahl am gesuchtesten;
bei den sehr rasch laufenden macht die Übersetzung oft
Schwierigkeiten, bei den sehr langsam laufenden ist der Preis
sehr hoch. Jeder Typ wird meist für 2 (bzw. 3) verschiedene

Drehzahlen, die sich etwa wie 2 : 1 verhalten, hergestellt. In Fig. 29 sind die durchschnittlichen Werte der oberen und unteren Grenze der Drehzahlen für Motorleistungen bis 400 PS$_e$ auf getragen.

Wird bei intermittierendem Betriebe ein Hauptstrom-motor nicht mit seinem normalen Drehmoment beansprucht,.

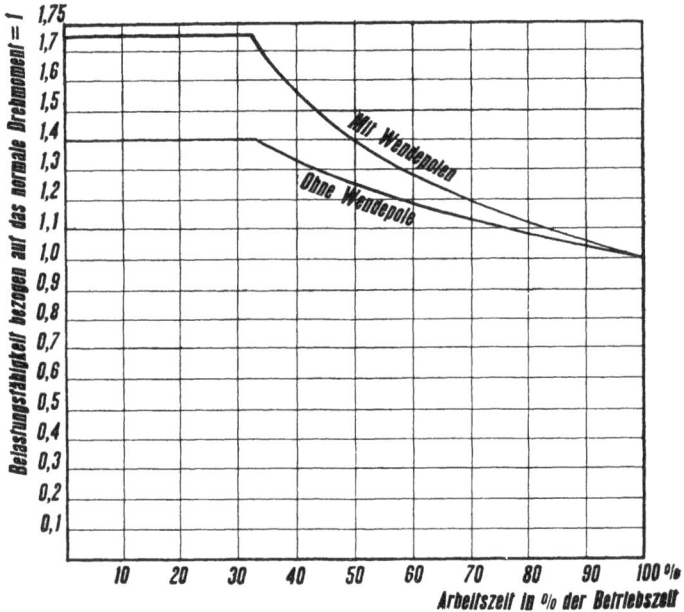

Fig. 28. Belastungsfähigkeit normaler Nebenschlußmotoren, die in den Arbeits-pausen entweder durchlaufen oder mit voller Erregung stehen bleiben, ab-hängig von der Arbeitszeit.

so ändert sich auch seine Drehzahl. Fig. 30 gibt diese Änderung bezogen auf die normale Drehzahl an und zwar für Vollast.

Fig. 31 gibt in gleicher Weise diese Abhängigkeit für Nebenschlußmotoren an. Die einmal vorhandene Drehzahl bleibt jedoch bei allen Belastungen annähernd konstant.

Alle Angaben über die Drehzahlen verstehen sich mit einer gewissen (meist $\pm$ 5%) Toleranz. Soll eine Drehzahl genau innegehalten werden, so ist dies in der Bestellung be-sonders auszudrücken.

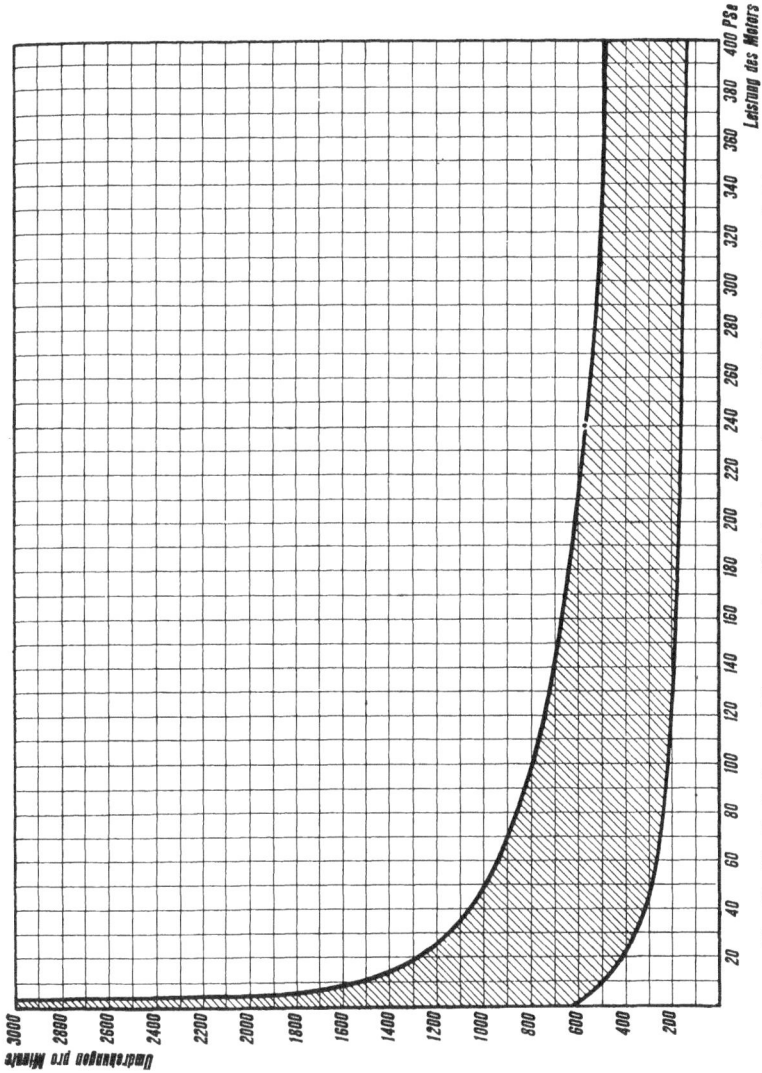

Fig 29. Die Umdrehungszahlen normaler Gleichstrommotoren, abhängig von der Leistung.

2. Drehstrom und Einphasenstrom.

Die Drehzahl von Drehstrom- und Einphasenstrom-Induktionsmotoren läßt sich nicht beliebig wählen, sondern ist abhängig von der Frequenz. Bei der am häufigsten angewen-

deten Frequenz von 50/Sekunde sind folgende Drehzahlen
möglich:

$$n = 3000 \text{ bei } 2 \text{ poligen Motoren}$$
$$n = 1500 \text{ » } 4 \text{ » } \text{»}$$
$$n = 1000 \text{ » } 6 \text{ » } \text{»}$$
$$n = 750 \text{ » } 8 \text{ » } \text{»}$$
$$n = 600 \text{ » } 10 \text{ » } \text{»}$$
$$n = 500 \text{ » } 12 \text{ » } \text{»}$$
$$n = 375 \text{ » } 16 \text{ » } \text{»}$$

usw.

Die Zahlen gelten für leerlaufende Motoren und sinken um
einige Prozent bei Belastung derselben.

Die synchrone Drehzahl (Leerlauf) ändert sich proportional
der Frequenz; es läuft daher bei einer Frequenz von 25/Sekunde
ein zweipoliger Motor mit n = 1500.

Bei den Einphasen-Kommutatormotoren läßt sich zwar
die Drehzahl unabhängig von der Frequenz festsetzen. Es
wird jedoch, außer bei den Reihenschlußmotoren, fast kein
Gebrauch hiervon gemacht, da die meisten Motoren ihren
größten Wirkungsgrad und geringste Phasenverschiebung bei
Synchronismus erreichen. Die Reihenschlußmotoren dagegen
arbeiten besser bei wesentlich höheren Drehzahlen.

X. Spannung.

1. Gleichstrom.

In den »Normalien« werden für Gleichstrommotoren
als Normalspannungen 110, 220, 440 und 500 V empfohlen;
diese werden zurzeit fast durchweg angewendet. Für anormale,
zwischen den angegebenen liegende Spannungen werden meist
Motoren der nächstliegenden normalen Spannung verwendet.
Drehzahl und Leistung ändert sich hierbei proportional der
Spannung. Bei Nebenschlußmotoren hängt die Anzugskraft
von der Spannung ab, da das Magnetfeld dieser annähernd
proportional ist. Wenn also beim Anlauf, z. B. infolge zu
schwacher Zuleitungen, die Klemmenspannung sinkt, so nimmt
auch die Anzugskraft ab.

2. Drehstrom und Einphasenstrom.

Nach den oben erwähnten »Normalien« sind für Drehstrom- und Einphasenstrommotoren als Normalspannungen 110,

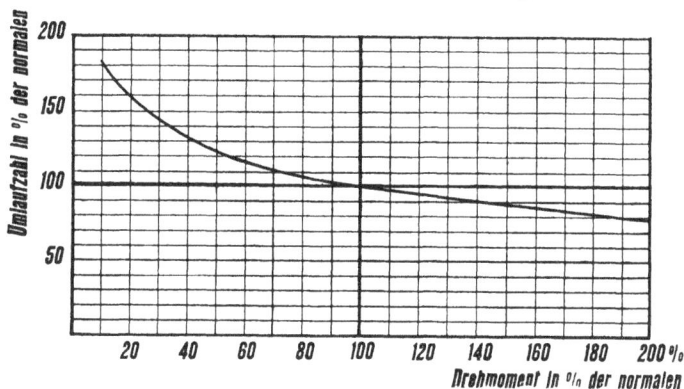

Fig. 30. Änderung der Umlaufzahl von Hauptstrommotoren bei Änderung des Drehmoments.

220, 500, 1000, 2000, 3000 und 5000 V in Vorschlag gebracht. Es sind jedoch hier die zur Ausführung gelangten und noch gelangenden Spannungen bei weitem mannigfaltiger, als bei Gleichstromanlagen.

Sinkt bei Induktionsmotoren, die mit normalem Drehmoment und normaler Frequenz arbeiten, die Klemmenspannung unter ca. 0,7 der normalen bei Drehstrommotoren und ca. 0,8 der normalen bei Einphasenstrommotoren, so fallen die Motoren plötzlich ab und bleiben stehen. Das maximale Drehmoment ändert sich mit dem Quadrat der Klemmenspannungen, weshalb für eine möglichst kon-

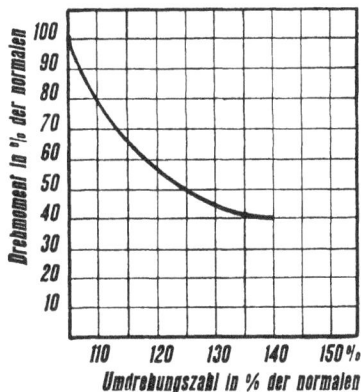

Fig. 31. Erhöhung der listenmäßigen Umdrehungszahl (für Vollast) von Nebenschlußmotoren, die mit schwächerer Magnetwicklung versehen werden müssen, weil sie bei intermittierender Belastung nicht mit dem normalen Drehmoment beansprucht werden dürfen.

stante Klemmenspannung Sorge zu tragen ist. — Die Einphasen-Kommutatormotoren werden meist für Spannungen
bis 300 V gebaut, wenn sich auch einige für 600—800 V
herstellen lassen. Gegen Spannungsschwankungen sind diese
Motoren nicht so empfindlich, wie die Induktionsmotoren.

XI. Leistungsfaktor.

Der cos der Phasenverschiebung, Leistungsfaktor, liegt
meist zwischen 0,8 und 0,9. Er sinkt mit zunehmender Polzahl des Motors. Motoren mit Kurzschlußanker haben einen
cos φ, der 1—4 % größer ist als der gleichgroßer Schleifringanker-Motoren. Die kleineren Werte gelten für große und
die großen für kleine Motoren. Bei abnehmender Belastung
nimmt die Phasenverschiebung erheblich zu, um bei Leerlauf
ihr Maximum von ca 79° zu erreichen, entsprechend cos φ
= 0,19. Fig. 32 zeigt die Abhängigkeit zwischen cos φ und
Belastung für mittlere Werte.

Für rauhe und angestrengte Betriebe ist es meist wünschenswert den Luftabstand etwas größer zu halten, damit eine
größere Lagerabnutzung zulässig ist. Motoren derartiger Ausführung besitzen dann stets eine größere Phasenverschiebung.

Der cos φ der Einphasen-Kommutatormotoren ist sehr verschieden, je nach der Art des Motors, seiner Umdrehungszahl,
Schaltung usw. Die durchschnittlichen Werte entsprechen
denen guter Drehstrom-Induktionsmotoren. Einzelne Motoren
besitzen einen cos $\varphi \cong 1$.

D. Die Bauart der Motoren.

Die bei weitem verbreitetste Bauart ist die offene. Alle
Teile sind der Luft ausgesetzt und können daher ihre Wärme
an die Luft abgeben. Die Ausnutzung des Materials kann
sehr hoch getrieben werden, wodurch Abmessungen und Preise
gering ausfallen. Offene Motoren können nur in trockenen,
wenig staubigen und nicht säurehaltigen Räumen verwendet
werden, jedoch mit der Einschränkung, daß ihre Wicklungen

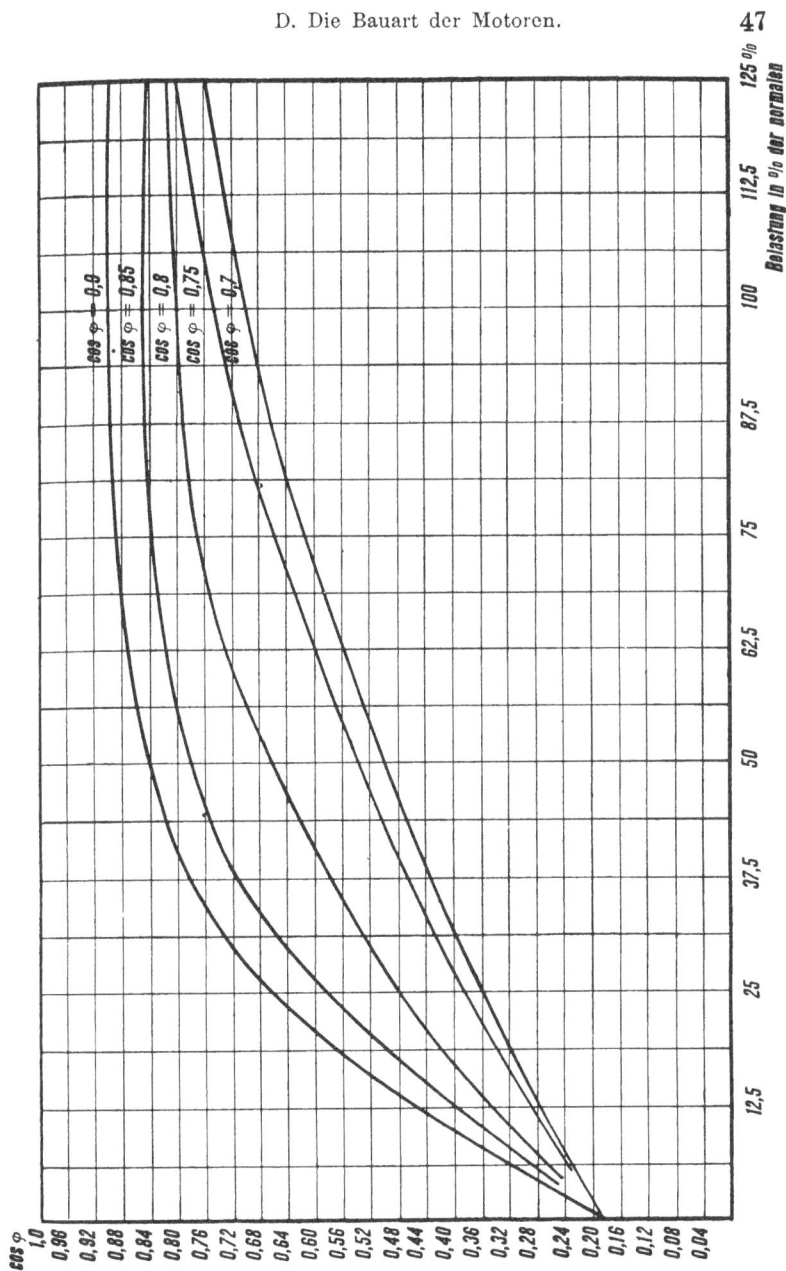

Fig. 32. Änderung des Leistungsfaktors normaler Drehstrommotoren bei Änderung der Belastung.

durch entsprechende Aufstellung des Motors, durch Drahtgaze-
abdeckung oder andere Einrichtungen gegen mechanische Ver-
letzungen geschützt werden.

Auch in wenig feuchten Räumen, z. B. teilweise offenen
Hallen, werden neuerdings offene Motoren verwendet, nachdem es gelungen ist, die Wicklungen durch einen Lack gegen
feuchte Luft unempfindlich zu machen.

In allen Fällen, wo der Motor entweder gegen Tropf-
wasser, oder gegen mechanische Beschädigungen, z. B. durch
Drehspäne, geschützt werden muß, im übrigen aber in trockenen
oder wenig feuchten Räumen steht, ist der ventiliert gekapselte Motor anzuwenden. Er besitzt ein bis auf die Ventilationsöffnungen vollständig geschlossenes Gehäuse und einen
auf der Achse neben dem Anker sitzenden Ventilator, der
einen kräftigen Luftwechsel bewirkt. Zur Bedienung des Kollektors bzw. der Schleifringe sind dicht schließende Kappen
bzw. Türen vorhanden. Durch die künstliche Kühlung wird
erreicht, daß sie ebenso hoch oder nur unerheblich geringer
belastet werden können, als offene.

Auch in säurehaltigen Räumen oder solchen mit großen
Temperaturdifferenzen, des Schwitzwassers wegen, werden
zweckmäßig ventiliertgekapselte Motoren mit Rohrleitungsan-
schluß verwendet. Die Luftöffnungen erhalten Flanschen, an
welche eine Rohrleitung angeschlossen wird, die in einen Raum
mit reiner Luft geführt ist. Je nach der Länge der Rohrleitung, dem Rohrdurchmesser, der Anzahl der Krümmer usw.
ist die Lüftung mehr oder weniger kräftig. Dementsprechend
muß auch die Belastung von Fall zu Fall festgesetzt werden.
Jedenfalls ist sie stets geringer zu wählen, als bei normalen
ventiliertgekapselten Motoren.

Kann eine Rohrleitung nicht angebracht werden, z. B. bei
nicht ortsfesten Motoren, oder muß der Motor im Freien aufgestellt werden, so ist er vollständig gekapselt auszuführen.
Motoren dieser Art unterscheiden, sich 'von den ventiliertgekapselten nur durch den Fortfall der Ventilationsöffnungen
und des Ventilators. Da ihre Abkühlungsoberfläche verglichen
mit der offener Motoren gering ist, so ist auch ihre Belastungsfähigkeit klein. Bezeichnet:

N = Leistung eines offenen Motors,

N_v = Leistung eines normalen ventiliertgekapselten Motors gleichen Typs,

N_{vr} = Leistung eines ventiliertgekapselten Motors gleichen Typs mit Lüftungsrohrleitung,

N_g = Leistung eines vollständig geschlossenen Motors gleichen Typs, so ist, gleiche Maximaltemperaturen und Dauerbetrieb vorausgesetzt

N_v = 0,8 N bis 1,0 N,

N_{vr} = 0,6 N bis 0,7 N,

N_g = 0,4 N bis 0,6 N.

Für intermittierende Betriebe kommen hauptsächlich offene und vollständig geschlossene Motoren in Frage, da die Lufterneuerung in ventiliert gekapselten Typen wegen der kurzen Arbeitszeiten sehr unvollkommen ist und daher ein solcher Motor nicht viel höher beansprucht werden darf als ein geschlossener. Wird

N_i = Leistung eines offenen Motors im intermittierenden Betriebe,

N_{ig} = Leistung eines geschlossenen Motors im intermittierenden Betriebe gesetzt, so ist

N_{ig} = 0,7 N_i.

Der geschlossene Motor kann, wie die Erfahrung gelehrt hat, bei intermittierender Belastung prozentual höher beansprucht werden, als bei Dauerbetrieb.

Für Bergwerkszwecke werden neuerdings ventiliertgekapselte Motoren mit Plattenschutz usw.[1] ausgeführt, die etwa so hoch wie normale ventiliertgekapselte Motoren belastet werden können. Erstreckt sich bei Drehstrommotoren die Kapselung nur auf die Schleifringe, so kann der Motor als offener behandelt werden.

Ferner gelten durchschnittlich noch folgende Gleichungen:

N_i = 1,4 N bis 2,0 N und

N_{ig} = 2,0 N_g bis 3,0 N_g, d. h. ein offener Motor kann im intermittierenden Betrieb 1,4 bis 2 mal so viel leisten

---

[1] R. Goetze, E. T. Z. 1906, S. 4, 65, 197, 249, 333, 359.

als im Dauerbetrieb und ein geschlossener sogar 2 bis
3 mal so viel.

Der mechanische Aufbau der Motoren verschiedenen Fa-
brikats ist annähernd gleich. Es werden gebaut:

   a) Gleichstrommotoren nach dem Außenpoltyp,
   b) asynchrone Wechsel- und Drehstrommotoren mit fest-
      stehender induzierender Wicklung,
   c) synchrone Wechsel- und Drehstrommotoren;
      α) bei kleinen Leistungen den Gleichstrommotoren
         sehr ähnlich,
      β) bei mittleren und größeren Leistungen stets nach
         dem Innenpoltyp, mit ruhender Wechsel- bzw.
         Drehstrom- und rotierender Gleichstromwicklung.

Die Magnetspulen stehen mit ihrer Achse senkrecht auf
der Ankerachse mit Ausnahme derjenigen des, z. B. von den
Bergmann-Elektrizitäts-Werken gebauten, Lundelltyps, dessen
Ankerachse durch den Mittelpunkt der Magnetspule geht und
mit deren Achse einen bestimmten Winkel bildet. Die einzige
hier vorhandene Magnetspule schließt den Anker konzentrisch
ein. Das Magnetgehäuse ist hierbei in der Mitte, rechtwinklig
zur Ankerachse, geteilt.

Zur Erzielung einer funkenfreien Kommutierung bei Gleichstrommotoren werden neuerdings hauptsächlich Wendepole[1]
verwendet, deren Wirkungsweise und Anwendungsgebiet an
anderer Stelle beschrieben werden.

Bei den synchronen Motoren werden neuerdings oft
Dämpfungswicklungen nach Hutin und Leblanc angebracht,
um Schwingungen infolge von Resonanz zu mildern. Die Wicklungen werden entweder als geschlossene Ringe über die Magnete
geschoben, was bei kleineren Maschinen mit feststehenden
Magneten die Regel ist, oder bei umlaufenden Magnetsystemen
in die Polschuhe eingebettet.

Die Anker werden fast nur noch als Trommel- und Ringanker hergestellt. Besonders die ersteren sind zurzeit sehr beliebt, weil sie die Herstellung der Wicklung in Schablonen

---

[1] Pohl, E. T. Z. 1905, S. 509. Breslauer, E. T. Z. 1905, S. 640.

gestatten. Sie besitzen jedoch den Nachteil, daß an den Wick-
lungsköpfen besondere Maßnahmen getroffen werden müssen,
um größere Spannungsdifferenzen zwischen benachbarten
Drähten unschädlich zu machen.

Der Ringanker muß von Hand gewickelt werden. Er besitzt den großen Vorzug, daß zwischen benachbarten Drähten
keine hohen Spannungsdifferenzen auftreten können.

Die Ankerwicklung wird entweder auf den glatten Anker
gelegt und durch Ansätze und Bandagen festgehalten, oder
in ganz oder halb offenen Nuten, seltener in ganz geschlossene.
Die glatten Anker finden sich nur noch bei Gleichstrommotoren
und verschwinden allmählich.

Der Luftspalt zwischen dem rotierenden und feststehenden
Teil ist bei Gleichstrommotoren durchweg größer, als bei Ein-
phasen- und Drehstrommotoren, da bei letzteren der cos der
Phasenverschiebung mit der Vergrößerung des Luftabstandes
abnimmt.

Es ist daher die zulässige Lagerabnutzung bei diesen Motoren geringer.

Zur Begrenzung der durch die Stromwärme bedingten
Temperaturzunahme werden benutzt:

1. Natürliche Abkühlung durch die umgebende Luft,
   unterstützt durch Eigenventilation des Ankers vermittelst
   Ventilationsschlitze usw.,
2. künstliche Abkühlung durch neben dem Anker angeordnete Ventilationsflügel,
3. künstliche Abkühlung durch Einführung von Preßluft
   in das Innere des Motors,
4. künstliche Abkühlung durch im Gestell angeordnete
   Wasserkanäle.

Die natürliche Abkühlung ist die bei weitem häufigste
und einfachste. Künstliche Abkühlung mittels Ventilationsflügel wird bei ventiliertgekapselten Typen angewendet. In
sehr heißen Räumen, z. B. Bergwerken, läßt sich jedoch eine
wesentliche Wärmeabfuhr auf diese Weise nicht erreichen.
Sofern Preßluft für andere Zwecke vorhanden ist, läßt sich
durch diese eine gute Abkühlung erreichen. Man greift jedoch zu diesem Hilfsmittel nur in Ausnahmefällen, nämlich

dann, wenn eine Beschränkung in den äußeren Abmessungen des Motors geboten ist.

Das gleiche gilt von der Kühlung mittels Wasser. Hiervon wird vereinzelt, z. B. in Bergwerken, Gebrauch gemacht. Sie läßt sich naturgemäß nur für den feststehenden Teil durchführen und auch nur bei Dreh- bzw. Wechselstrommotoren. Der Anker muß dabei so ausgeführt werden, daß er ohne Kühlung arbeiten kann.

Die Lager der Motoren werden meist als Gleitlager aus Gußeisen oder mit Bronze bzw. Weißmetallfutter hergestellt. Nur bei größeren Motoren sind zweiteilige Lager üblich. Nicht selten erhalten die Lager an der Ankerseite eine Filzabdichtung, um das durch den Anker bewirkte Heraussaugen des Öles zu verhindern.

Kleinere Motoren werden auch mit Kugellagern geliefert. Der Wirkungsgrad wird hierdurch nicht unwesentlich verbessert.

Die Lagerreibung beträgt z. B.[1] bei Motorenleistungen bis 1 PS_e nur ca. 8—10% und bei solchen von 1—10 PS_e nur ca. 15—20% derjenigen von Gleitlagern. Auch werden die Abmessungen des Motors in axialer Richtung kleiner, die Wartung wird auf das Mindestmaß beschränkt und die Einlaufzeit fällt fort. Anderseits verursachen Kugellager stets Geräusch, weshalb sie nicht überall anwendbar sind, und sind nicht so betriebssicher, als Gleitlager, da sich Kugelbrüche, trotz aller Sorgfalt in der Herstellung, bis jetzt nicht mit Sicherheit haben vermeiden lassen.

Die Schmierung der Gleitlager erfolgt überwiegend durch Ringe, vereinzelt auch durch Ketten. Lager bis zu 300 mm Länge erhalten meist einen, längere zwei und mehr Ringe. Für größere Motoren werden die Ringe zwecks bequemeren Einbaues geteilt ausgeführt. Im Betriebe muß ein bequemes Beobachten der Ringe möglich sein. Der Ölraum des Lagers muß so tief sein, daß sich Unreinigkeiten am Boden absetzen können. Aus dem gleichen Grunde dürfen auch die Ringe nicht zu tief ins Öl tauchen, damit der Schmutz nicht aufge-

---

[1] Helios 1906, S. 1489. E. A. 1908, S. 580/3.

wirbelt wird. Am tiefsten Punkt des Ölraumes ist eine ver-
schraubbare Öffnung zum Ablassen des Öles und zum Aus-
spülen erforderlich. Empfehlenswert ist ferner ein Ölstandglas.

Bei sehr großen und sehr rasch laufenden Motoren genügt
oft die Ringschmierung nicht. Es werden dann kleine Öl-
pumpen benutzt, die das Öl unter den Zapfen pressen. Das
gebrauchte Öl wird nach ev. Reinigung und Kühlung wieder
verwendet.

Zur Herabdrückung der Lagertemperatur wird auch Kühlung durch Wasser, wenn auch nur selten, ausgeführt.

Um ein Wandern des Öles an der Welle entlang zu verhüten, werden innerhalb des Lagergehäuses Spritzringe auf
der Welle angeordnet.

Motoren, die sehr starke Erschütterungen erleiden, arbeiten
mit Ringschmierung nicht immer einwandfrei. Ausgeschlossen
ist diese bei Motoren, die in verschiedenen Ebenen arbeiten
müssen, z. B. bei transportablen Bohrmaschinen. In diesen
Fällen wird Fettschmierung mittels Stauferbüchse bevorzugt.

Die Verbindung der Lager mit dem Motorgehäuse erfolgt
bei kleineren Typen durch vertikale, horizontale oder T-förmige
Bügel oder durch Lagerschilder, die mit dem Gehäuse verschraubt werden. Letztere werden in neuerer Zeit bevorzugt
und so eingerichtet, daß sie sich um 90^0 und 180^0 drehen
lassen. Der Motor kann dann auch an der Wand oder der
Decke angebracht werden. Lagerschilder werden für Motorleistungen bis etwa 100 PS_e ausgeführt. Die Bügellager sind
bei mehrpoligen Modellen auch meist um 90^0 und 180^0 dreh-
bar, bei zweipoligen jedoch meist nur um 180^0. Bei größeren
Motoren, für die Montage an der Wand bzw. Decke nicht in
Frage kommen kann, werden die Lager als Stehlager ausgebildet und mit dem Motor auf einer gemeinsamen Grundplatte
verschraubt.

Bis zu etwa 150 PS_e Motorleistung ist es üblich, die Motoren
mit zwei Lagern auszuführen und die Riemen- oder Seilscheibe
bzw. das Zahnrad fliegend aufzusetzen. Für größere Leistungen
kommt noch ein drittes Außenlager hinzu, das entweder auf
die verlängerte Grundplatte gesetzt oder auch besonders montiert
wird. Bei doppelt breiten Riemenscheiben ist auch für kleinere

Leistungen ein drittes Lager erforderlich, wenn der Riemen im Betriebe außen laufen muß. Kann der Riemen innen laufen und wird der Durchmesser der Leerscheibe kleiner gewählt, als derjenige der Vollscheibe, so kann die doppelt breite Motorscheibe meist noch fliegend angeordnet werden. Es empfiehlt sich jedoch stets Rückfrage bei der Fabrikantin zu halten.

Die in den Listen angegebenen Riemenscheibenabmessungen können nicht beliebig geändert werden. Es ist zwar eine Vergrößerung des Durchmessers ohne weiteres zulässig, eine Verkleinerung jedoch nur um etwa 15—20 %. Der Grund hierfür ist in der Lagerbeanspruchung zu suchen. Ein Beispiel möge dies erläutern. Für einen 10 PS_e Motor mit $n = 1500$ sei der normale Riemenscheibendurchmesser 175 mm. Es ist dann die Riemengeschwindigkeit

$$v = \frac{0,175 \cdot \pi \cdot 1500}{60} = 13,75 \text{ m/Sek.}$$

Die Motorleistung in mkg ist $A = 10 \cdot 75 = 750$ mkg und folglich die durch den Riemen auszuübende Zugkraft

$$P = \frac{750}{13,75} = 54,5 \text{ kg.}$$

Infolge der Riemenspannung hat das Lager aufzunehmen

$$3 P = 3 \cdot 54,5 = 163,5 \text{ kg.}$$

Für diese Beanspruchung ist das Lager berechnet. Würde nun z. B. die Riemenscheibe auf 100 mm verkleinert, so ergibt die Rechnung $v = 7,85$ m; $P = \frac{750}{7,85} = 95,5$ kg und

$$3 P = 3 \cdot 95,5 = 286,5 \text{ kg,}$$

d. h. es würde das Lager ca. 75 % höher belastet werden, was entschieden zu hoch ist. Wenn daher die Übersetzung mit dem normalen Scheibendurchmesser oder einem etwas kleineren nicht möglich ist, so muß ein Motor mit kleinerer Drehzahl verwendet werden.

Die Segmente der Kommutatoren werden aus hart gezogenem Kupfer oder Bronze hergestellt und durch Preßspan, Glimmer oder sonstiges Isoliermaterial voneinander isoliert. Den schwalbenschwanzförmigen Fuß umfassen mit Glimmer belegte Preßringe. Sehr lange Kommutatoren werden zweckmäßig durch Ventilationsschlitze (D. R. P. 142 339) gekühlt,

auch empfiehlt es sich, die Innenseite des Kommutators zur
Abkühlung heranzuziehen. Hauptbedingung für ein gutes
Arbeiten des Kommutators ist, daß er genau rund ist, und
daß die Isolierung nicht hervortritt. Es kann z. B. vorkommen,
daß in feuchten Betrieben ein Kommutator mit Preßspan-
isolierung verwendet wird. Solange der Motor läuft, geht
alles gut, sobald er jedoch einige Zeit steht, quillt die Isolierung heraus und der Motor läuft entweder gar nicht an oder
feuert. Ein Heraustreten der Isolierung findet auch dann
statt, wenn dieselbe härter ist, als die Segmente, und sich
daher weniger abnutzt. Dies trifft oft bei Glimmerisolierung ein.

Die Stromzuführung erfolgt durch Bürsten aus Kupfer-
oder Messingblechdraht oder -gaze bzw. durch Kohlenbürsten
ohne oder mit Metallüberzug oder Metallblatteinlagen.

Metallbürsten gestatten Stromdichten bis zu 35 A/qcm,
benötigen daher nur einen schmalen Kommutator und arbeiten
selbst bei etwas unrundem oder welligem Kommutator noch
gut. Dagegen besitzen sie den Nachteil, daß ihr Reibungskoeffizient größer ist und daher eine Schmierung des Kommutators zur Verminderung zu großer Abnutzung nicht zu umgehen ist. Für umsteuerbare Motoren sind Metallbürsten nicht
verwendbar.

In der Regel werden bei neueren Motoren Kohlenbürsten
verwendet. Diese können zwar höchstens halb so hoch beansprucht werden, als Metallbürsten, und verlangen daher
einen breiteren Kommutator, verursachen aber einen geringeren
Verschleiß und können auch für umsteuerbare Motoren benutzt
werden. Die Härte der Kohlen muß mit der Maschinen-
spannung zunehmen. Der Widerstand wächst ebenfalls mit
zunehmender Härte und die Leitfähigkeit nimmt ab.

Eine Mittelstellung zwischen Metall- und Kohlenbürsten
nehmen die Kupferkohlenbürsten ein. Bei diesen sind feine
Kupferblättchen so in die Kohle eingepreßt, daß die Ebene
der Kupferblättchen auf der Schleifffläche senkrecht steht.
Für Motoren bis 120 V haben sie sich gut bewährt. Geliefert
werden solche Kupferkohlen z. B. von Heckmann, Duisburg,
Conradty, Nürnberg, Ringsdorff, Essen, Galvanische Metall-
blattpapierfabrik, Berlin N, u. a.

Beim Einsetzen neuer Kohlen ist stets ein genaues Einschleifen der Lauffläche nach der Kommutatorrundung erforderlich.

Nach A. Müller[1]) müssen Kommutatoren so bemessen werden,
daß ihre Abkühlungsfläche O_k gemessen in qcm sein muß:

$O_k \gneqq 4 J^a$ bis 6 J_a bei Kohlenbürsten.

$O_k \geqq 1,1 J_a$ bis 1,7 J_a bei Metallbürsten, wobei J_a die
Ankerstromstärke in Amp. bedeutet. Er hat hierbei die Tempera-
turerhöhung zu 40 ⁰ C angenommen. Da nach den »Normalien«
Kommutatoren 60 ⁰ C Übertemperatur annehmen dürfen (bei
Bahnmotoren sogar 80 ⁰ C), so dürfte es zulässig sein, mit den
unteren Werten zu rechnen.

Die Bürstenhalter müssen möglichst leicht sein, damit sie
kleinen Unebenheiten des Kommutators folgen können, und
müssen so eingerichtet sein, daß die richtige Lage der Kohlen
und der 'richtige Auflagedruck bequem eingestellt und die
Kohlen leicht ausgewechselt werden können. Der Auflagedruck wird für Metallbürsten zu ca. 120 g/qcm und für Kohlenbürsten zu ca. 140 g/qcm gewählt bei erschütterungsfreien, ortsfesten Motoren. Für bewegte oder Erschütterungen ausgesetzte
Motoren sind nur Kohlenbürsten anwendbar, denen jedoch
ein höherer Auflagedruck, meist ca. 250 g/qcm, gegeben wird.
Die Federung muß bei allen Drücken eine weiche sein; starker
Verschleiß und Geräusch sind oft die Folgen zu harter Federung.

Die Bürstenträger werden bei kleineren Typen am Lager,
bei größeren am Motorgehäuse befestigt. Vor Einführung der
Wendepole waren sie ausnahmslos verstellbar; Wendepolmotoren können mit festem Bürstenträger hergestellt werden. Die
Verschiebung der Bürstenträger erfolgt bei kleineren Motoren
von Hand; eine Klemmschraube sichert die eingestellte Lage.
Bei größeren Motoren wird die Verschiebung mittels Handrad vorgenommen. Die Übertragung der Bewegung erfolgt
durch Zahnräder, Schnecke und Schneckenrad oder Schrauben-
spindel mit Mutter.

Die Schleifringe asynchroner und synchroner Wechsel-
und Drehstrommotoren werden aus Kupfer oder Bronze, ver-

---

[1]) Schweiz. E. T. Z. 1907, S. 241, 255.

einzelt auch aus Gußeisen hergestellt. Sie werden bei asynchronen Motoren entweder zwischen Anker und Lager oder
außerhalb des Lagers aufgesetzt. Die erste Ausführungsart
hat den Vorteil, daß die Ringe geschützt liegen und ihre Verbindung mit dem Anker bequem ist, dagegen den Nachteil,
daß eine Kapselung der Ringe ohne Kapselung des Motors
nicht möglich ist. Die außen angeordneten Ringe sind bequemer zugänglich und lassen sich leicht einkapseln, erfordern
aber eine hohle Welle für die Verbindungsleitungen mit dem
Anker und sind leichter Beschädigungen ausgesetzt.

Zur Verringerung der Baulänge werden von der Firma
Schorch & Co. Drehstrommotoren mit übereinander liegenden,
also konzentrischen Schleifringen gebaut.

Die Bürstenträger für Schleifringe können stets fest ausgeführt werden.

Zur Vereinigung der Vorteile des Kurzschlußankers mit
denen des Schleifringankers werden Drehstrommotoren mit
Schleifringanker auch mit einer Kurzschluß- und Bürstenabhebevorrichtung ausgestattet. Nach erfolgtem Anlauf wird dann
von Hand erst ein Kurzschluß zwischen den Schleifringen hergestellt und dann werden die Bürsten abgehoben; beides erfolgt zwangläufig nacheinander durch einen Druck. Der
Wirkungsgrad wird hierdurch etwas erhöht und die Abnutzung der Bürsten und Schleifringe fast vollständig vermieden.

Die Siemens-Schuckertwerke, Berlin, führen außer der
normalen Einrichtung der beschriebenen Art für die NdDreh-
strommotoren eine verbesserte, D. R. P., aus. Bei dieser ist
es unmöglich, das Kurzschließen vorzunehmen, so lange der
Motor seine normale Drehzahl noch nicht erreicht hat. Eine
übereilte Bedienung ist daher ausgeschlossen. Eine weitere
wertvolle Eigenschaft dieser Einrichtung besteht darin, daß
beim Sinken der Drehzahl unter einen bestimmten Betrag
selbsttätig die Bürsten aufgelegt werden und der Kurzschluß
aufgehoben wird. Bei unzulässigen Überlastungen oder beim
Ausbleiben der Spannung wird daher der Motor geschützt.
Der Anlasser ist stets mit selbsttätiger Rückstellung, wirkend
bei Kurzschluß der Schleifringe, zu wählen.

Zur Vereinfachung der Bedienung erhalten Drehstrommotoren auch angebaute selbsttätige Anlasser. Sie werden
ausgeführt als Büchsen, die auf die Motorwelle gesetzt sind
und einen unter Federwirkung stehenden Fliehkraftregler sowie die erforderlichen Widerstände enthalten. Sobald der
Motor eine bestimmte Drehzahl erreicht hat, wird durch den
Fliehkraftregler die erste Widerstandsstufe abgeschaltet und
der Motor dadurch weiter beschleunigt. Dann schaltet sich die
zweite Widerstandsstufe ab u. s. f. bis bei normaler Drehzahl
der Rotor kurz geschlossen ist; gewöhnlich werden drei Widerstandsstufen verwendet und Stromstöße bis zum doppelten
des Normalstromes zugelassen. Diese selbsttätigen Anlasser besitzen ebenfalls die Eigenschaft, bei Überlastung oder Ausbleiben
der Spannung den Motor durch Vorschalten von Widerstand
vor den Anker zu schützen; außerdem aber noch die, nach
Eintritt normaler Verhältnisse den Motor wieder selbsttätig an-
zulassen und auf Touren zu bringen.

Fast dieselbe Einrichtung, jedoch ohne Widerstände und
nur mit einem Kontakt, verwenden die Siemens-Schuckertwerke
für die selbsttätige Gegenschaltung bei Drehstrommotoren.

Sollen Drehstrommotoren durch Stern-Dreieck-Umschaltung
angelassen werden, so sind Anfang und Ende aller drei Wicklungen nach außen zu führen; der Motor muß mit sechs
Klemmen ausgeführt sein.

Zur Erzielung geringster Platzbeanspruchung werden auch
die Anlaß- bzw. Regulierungsapparate an das Motorgehäuse
montiert. Bei Drehstrommotoren mit Kurzschluß- und Bürsten-
abhebeeinrichtung wird dann zwischen dieser und dem Anlasser eine derartige Abhängigkeit geschaffen, daß der Anlasser
nach Erreichung seiner letzten (Betriebs-) Stellung das Kurzschließen der Schleifringe und Abheben der Bürsten bewirkt,
eine besondere Handhabung hierfür also unnötig wird.

Fast alle namhaften Motorenfabriken liefern jetzt soge-
nannte Zentratormotoren, das sind Motoren irgendwelcher
Bauart, in deren Lagerschild auf der Riemenscheibenseite ein
Zentratorgetriebe[1]) der Firma W. H. Hilger & Co. eingebaut

---

[1]) E. T. Z. 1905, S. 1104.

ist. Sie werden gebaut für Geschwindigkeitsänderungen von
12 : 1 bis 4 : 1 und Leistungen bis ca. 10 PS, laufen geräuschlos
und beanspruchen keinen Platz.

Verbreiteter, weil älter, sind die mit Zahnradvorgelegen zusammen gebauten Motoren. Das Übersetzungsverhältnis wird
meist zu 5 : 1 bis 6 : 1 angenommen, selten höher; hergestellt
werden derartige Zahnradvorgelege-Motoren für Leistungen bis
ca. 30 PS_e, oft auch noch für größere. Für Leistungen bis
ca. 2 PS_e wird das Vorgelege oft auf das Motorgehäuse aufgesetzt, bei größeren Leistungen dagegen entweder darunter
oder daneben angeordnet. In beiden Fällen wird der Gußbock,
der das Vorgelege aufnimmt, so ausgebildet, daß er zugleich
das Fundament für den Motor bildet. Zur Milderung des
Geräusches wird das auf der Motorachse sitzende Ritzel aus
Rohhaut hergestellt, wenigstens für Dauerbetriebe; für Bahnmotoren und Motoren für rauhe Betriebe sind sauber gefräste
Stahlritzel besser.

Entsprechend der vielseitigen Verwendung des Elektromotors haben sich für viele Zwecke im Laufe der Zeit Spezialkonstruktionen herausgebildet.

Kleine Tisch- und Wandventilatormotoren sind oft so
eingerichtet, daß nach Lösen einer Schraube der Motor in
Richtung der Achse schräg gestellt werden kann.

Poliermotoren erhalten beiderseits verlängerte Welle, von
denen eine Seite gewöhnlich zylindrisch und die andere konisch
ausgeführt ist.

Handbohrmaschinen müssen der Handlichkeit wegen besonders leicht und gedrängt gebaut werden. Es wird daher
das Motorgehäuse so ausgebildet, daß das ev. erforderliche
Zahnradvorgelege, der Ausschalter usw. in ihm Platz finden
Die Handgriffe und das Brustschild werden an das Motorgehäuse angeschraubt.

Auch für andere Werkzeugmaschinen werden die Motoren
vielfach als Spezialkonstruktionen ausgeführt, um Werkzeug-
maschine mit Motor als einheitliches Ganzes zu gestalten;
besonders sei auf die Flanschmotoren hingewiesen.

In neuerer Zeit kommen außer den bekannten Decken-
ventilatoren mehrfach Motoren mit senkrechter Welle zur

Anwendung, z. B. bei Zentrifugen, Zentrifugal-Abteufpumpen u. a. Sie werden auch bei Motorgeneratoren usw. bevorzugt, wenn es auf äußerste Platzbeschränkung ankommt.

E. Die Anlaßmethoden und zugehörigen Apparate.

I. Gleichstrom.

Beim Anlassen von Gleichstrommotoren ist die Anker·stromstärke der Hauptsache nach abhängig von der elektromotorischen Gegenkraft des Motorankers, da diese der zugeführten Klemmenspannung entgegenwirkt. Im Augenblick des Einschaltens ist die elektromotorische Gegenkraft gleich Null und es würde daher die Höhe der Anlaufstromstärke nur bedingt durch den relativ sehr geringen Ankerwiderstand. Damit nun die Stromstärke eine gewisse Höchstgrenze, die sich aus der Belastungsfähigkeit der Ankerwicklung ergibt, nicht überschreitet, sind besondere Einrichtungen erfor·derlich.

Es ist ersichtlich, daß die Anlaufstromstärke in zulässigen Grenzen bleibt, wenn die zugeführte Klemmenspannung im Anfang gering ist und mit zunehmender Drehzahl des Motors — steigender elektromotorischen Gegenkraft — gesteigert wird. Die üblichen Mittel zur Erreichung dieses Zweckes sind:

> a) Abdrosselung der Betriebsspannung durch Vorschaltwiderstände.

Diese am weitesten verbreitete Methode ist nicht sehr wirtschaftlich, da in den Widerständen ein erheblicher Energieverlust stattfindet. Der Durchschnittswirkungsgrad wird hierdurch um so mehr verschlechtert, je häufiger der Motor angelassen werden muß.

b) Abdrosselung der Betriebsspannung unter teilweiser Wiedergewinnung der vernichteten Energie.

Diese Art des Anlassens wird durch Anwendung des Gegenschaltungsprinzips erreicht. Sie wird zweckmäßig nur dort verwendet, wo es sich um sehr häufiges Anlassen großer Motoren handelt und die gewöhnliche Anlaßmethode mit Vorschaltwiderständen den Durchschnittswirkungsgrad zu sehr verschlechtern würde.

c) Zuführung variabler Betriebsspannung, die entsprechend der steigenden Drehzahl erhöht wird.

Hierher gehört die sprungweise Erhöhung der Spannung durch Anwendung von Mehrleiter-Systemen und das Anlassen vermittelst der Leonard-Schaltung und ihrer Abarten. Bei diesen erhält jeder Motor eine eigene Dynamo, deren Spannung von Null bis zu ihrem normalen Betrage durch einen Regulator eingestellt wird.

Die im Hauptstrom liegenden Anlasser sind im Laufe der Zeit entsprechend den verschiedenartigsten Anforderungen des Betriebes in ganz erheblich abweichender Weise durchgebildet. Sie lassen sich nach der Art des Widerstandsmaterials einteilen in:

1. Flüssigkeitsanlasser,
2. Metallanlasser,
3. Graphit- und sonstige Anlasser.

Bei Flüssigkeitsanlassern wird als Widerstandsmaterial eine verdünnte Sodalösung, Salmiaklösung od. dergl. benutzt, in welche Eisenbleche eingetaucht werden. Flüssigkeitsanlasser sind im Verhältnis zu ihrer Leistung sehr klein, einfach und billig, eignen sich aber wegen des Überkochens nicht für sehr häufiges Anlassen.

Verwendet werden sie mit Vorteil dort, wo nur ungeschultes Personal zur Verfügung steht, das Auskristallisieren der betr. Lösung und die Entwicklung von Dämpfen nichts schadet und wo ihre Aufstellung in frostfreien Räumen erfolgen kann.

Ist letzteres nicht möglich, so muß als Flüssigkeit Glyzerin mit Pottasche genommen werden. Als besonderer Vorteil der Flüssigkeitsanlasser ist zu erwähnen, daß sie ein völlig stoßfreies Anlassen bei fast konstant bleibender Anlaufstromstärke ermöglichen. Nur beim Schließen der metallischen Kurzschluß-kontakte tritt wegen der plötzlichen Verminderung des Widerstandes ein Stromstoß auf.

Die gewöhnlichen Metallanlasser werden sowohl für Luft- als auch für Ölkühlung gebaut. Sie bestehen aus Draht oder Band von Widerstandsmaterial (Nickelin, Rheotan, Neusilber, Konstantan, Rheostatin, Resistin usw.), welches entweder in Form von Spiralen zwischen zwei festen Punkten befestigt, oder auf Porzellanzylinder aufgewickelt, oder so über porzellan-armierte Rohre oder Stangen geführt ist, daß sich zwei neben-einander liegende Drähte auch nach Erwärmung nicht berühren können. Die Unterteilung in mehrere Stufen zwecks Abschal-tung bei steigender elektromotorischer Gegenkraft richtet sich nach dem Verwendungszweck und der Größe des Motors. Wird der Querschnitt des Widerstandmaterials reichlich be-messen, so gestatten gewöhnliche, luftgekühlte Anlasser beliebig oft erfolgendes Anlassen.

Bei Anlassern für schwere Betriebe, die bei normaler Luft-kühlung sehr umfangreich ausfallen würden, wird u. a. auch Kühlung mit Preßluft angewendet. Dieselben müssen dann aber völlig geschlossen gebaut werden mit unten liegendem Lufteintritt und oben befindlichem Luftaustritt.

Die ölgekühlten Metallanlasser, genannt Ölanlasser, sind den ersteren sehr ähnlich. Sie weichen nur insofern von ihnen ab, als die Widerstände vollständig in ein Ölbad gelegt sind. Hierdurch wird erreicht, daß die Abkühlung der Drähte durch die große Wärmekapazität des Öles eine sehr kräftige ist, so daß dieselben bei gleicher Belastungsfähigkeit schwächer be-messen werden können, als bei Luftkühlung. Ein weiterer Vorteil liegt darin, daß die Widerstände vollständig unzugäng-lich sind und nicht oxydieren können, wie dies z. B. bei luft-gekühlten Anlassern in Gießereien, chemischen Fabriken usw. oft vorkommt und die Lebensdauer der Anlasser wesentlich herabsetzt. Als Nachteil ist anzuführen, daß der Wärmeaus-

gleich zwischen Luft und Ölbehälter sehr langsam stattfindet
— bei großen Typen und vollbelastetem Anlauf bis zu 12 Stunden
— und daher ein öfteres Anlassen ausgeschlossen ist, wenn
nicht eine künstliche Kühlung des Öles vorgenommen wird.

Da mit der Größe der Ölgefäße auch die Abkühlungszeit
zunimmt, so werden größere Ölanlasser öfter in ein Kühlgefäß
mit Wasserzulauf und Wasserablauf gesetzt.

Bei sehr häufigem Anlassen genügt jedoch auch diese Art
der Kühlung noch nicht. Es wird dann eine kleine elektromotorisch angetriebene Ölpumpe angewendet, die das Kühlöl
oben im Anlasser absaugt und durch eine wassergekühlte Rohr-
schlange bzw. Rohrbündel dem tiefsten Punkt des Anlassers
wieder zudrückt. Der Anlasser selbst braucht dann nicht in
einem Wasserbade aufgestellt zu werden. Diese Kühlung wirkt
außerordentlich rasch.

Eine eigenartige Anwendung von Eisen zu Metallanlassern
rührt von Kallmann[1]) her. Derselbe benutzt schwache Eisen-
widerstände, die entweder in ein evakuiertes oder mit Wasser-
stoff unter Druck gefülltes Glasgefäß eingeschmolzen werden,
derart, daß sie beim ersten Stromstoß zum Glühen kommen,
dadurch den 8—12 fachen Widerstand annehmen und nun
die Stromstärke sofort auf das zulässige Maß verringern. Mit
zunehmender Drehzahl des Motors nimmt die an den Enden
des Widerstandes wirkende Spannung und ihr Wattverbrauch
ab und folglich auch die Temperatur der Eisendrähte. Der
Ohmsche Widerstand nimmt ebenfalls ab und die Stromstärke
bleibt daher fast konstant. Es erfolgt also das Anlassen halb-
automatisch annähernd mit konstanter, dem erforderlichen
Drehmoment entsprechender Stromstärke. Bei der praktischen
Ausführung hat es sich als zweckmäßig herausgestellt, vor diese
»Variatoren« noch einen zusätzlichen festen »Schwächungswiderstand« aus Nickelin od. dergl. zu legen.

Bei den Graphitanlassern wird als Widerstandsmaterial
eine Graphitmischung, die in Röhren oder Kanälen einge-
schlossen ist, benutzt. Diese Anlasser haben aber keine sehr
große Verbreitung gefunden, da die Graphitmischung meist

---

[1]) E. T. Z. 1907, S. 495, 518.

nicht dauernd homogen bleibt; es bilden sich u. a. mit der Zeit, besonders wenn der Anlasser häufig gebraucht wird, feste Klumpen, die den Widerstand erheblich herabsetzen.

In letzter Zeit ist auch an Stelle des Graphits mit Erfolg Magnetit angewendet und zwar in fein pulverisierter Form mit gemahlenem Glimmer im bestimmten Verhältnis vermischt. Da Magnetit einen hohen negativen Temperaturkoeffizienten hat, so ändert sich der Widerstand selbsttätig, ist im Augenblick des Einschaltens sehr groß und nimmt dann ziemlich rasch ab. Die Magnetitmischung wird in mit Glimmer armierten Metalltuben, deren Metalldeckel zum Zusammenpressen und gleichzeitig zur Stromzuführung dienen, verwendet.

Je nach der Art der Betätigung der Anlasser können dieselben in 1. handbediente und 2. in maschinell betriebene eingeteilt werden. Die ersteren sind die bei weitem häufigeren. Man findet neben der Kurbel und dem Handrad, die direkt mit den Schleifbürsten verbunden sind, Zahn- bzw. Kegelradantrieb, Antrieb mittels Kette, Gelenkwelle, biegsamer Welle, Ratsche, Schnecke usw. Die letzten beiden Arten werden besonders dann bevorzugt, wenn zwangsläufig eine langsame Einschaltung erzielt werden soll, wie dies bei großen zu beschleunigenden Massen erforderlich ist.

Eine fast gleiche Mannigfaltigkeit herrscht auch bei den maschinell betriebenen Anlassern. Für intermittierende Betriebe eignet sich ein durch Riemen angetriebener Anlasser, bei dem durch einen Zentrifugalregulator bei zunehmender Umdrehungszahl die einzelnen Widerstandsstufen abgeschaltet werden und bei sinkender Umdrehungszahl z. B. beim Abstellen oder bei Überlastung wieder zugeschaltet. Durch eine Glyzerin- oder Luftbremse wird die Bewegung des Kontaktarmes verzögert und gleichmäßig gemacht.

Zu dieser Gruppe gehören ferner sämtliche Anlaßmethoden der Druckknopfsteuerungen für Aufzüge, die mit Relais arbeitenden Anlasser nach System Kallmann, sowie die automatischen Schützenanlasser.

Eine Mittelstellung zwischen handbedienten und maschinell angetriebenen Anlassern nehmen gewisse im Aufzugsbetrieb angewendete Umkehranlasser ein, die durch das Steuerseil in dem einen oder anderen Sinne betätigt werden. Entweder wird der Zug des Steuerseiles unmittelbar auf den Anlasser übertragen und durch eine einstellbare Luft- oder Glyzerinbremse entsprechend verlangsamt, oder es wird durch das Steuerseil ein Umschalter bewegt und gleichzeitig ein Gewicht gehoben oder eine Feder gespannt. Letztere bewirken dann das Kurzschließen des Anlassers, wobei wieder durch eine Luft- oder Glyzerinbremse oder durch Windflügel eine Verzögerung der Schaltbewegung herbeigeführt wird.

Je nach dem besonderen Verwendungszweck erhalten die Anlasser noch zusätzliche Einrichtungen, wie Funkenentzieher, Überlastungs- und Entlastungsrelais, Langsameinschaltung, Nebenschlußregulator-Kurzschließer usw.

Nachstehend sollen die hauptsächlichsten Apparate und Schaltungen der drei oben genannten Anlaßmethoden näher beschrieben werden.

a) Abdrosselung der Betriebsspannung.

1. Flüssigkeitsanlasser.

In Fig. 33 ist das Schema dargestellt. Der durch das Gegengewicht G ausbalancierte Kontakthebel H trägt ein sektorförmiges Eisenblech E, welches in die Flüssigkeit eintaucht. An Stelle der Eisenbleche werden vereinzelt auch Kohlenplatten verwendet. In der Endlage schließt der Metall- oder Kohlenkontakt K den Anlasser kurz. Die meist doppelt zu beiden Seiten des Gußgehäuses angeordnete Luft- oder Glyzerinbremse B zwingt zum langsamen Einschalten. Das Eisengehäuse des Anlassers muß, da es stromführend ist, stets isoliert aufgestellt werden, wenn es nicht in Verbindung mit einem isolierenden Fuß od. dergl. geliefert sein sollte. Der Hauptausschalter M wird bei Nebenschluß- und Compoundmotoren oft als Magnetkurzschließer, wie im Schema angedeutet, ausgebildet und sowohl ein- wie zweipolig geliefert. Es kann zwar auch ein gewöhnlicher Hebelschalter für den Hauptstrom genommen werden, doch ist dann für den Magnetstromkreis noch ein besonderer Magnetschalter erforderlich und es geht der Zwang verloren, daß beim

Anlassen der Magnetstromkreis geschlossen und beim Abschalten geöffnet ist.

Je nach der Größe des Motors wird ein Gefäß genommen
oder es werden zwei oder drei Gefäße parallel geschaltet.

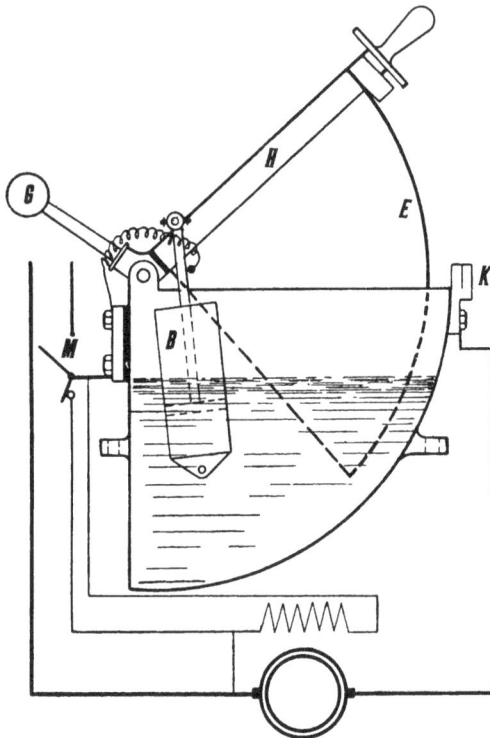

Fig. 33. Flüssigkeitsanlasser mit Verzögerungsbremse, für Nebenschlußmotoren.

Durchschnittlich ist für je 50 PS_e Motorleistung ein Gefäß erforderlich; bei Motorleistungen unter 50 PS_e wird die Konzen-
tration der Flüssigkeit entsprechend vermindert, so daß die
erforderliche Anlaufstromstärke nicht überschritten wird. Für
Spannungen über 250 V und Motorleistungen über 50 PS wird
auch Hintereinanderschaltung der Gefäße vorgenommen. An-

gewendet werden diese Flüssigkeitsanlasser etwa für Spannungen
bis 600 V und Motorleistungen bis 150 PS.

Die Flüssigkeitsanlasser der Allgemeinen Elektrizitäts-Gesellschaft sind ähnlich ausgeführt, jedoch ist zur Erzwingung
der langsamen Bedienung an Stelle der Bremse eine Schnecken-

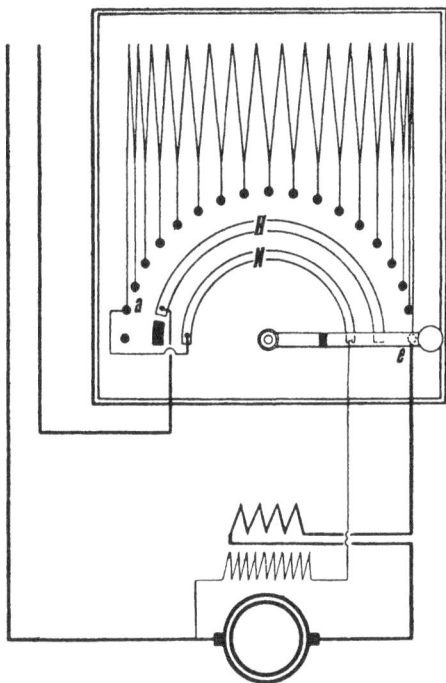

Fig. 34. Metallanlasser für Compound- und Nebenschlußmotoren.

radübersetzung getreten. Eine andere Konstruktion dieser
Firma vermeidet bewegliche stromführende Teile. Der Anlasser
besteht aus einem Gefäß, das teilweise mit der Anlaßflüssigkeit
gefüllt ist, und fest angeordneten Kontaktplatten. In die
Flüssigkeit wird ein geschlossenes Gefäß, welches seitlich geführt ist, eingetaucht, wodurch die Flüssigkeit steigt und den
Widerstand vermindert.

5*

Die neuesten Flüssigkeitsanlasser der Siemens-Schuckertwerke besitzen die äußere Form eines horizontalen Zylinders,
sind vollständig mit perforiertem Blech umkleidet und ebenfalls mit Schneckenantrieb versehen. Zum Kurzschließen des
Anlassers sind 15—20 Kurbelumdrehungen erforderlich. Neben

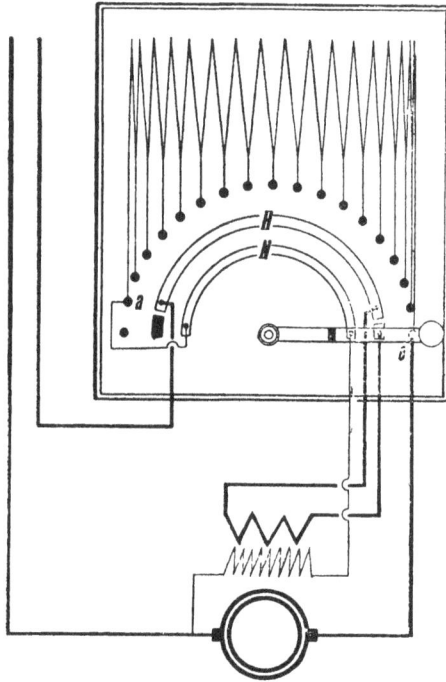

Fig. 35. Metallanlasser für Compoundmotoren mit konstanter Umlaufzahl, deren
Hauptstromwicklung beim Anlassen abgeschaltet ist.

den sichelförmigen Eintauchblechen sitzen ebenfalls noch besondere Kurzschlußkontakte für die Betriebstellung.

Auch als Umkehranlasser lassen sich die Flüssigkeitsanlasser ausführen, wenn sie zwangsläufig mit einem Umschalter
beliebiger Ausführung gekuppelt werden. Die Anordnung
wird hierbei meist so getroffen, daß die Platten symmetrisch zum
Umschalthebel angeordnet sind und die Gefäße ein Eintauchen

nach beiden Umschlagrichtungen gestatten. Bei separater Bedienung des Umschalters kann auch ein gewöhnlicher Anlasser verwendet werden.

Die handbedienten Flüssigkeitsanlasser können auch für größere Leistungen benutzt werden, wenn die Widerstands-

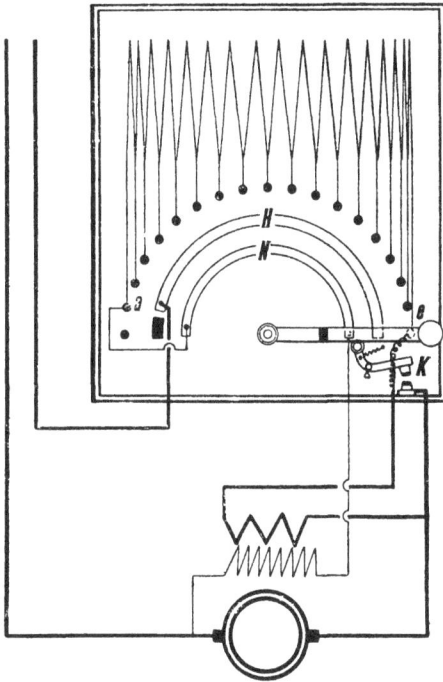

Fig. 36. Metallanlasser für Compoundmotoren mit konstanter Umlaufzahl, deren Hauptstromwicklung beim Anlassen kurz geschlossen ist.

flüssigkeit gekühlt wird. Hierzu wird eine kleine Zentrifugalpumpe mit Motor gekuppelt verwendet, welche die Widerstandsflüssigkeit durch einen Röhrenkühler (ähnlich denen für Oberflächenkondensatoren oder Vorwärmer) drückt und den Gefäßen wieder zuführt (s. a. Fig. 58). Der Wasserstand in den Gefäßen bleibt dabei stets derselbe.

Für sehr große Motoren sind Flüssigkeitsanlasser mit festen Elektroden mit Erfolg angewendet. Die Konstruktion dieser Apparate ist folgende. In einem schmiedeeisernen Gefäß sind senkrecht stehende Elektroden isoliert angebracht und mit der Stromzuführung verbunden. Eine elektromotorisch betriebene

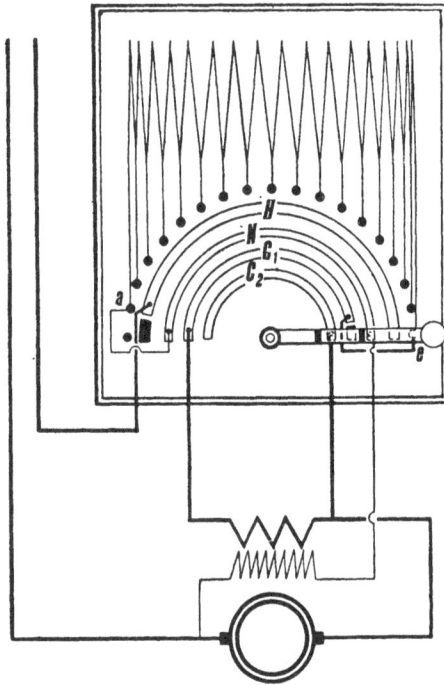

Fig. 37. Metallanlasser für Compoundmotoren mit konstanter Umlaufzahl, deren Hauptstromwicklung beim Anlassen kurz geschlossen ist.

Zentrifugalpumpe, deren Umlaufzahl ev. regulierbar gemacht werden kann, pumpt aus einem Behälter Wasser bzw. eine Sodalösung od. dergl. in das Gefäß, bis die Elektroden völlig eingetaucht sind. Ein Überlaufrohr, Dampfabführungsrohr, sowie ein Ventil zum Ablassen des Wassers und ein Kurzschließer vervollständigen die Einrichtung.

2. Metallanlasser.

Ein gewöhnlicher Metallanlasser mit Luftkühlung ist in Fig. 34 schematisch dargestellt, und zwar in Verbindung mit einem Compoundmotor. Die Stromzuführung erfolgt hierbei häufig durch ein besonderes Ringsegment H, da dann die

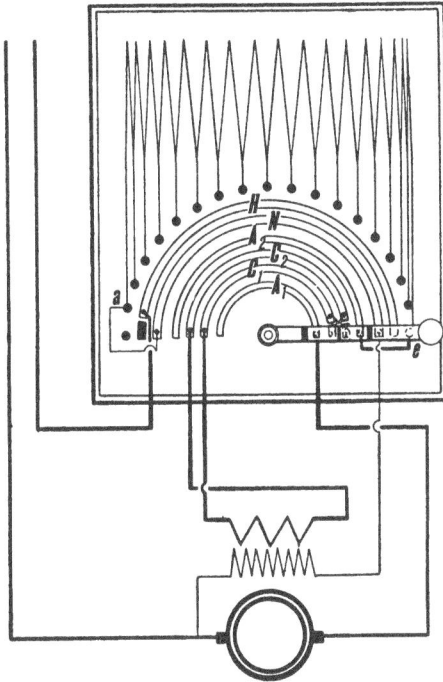

Fig. 38. Metallanlasser für Compoundmotoren mit konstanter Umlaufzahl, bei denen die Stromrichtung in der Hauptstromwicklung während des Anlassens umgekehrt wird.

Kurbel selbst stromlos bleiben kann. Es wird dann isoliert unter der Kurbel eine die Kontaktbahn und H, sowie H und N überbrückende Feder angeordnet. Das Ringsegment N dient als Zuführung für die Nebenschlußwicklung. Um den beim Ausschalten auftretenden Induktionsstrom der Magnetwicklung unschädlich zu machen, ist das Kontaktstück a mit N durch

einen Draht verbunden; in der Ausschaltstellung der Kurbel
liegen dadurch Anker, Hauptstromwicklung, Widerstand des
Anlassers und Nebenschlußwicklung im Kurzschluß, während
gleichzeitig die Stromzuführung abgeschaltet ist.

Diese normale Schaltung ist nur anwendbar, wenn Haupt-
und Nebenschlußwicklung in demselben Sinne magnetisierend

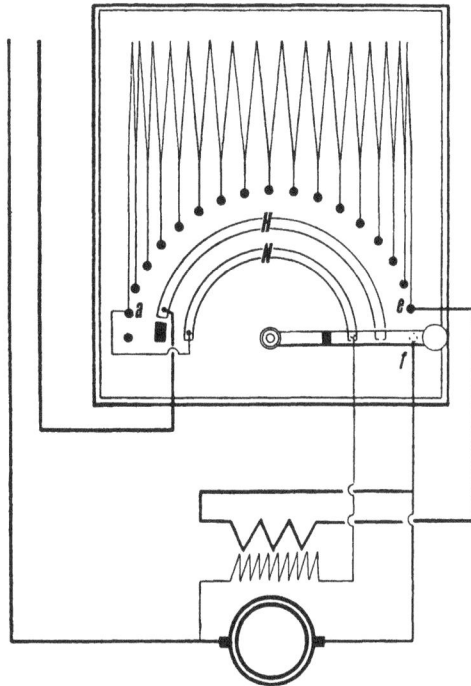

Fig. 39. Metallanlasser für Nebenschlußmotoren mit zusätzlicher nur während
des Anlassens eingeschalteter Hauptstromwicklung.

wirken, Umdrehungszahl variabel mit der Belastung. Im
umgekehrten Falle würde die Hauptstromwicklung infolge
der hohen Anlaufstromstärke derartig entmagnetisierend wirken,
daß der Motor nur ein sehr schwaches Feld und geringe Anzugskraft hätte. Zur Vermeidung dieses Übelstandes wird die
Hauptstromwicklung beim Anlassen entweder ausgeschaltet,

Fig. 35, oder kurz geschlossen und der Kurzschluß in der Betriebstellung des Anlassers wieder aufgehoben, **Fig. 36** oder 37. Der Motor läuft dann als Nebenschlußmotor an. Soll der Motor eine hohe Anzugskraft entwickeln, so kann die Hauptstromwicklung während des Anlassens auch so geschaltet werden, daß sie das Magnetfeld verstärkt und erst

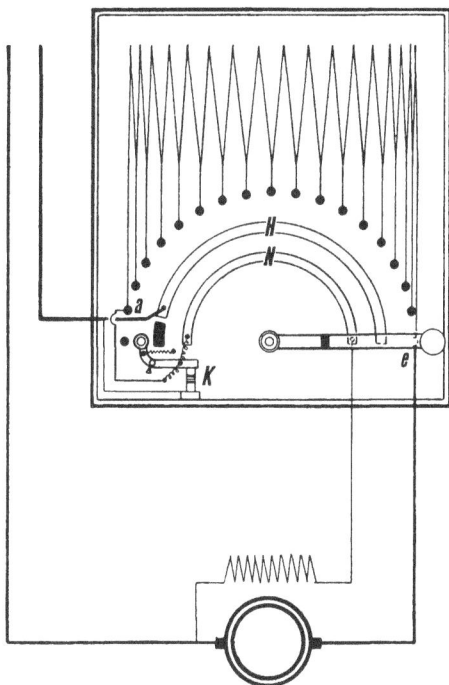

Fig. 40. Metallanlasser für Nebenschluß- und Compoundmotoren mit besonderem Kohlenausschalter.

in der Betriebstellung des Anlassers schwächend wirkt, Fig. 38.

Ist es erwünscht, daß der Motor im Betriebe als Nebenschlußmotor läuft, z. B. wegen eventueller Regulierung der Umdrehungszahl durch Feldänderung, und muß er stets mit voller Belastung oder Überlast anlaufen, so wird zweckmäßig eine abschaltbare Compoundwicklung, die im gleichen Sinne wie die Nebenschlußwicklung magnetisierend wirkt, angewendet, Fig. 39. Wird die Anlaßkurbel während des Betriebes auf dem Kontakt *e* belassen, so arbeitet der Motor als Compoundmotor.

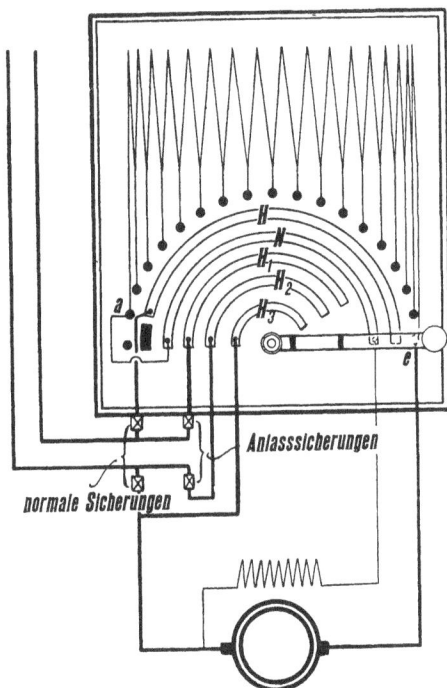

Fig. 41. Metallanlasser für Nebenschluß- und Compoundmotoren mit besonderen Ringsegmenten zum Parallelschalten von Anlaßsicherungen während des Anlaufs (Kirchhoff).

Die Anlasser für Nebenschlußmotoren gleichen den in Fig. 36 dargestellten vollständig; bei den Anlassern für Hauptstrommotoren fehlt nur das Ringsegment *N*.

Um das beim Ausschalten, besonders wenn es zu langsam geschieht, erfolgende Verbrennen des ersten Kontaktstückes *a* und der Schleiffeder zu verhüten, sind besondere

Vorrichtungen, z. B. Hörnerfunkenentzieher und dgl. in Verwendung. Eine der einfachsten ist in Fig. 40 veranschaulicht.
Ein Schalter K mit leicht auswechselbaren Kohlenkontakten
wird durch Federkraft während des Betriebes geschlossen gehalten. Er ist parallel zu der H und die Kontaktbahn über-

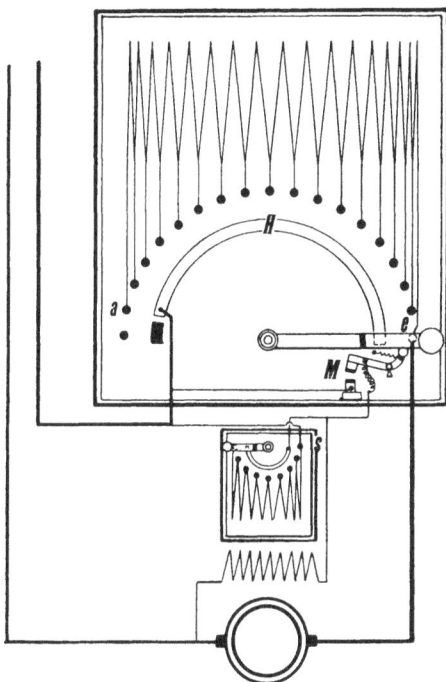

Fig. 42. Metallanlasser für Nebenschluß- und Compoundmotoren mit
besonderem Schalter zum Kurzschließen des Nebenschlußregulators
während des Anlassens.

brückenden Feder geschaltet. Beim Ausschalten wird K durch
die Kurbel geöffnet, jedoch so spät, daß die Feder den Kontakt a
bereits verlassen hat. Es wird also der Unterbrecherfunke
von a nach K verlegt.

Von ungeübten Leuten wird das Anlassen meist etwas zu
rasch vorgenommen. Es ist daher nicht selten, daß hierbei

die Sicherungen durchbrennen. Um nun während des Anlassens eine größere Stromstärke zulassen zu können, ohne im
Betriebe Gefahr zu laufen, daß der Motor überlastet wird,
schlägt Kirchhoff[1]) vor, während der Anlaßperiode zwei Sicherungen parallel zu schalten, Fig. 41. In der Betriebstellung

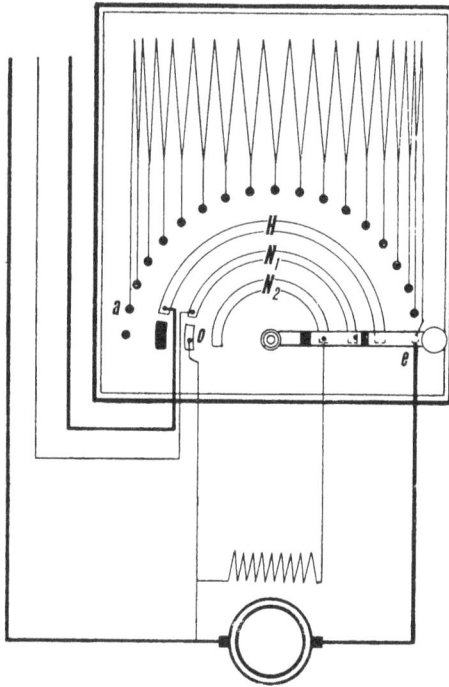

Fig. 43. Metallanlasser für Nebenschluß- und Compoundmotoren, deren Magnet--
wicklung für die halbe Spannung ausgeführt ist.

ist nur je eine eingeschaltet. Der Anlasser muß so eingerichtet
sein, daß er nur in den beiden Endlagen stehen bleiben kann.
    Besitzen Nebenschlußmotoren Feldregulierung zwecks Er-
höhung der Umdrehungszahl, so kann vergessen werden, vor
dem Anlassen den Nebenschlußregulator kurz zu schließen,.

---

[1]) E. T. Z. 1906, S. 552.

Kurbel in Stellung *s*. Um das Anlassen bei geschwächtem Felde unmöglich zu machen, wird der Anlasser mit einem Schalter *M* versehen, Fig. 42, der während des Anlassens den Nebenschlußregulator kurz schließt. In der Betriebstellung

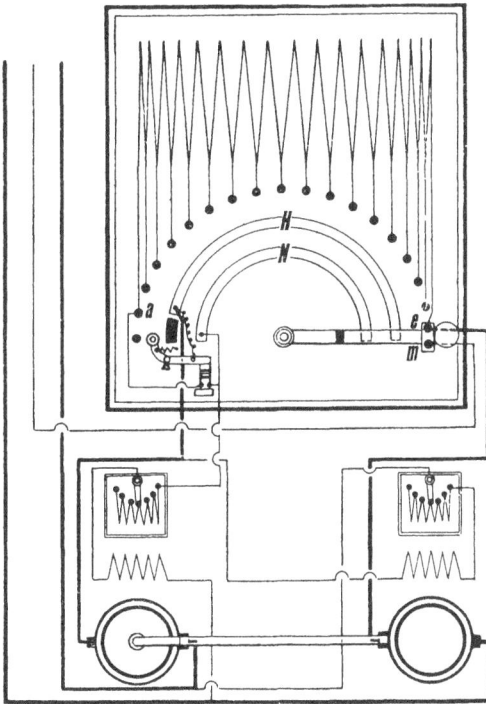

Fig. 44. Metallanlasser für Ausgleichmaschinen mit zwangläufiger Anschaltung des Mittelleiters nach Erreichung der vollen Geschwindigkeit.

öffnet die Anlasserkurbel den Kontakt *M*. Diese Schaltung ist den Siemens-Schuckertwerken durch Patent geschützt.

Bei Dreileiteranlagen mit zweimal 220 V und höherer Spannung werden die Motoren meist billiger, wenn nur der Anker für die Außenleiterspannung, die Magnete dagegen für die Hälfte derselben gewickelt werden. Es ist in diesem Falle

erforderlich, den Anlasser mit einer besonderen Stromzuführung
für die Magnete zu versehen, Fig. 43. An Stelle des Ring-
segmentes N werden dann deren zwei, N_1 und N_2, verwendet;
die Anlasserkurbel erhält zwei voneinander isolierte Schleif-
federn. Das Kontaktstück o dient zum Kurzschließen der

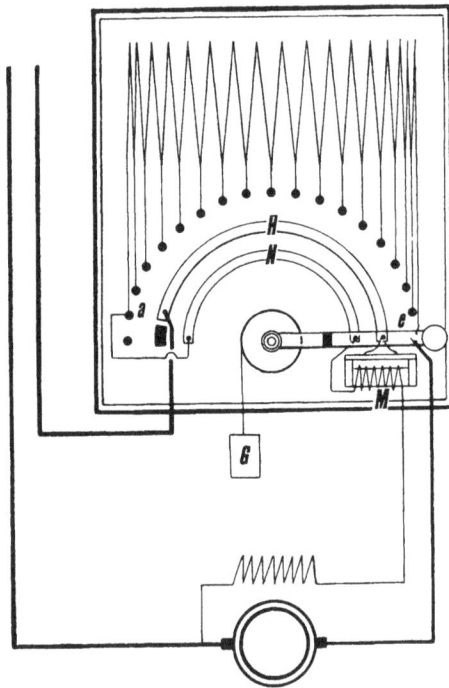

Fig. 45. Metallanlasser für Nebenschluß- und Compoundmotoren mit selbsttätiger
Rückstellung bei Rückgang der Spannung wirkend.

Magnetwicklung in der Ausschaltstellung und vertritt die
Stelle der Drahtverbindung zwischen a und N in Fig. 34.

Werden bei Dreileiteranlagen Ausgleichmaschinen zur
Spannungsteilung verwendet, so ist es zur Vermeidung von
Spannungsschwankungen usw. erforderlich, den Mittelleiter
erst dann anzuschließen, wenn das Ausgleichaggregat seine
normale Umdrehungszahl besitzt. Zwangsläufig wird dies da-

durch erreicht, daß der Anlasser zwischen die beiden Maschinen gelegt wird und mit der etwas verbreiterten Kontaktfeder in der Betriebstellung den Mittelleiter mit der Verbindungsleitung der beiden Anker verbindet, Fig. 44. In der Figur überbrückt die Feder die Kontaktstücke *e* und *m*.

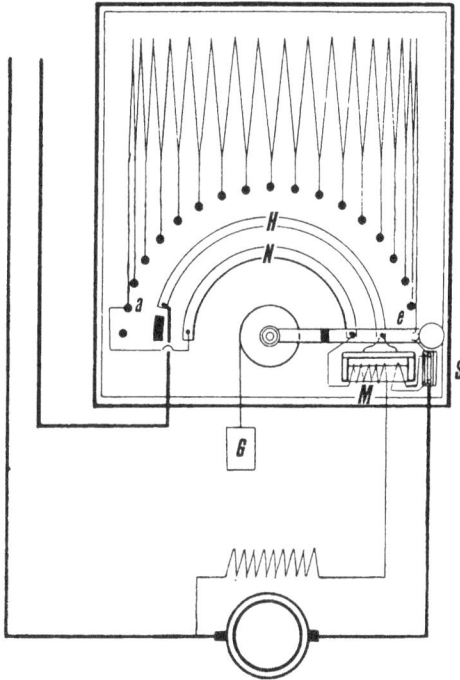

Fig. 46. Metallanlasser für Nebenschluß- und Compoundmotoren mit selbsttätiger Rückstellung wirkend bei Rückgang der Spannung und bei Überlastung.

Um beim Ausbleiben des Betriebsstromes den Motor sofort vom Netz abzuschalten, damit er bei der Wiedereinschaltung des Stromes nicht überlastet wird bzw. seine Sicherungen nicht durchbrennen, wird der Anlasser mit einem Haltemagneten *M* versehen. Ein Gewicht *G* oder eine Feder bewirkt die Rückstellung der Kurbel in die Haltlage. Sofern es sich um Compound- oder Nebenschlußmotoren ohne Feldregulierung

handelt, wird die Wicklung von M in Serie mit der Nebenschlußwicklung geschaltet, Fig. 45. Bei Nebenschlußmotoren
mit Feldregulierung muß dagegen M unter Vorschaltung eines
Widerstandes parallel zur Nebenschlußwicklung gelegt werden,
da der Anlasser sonst bei Feldschwächung ausschalten würde.

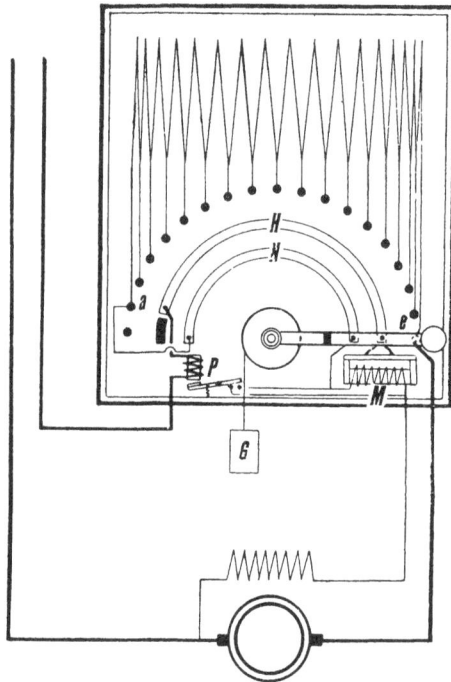

Fig. 47. Metallanlasser für Nebenschluß- und Compoundmotoren mit selbsttätiger
Rückstellung wirkend bei Rückgang der Spannung und bei Überlastung.

Soll der Motor auch gegen Überlastung im Betriebe geschützt werden, so wird M noch mit einer Hauptstromwicklung
versehen, die parallel von einem Widerstand S abzweigt und
den Eisenkern von M zu entmagnetisieren sucht. Solange
der Motor nicht überlastet ist, überwiegt die Nebenschlußspule
und hält die Anlasserkurbel fest. Bei Überlastung des Motors
hebt die Wirkung der Hauptstromspule die der Nebenschluß-

spule auf, M wird unmagnetisch und läßt die Anlasserkurbel los, Fig. 46. Bei dieser Schaltung wird die Anlasserkurbel sowohl bei Rückgang der Spannung, als auch bei Überlastung des Motors in die Nullstellung zurückgeführt. Damit es möglich ist, die Wirkungen der beiden Wicklungen abzugleichen, also

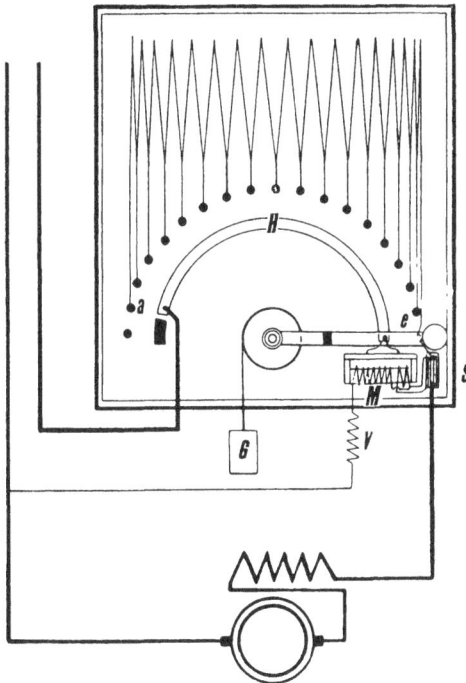

Fig. 48. Metallanlasser für Hauptstrommotoren mit selbsttatiger Rückstellung wirkend bei Rückgang der Spannung und bei Entlastung.

die Ausschaltung bei einer beliebigen Überlastung eintreten zu lassen, ist S regulierbar eingerichtet. Bei Verkleinerung des Widerstandes von S kann der Motor höher überlastet werden und umgekehrt.

Dem gleichen Zwecke dient die in Fig. 47 dargestellte Schaltung. Sie unterscheidet sich von der vorhergehenden nur dadurch, daß für den Hauptstrom ein besonderer Magnet P

angewendet ist, der bei Überlastung durch seinen Anker die Spule des Magneten M kurz schließt und dadurch M unmagnetisch macht.

Bei Hauptstrommotoren ist eine Überlastung weit weniger gefährlich, als eine Entlastung, weil der Motor hierbei durchgeht.

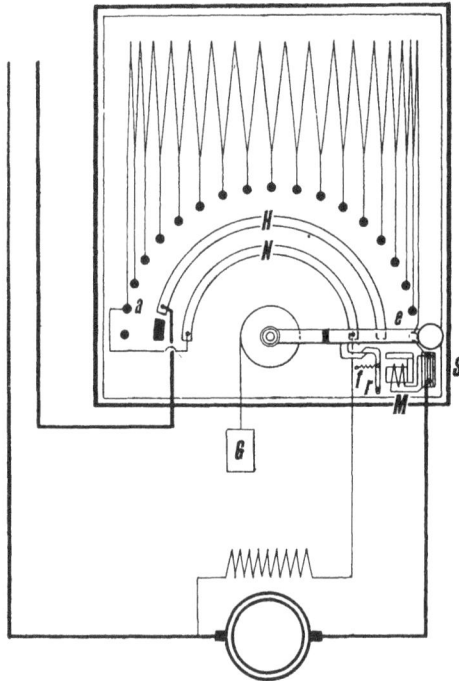

Fig. 49. Metallanlasser für Nebenschluß- und Compoundmotoren mit selbsttätiger Rückstellung bei Überlastung wirkend.

Soll er daher bei Rückgang der Spannung und Entlastung abgeschaltet werden, so ist die in Fig. 48 dargestellte Schaltung anzuwenden. Die dünne Wicklung von M ist unter Vorschaltung des Widerstandes V an die Betriebsspannung gelegt, die dicke Wicklung liegt parallel zu S. Beide Wicklungen wirken jedoch in demselben Sinne magnetisierend; die Wirkung einer Wicklung ist jedoch nicht imstande, die Anlasserkurbel festzuhalten.

Auch für Abschaltung nur bei Überlastung wirkend werden
die Anlasser ausgeführt, Fig. 49. Der Haltemagnet M erhält
dann nur eine Hauptstromwicklung und gibt die Kurbel durch
Anziehen des Ankers r frei. Die Feder f ist regulierbar, so
daß die Höhe der Überlastung durch Regulierung des Widerstandes S und der Feder f in weiten Grenzen einstellbar ist.

Alle vorbeschriebenen Apparate mit selbsttätiger Auslösung können nicht benutzt werden, sobald die Kurbel z. B.

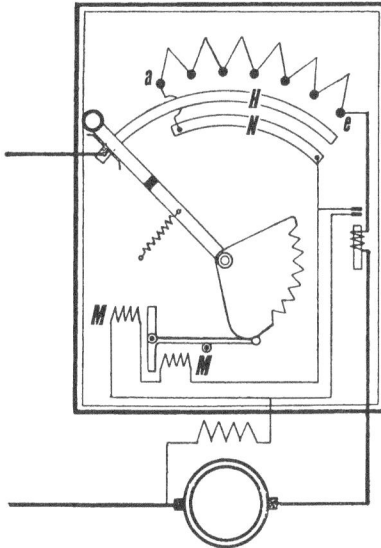

Fig. 50. Metall-Regulieranlasser für Nebenschluß- und Compoundmotoren mit
selbsttätiger Rückstellung bei Rückgang der Spannung und Überlastung wirkend.

zwecks Tourenregulierung auf einem beliebigen Kontakt stehen
bleiben muß. Für diese Zwecke sind Rastenanlasser im Gebrauch. Mit der Kurbel ist ein gezahnter Sektor verbunden,
auf den der Magnet mittels Hebel und Rolle einwirkt. Die
Zähnezahl entspricht der Zahl der Kontakte, Fig. 50.

Obwohl die Anlasser mit selbsttätiger Auslösung im Betriebe den Motor schützen, so sind sie doch insofern nicht
ganz vollkommen, als sie beim Anlassen, wobei ja fast stets

6*

hohe Stromstärken vorkommen, versagen, denn während dieser
Zeit wird ja die Kurbel festgehalten.   Zur Ausfüllung dieser
Lücke wird von Voigt & Haeffner, ein Anlasser mit Freiaus-
lösung in den Handel gebracht.   Bei diesem Apparat ist die
Kurbel oder der Handhebel mit dem Kontaktarm nicht fest
verbunden, sondern vermittelst einer magnetischen Einrichtung
gekuppelt. Wird z. B. wegen
zu schneller Einschaltung der
am Handhebel sitzende Ma-
gnet M stromlos, so wird dadurch der Kontaktarm ab-
gekuppelt und schnellt nun
in die Nullstellung zurück,
Fig. 51.

Ist bei schwer belastetem
Anlauf eine besonders langsame Einschaltung unbedingt
notwendig und das Bedie-
nungspersonal nicht zuver-
lässig genug, so empfiehlt es
sich, einen Anlasser mit
zwangsläufig verzögerter Bewegung zu wählen.

Die einfachste Konstruk-
tion besteht darin, daß Hand
hebel und Kontaktarm nicht
starr miteinander verbunden

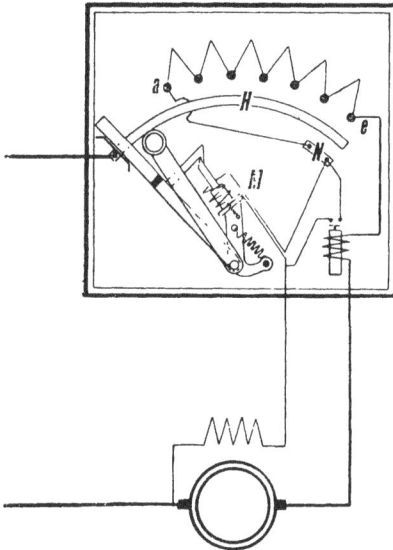

Fig. 51. Metallanlasser für Nebenschluß-
und Compoundmotoren mit Freiaus-
lösung während des Anlassens wirkend
bei Überlastung.

sind, sondern nur durch eine
Feder, die gespannt wird und
den Kontaktarm zu verschieben sucht.   Mit diesem ist aber
eine Luft- oder Glyzerinbremse verbunden, welche die Bewegung verzögert.   Die Anlaßzeit kann durch entsprechende
Regulierung der Bremse eingestellt werden. Diese Anlasser sind
zwar sehr einfach, haben aber den Nachteil, daß die Kontakte
leicht verbrennen, weil die Bewegung zwar langsam, aber
gleichmäßig erfolgt und daher die Kontaktbürste jeden folgenden
Kontakt zu langsam erreicht.   Beim Ausschalten wird der
Kontaktarm durch eine Nase des Handhebels zwangsläufig mit-

genommen, so daß diese Bewegung rasch erfolgt. Die Fig. 52 stellt die Konstruktion der Firma F. Klöckner dar. In *a* ist die Betriebstellung gezeichnet und in *b* der Augenblick, in dem der Anlasser ausgeschaltet wird. Die Feder zieht jetzt die Kontaktkurbel rasch in die punktierte Ruhelage zurück, weil die Luftbremse *B* beim Hochgehen keinen Widerstand bietet.

Besser sind die Ausführungen, bei denen die Bewegung des Kontaktarmes ruckweise von Kontakt zu Kontakt erfolgt und nach jeder Bewegung eine entsprechende Pause eintritt.

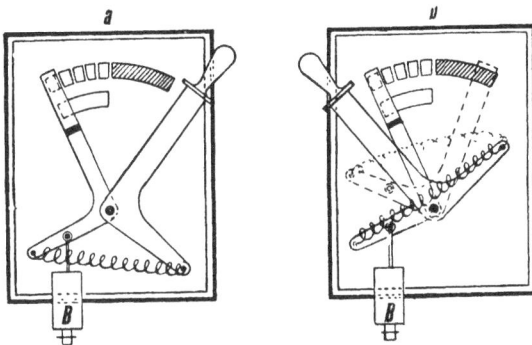

Fig. 52. Metallanlasser mit verzögerter Schaltbewegung.

Erreicht wird dies u. a. dadurch, daß der Handhebel mit einem Klinkwerk versehen wird, welches auf ein verzahntes Segment am Kontaktarm arbeitet. Mit dem Handhebel müssen dann so viele hin- und hergehende Bewegungen ausgeführt werden, als Kontakte vorhanden sind.

Eine andere Ausführungsform für starkbelasteten Anlauf ist die den Siemens-Schuckertwerken durch Patent geschützte Ausrüstung der Anlasser mit stufenweiser Funkenentziehvorrichtung. Die Kontaktkurbel ist mit einem Schneckenrad versehen, in welches die auf der Handkurbelwelle sitzende Schnecke eingreift.

Mit der Schneckenwelle wird gleichzeitig ein Kohlenausschalter mit magnetischer Funkenlöschung angetrieben. Die mit den Widerständen verbundenen Kontaktstücke sind etwas

breiter, als üblich, gehalten und werden von zwei nebeneinander liegenden, aber voneinander isolierten Bürsten bestrichen.
Diese werden durch den Kohlenschalter periodisch parallel
geschaltet. Beim Weiterschalten wird, nachdem die vorn
schleifende Nebenbürste bereits zur Hälfte auf dem nächsten
Kontakt liegt, die Stromzuführung geschlossen. Alle Funken

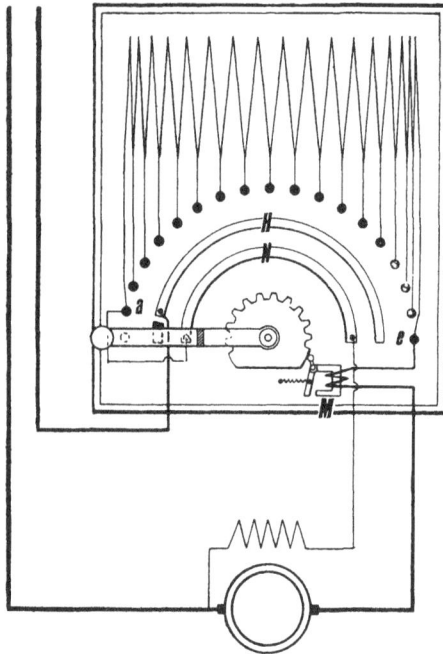

Fig. 53. Metallanlasser für Nebenschluß- und Compoundmotoren
mit selbsttätiger Sperrung bei zu raschem Anlassen.

treten nur an dem Kohlenschalter auf und werden hier durch
den kräftigen Blasmagneten rasch unterdrückt. Die eventuelle
Auswechslung der abgebrannten Kohlenklötze läßt sich leicht
und rasch bewerkstelligen und verursacht nur ganz geringe
Kosten.

Die Firma F. Klöckner baut für den gleichen Zweck einen
Anlasser mit magnetischer Sperrung, Fig. 53. Auf der Kurbel

achse sitzt ein Zahnradsegment, in welches die Nase eines
Ankers einfassen kann, dessen Magnet vom Hauptstrom durchflossen wird. Sobald also durch zu rasches Einschalten die
Anlaufstromstärke zu hoch wird, ist die Kurbel gesperrt; sie
wird erst wieder freigegeben, wenn der Anlaufstrom auf den

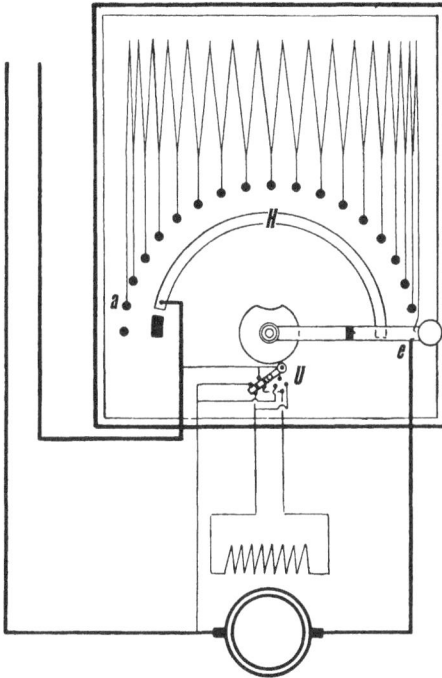

Fig. 54. Metallanlasser für Nebenschlußmotoren mit besonderem Umschalter
'zur Änderung?der Drehrichtung.

zulässigen Wert gesunken ist. Ein zu rasches Einschalten
wird also zwangsläufig verhindert. Außerdem kann diese Einrichtung neben anderen, z. B. automatischer Abschaltung bei
Spannungsrückgang usw. angewendet werden.

Bei Motoren, die nur selten umgesteuert werden müssen,
ist es oft erwünscht, einen normalen Anlasser zu benutzen, der
jedoch mit einer Umkehreinrichtung versehen sein muß; Fig. 54

stellt die Einrichtung für Nebenschlußmotoren dar. Der Umschalter U, der zwei voneinander isolierte Kontaktstücke besitzt, wird durch eine auf der Anlasserkurbel sitzende Steuerscheibe während des Anlassens und im Betriebe gesperrt gehalten, nur in der Haltlage der Kurbel kann U umgeschaltet
werden. Von Voigt & Haeffner wird der Umschalter U als
Schaltwalze ausgeführt.

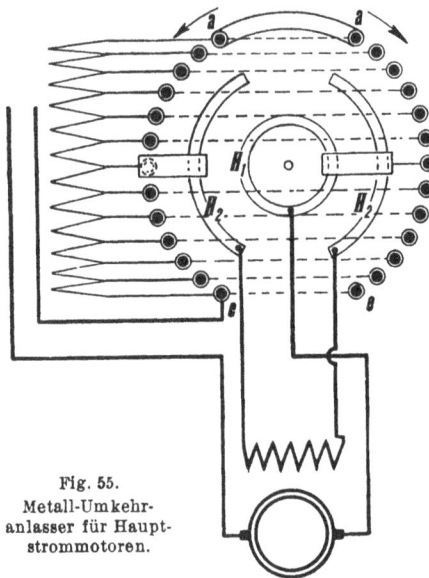

Fig. 55.
Metall-Umkehr-
anlasser für Haupt-
strommotoren.

Bei häufiger Umsteuerung ist es wegen der einfacheren
Bedienung besser, Umkehranlasser anzuwenden. Fig. 55 zeigt
einen solchen für Hauptstrommotoren. An den geteilten Kontaktring H_2 ist die Magnetwicklung angeschlossen, deren Stromrichtung je nach der Bewegungsrichtung der Kurbel verschieden ist.

Wird es vorgezogen, die Stromrichtung im Anker umzukehren, so sind die Anschlüsse von Anker und Magnet zu
vertauschen.

Einen Umkehranlasser für Nebenschlußmotoren zeigt Fig. 56.
Der Induktionsstrom der Nebenschlußwicklung wird dadurch

unschädlich gemacht, daß in der Haltstellung — Anlasserkurbel senkrecht — die beiden Halbringe N_1 durch die Schleifstücke verbunden und dadurch die Magnete kurz geschlossen werden. Auch hier läßt sich die Umkehrung des Ankerstromes durch einfache Änderung der Schleifringe erreichen, doch macht dann die Kurzschließung der Magnete in der Haltlage Schwierigkeiten, weshalb meist davon abgesehen wird.

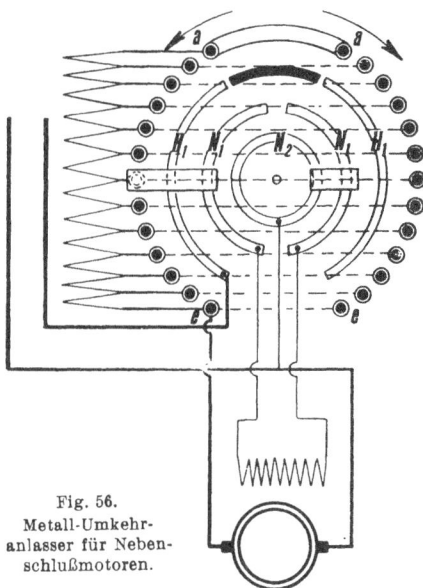

Fig. 56.
Metall-Umkehr-
anlasser für Neben-
schlußmotoren.

Für Compoundmotoren werden ähnliche Umkehranlasser ausgeführt. Die Umkehrung des Stromes erfolgt jedoch der Einfachheit halber stets im Anker.

Die vorstehend beschriebenen Ausführungsformen lassen sich sowohl für luft- wie ölgekühlte Metallanlasser und Graphit-anlasser anwenden. Bei Ölanlassern werden jedoch die Kontakt-stücke meist kreisförmig angeordnet, so daß die Ringsegmente sinngemäß zu erweitern sind.

Eine einfache Einrichtung zur Kühlung von Ölanlassern zeigt Fig. 57. Noch besser ist es, das Frischwasser am Boden

des Gefäßes zuzuführen, 'da dann nur das oben befindliche
warme Wasser abfließen kann.

Von Voigt & Haeffner werden besondere Ölanlasser mit
Wasserkühlung gebaut. Dieselben besitzen einen Kühlmantel
mit zwei Rohranschlüssen für Zu- und Ablauf des Wassers.

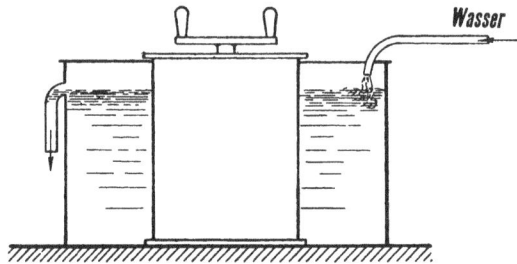

Fig. 57. Einrichtung zur Kühlung von Ölanlassern.

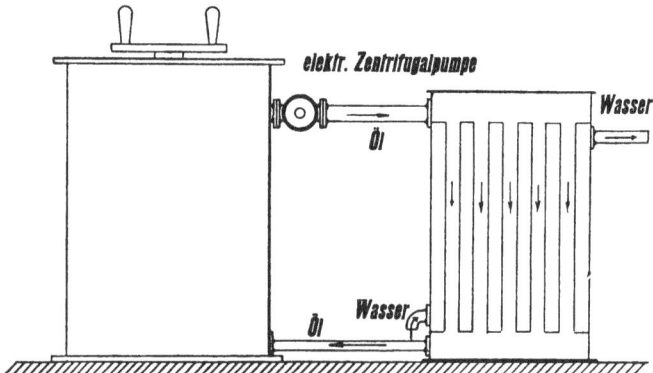

Fig. 58. Einrichtung zur Rückkühlung des Öles von Ölanlassern.

In Fig. 58 ist die Einrichtung zur Kühlung des Öles vermittelst Röhrenkühlers dargestellt. Diese Methode wirkt äußerst
rasch und gestattet die Verwendung sehr kleiner Anlassertypen
für große Leistungen.

Die gleiche Einrichtung wird, wie bereits oben erwähnt,
zur Rückkühlung der Widerstandsflüssigkeit von Flüssigkeitsanlassern verwendet.

Für sehr häufiges Anlassen sind wegen des Verbrennens der Kontaktstücke gewöhnliche Metallanlasser mit Luft- oder Ölkühlung nicht geeignet, wenn nicht besondere Einrichtungen, wie z. B. stufenweise Funkenentziehvorrichtung u. a. getroffen werden. Da diese aber meist eine Verlängerung der Anlaß-zeit bedingen, in vielen Fällen jedoch eine rasche Inbetrieb-setzung erforderlich ist, so müssen hierfür andere Apparate benutzt werden, die unempfindlicher sind.

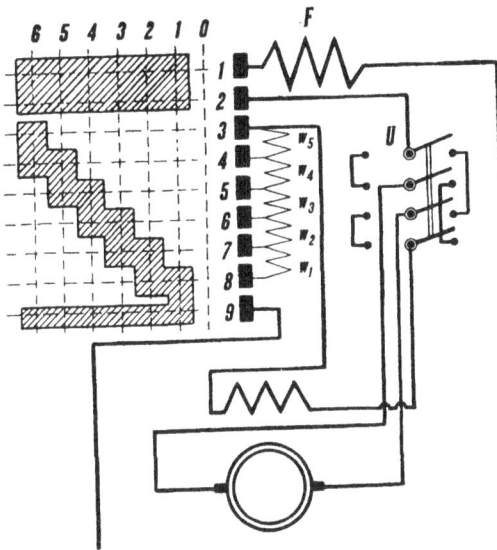

Fig. 59. Steuerwalze für Hauptstrommotoren.

Es sind dies die zuerst im Straßenbahnbetriebe erprobten Steuerwalzen mit magnetischem Funkenlöscher. Fig. 59 zeigt die abgewickelte Steuerwalze für einen Hauptstrommotor mit fünf Anlauf- und einer Betriebstellung. Alle Kontaktstellen liegen im Bereich der Funkenbläserspule F, die vom Betrieb-strom durchflossen wird, also um so kräftiger wirkt, je höher der Motor belastet ist. Die Umkehrung der Drehrichtung erfolgt, wenn sie nicht häufig vorkommt, durch einen besonderen vier-poligen Umschalter U, der die beiden vom Anker kommenden Drähte vertauscht.

Fig. 60 stellt eine Walze für einen Nebenschlußmotor dar. Wie ersichtlich, unterscheidet dieselbe sich hauptsächlich nur durch den vollen Ring für die Stromzuführung zu den Magneten von der vorbeschriebenen Walze. Anker, Magnete und Widerstände liegen in der Nullstellung hintereinander, so daß der Induktionstrom beim Abschalten gefahrlos verlaufen kann. Ist eine sehr häufige Umsteuerung nötig, wie z. B. bei Kranen, so ist es zweckmäßiger, die Steuerwalze als Umkehrwalze aus-

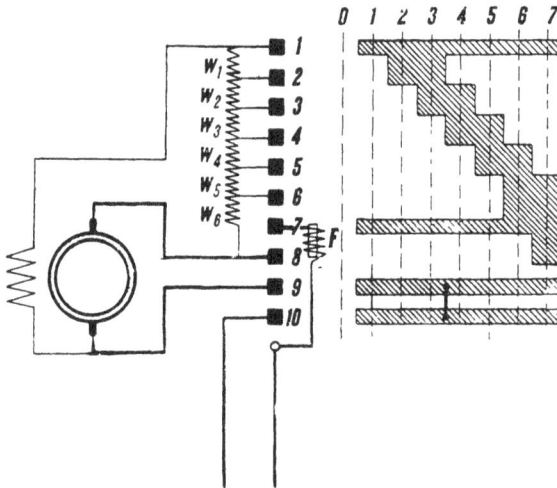

Fig. 60. Steuerwalze für Nebenschlußmotoren.

zuführen, Fig. 61. Die Abschaltung der Walze von der Zuleitung erfolgt durch einen besonderen Schalter H mit magnetischer Funkenlöschung, der durch das Segment S betätigt wird. Außerdem sind noch Bremsstellungen B für Ankerkurzschlußbremsung vorhanden. Wird das Bremsstück A (2 Widerstände) nach B versetzt (3 Widerstände), so wird die Bremsung sanfter, wird es nach C versetzt (1 Widerstand) kräftiger. R ist die Ruhestellung der Kurbel. In den Stellungen 1—4 sind 4, 3, 2 und 1 Widerstand vorgeschaltet, in Stellung 5 dagegen liegen die Widerstände w_2, w_3 und w_4 parallel vor dem Anker, 6 ist Betriebstellung und schließt alle Widerstände kurz.

Eine etwas andere Schaltung veranschaulicht Fig. 62. Hier sind die Stellungen 1—3 Widerstandstellungen, 4 ist Betriebstellung und 5 eine weitere Stellung zwecks Erhöhung

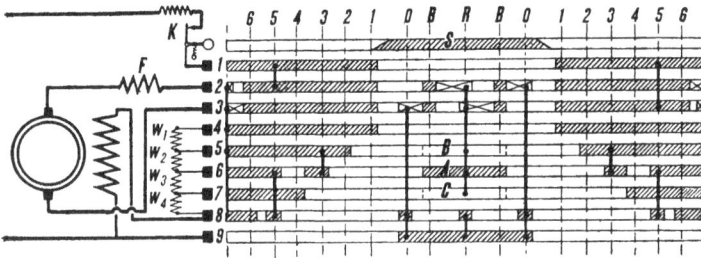

Fig. 61. Umkehr-Steuerwalze für Hauptstrommotoren.

der Umdrehungszahl, da in dieser der Widerstand w_3 parallel zu den Magneten gelegt ist und daher eine Feldschwächung eintritt. Das Bremsstück A kann wieder versetzt werden, um die Bremswirkung zu ändern.

Bei den Hubmotoren für Krane ist es erwünscht, das Senken der Last ohne mechanische Bremsen bewirken zu können. Es wird dann in solchen Fällen der Motor als Dynamo

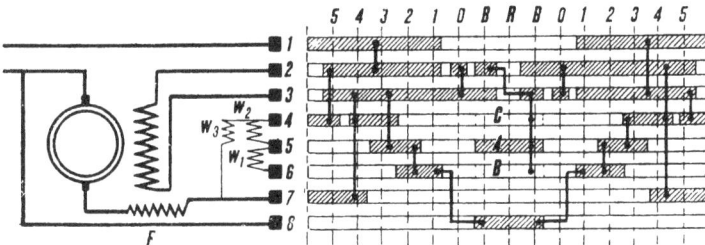

Fig. 62 Umkehr-Steuerwalze für Hauptstrommotoren.

geschaltet und von der Last angetrieben. Da es jedoch möglich sein muß, auch den leeren Haken zu senken, so ist noch eine Stromstellung hinter den Bremsstellungen erforderlich, Fig. 63. Die Walzenstellungen 1—6 dienen zum Heben, I—IV zum

Senken mit Last und 1a (rechts) ist Stromstellung zum Senken des Hakens. Die 3 Widerstände sind geschaltet:

Stellung 1: w_1, w_2 und w_3 in Reihe vor dem Anker,

» 2: w_3 vor dem Anker,

» 3: w_3 und w_2 parallel geschaltet vor dem Anker,

» 4: w_1, w_2 und w_3 parallel geschaltet vor dem Anker,

» 5: alle Widerstände abgeschaltet,

» 6: w_1, w_2 und w_3 parallel geschaltet, parallel zu den Magneten liegend,

» I: w_1, w_2 und w_3 parallel vor dem Anker,

» II: w_3, w_2 parallel vor dem Anker,

» III: w_3 vor dem Anker,

» IV: w_1, w_2 und w_3 in Reihe vor dem Anker,

» 1a: w_1, w_2 und w_3 in Reihe vor dem Anker.

» B: w_3 vor dem Anker.

Die Bremswirkung ist also in Stellung I die stärkste. Es wird allerdings auch die Schaltung oft umgekehrt getroffen; das hat aber den Nachteil, daß der Kranführer bei schweren Lasten sehr rasch mit der Kurbel auf die folgenden Kontakte übergehen muß, um zu große Senkgeschwindigkeiten zu vermeiden. Setzt sich die Last bei der Schaltung nach Fig. 63 in Stellung I nicht in Bewegung, so geht er auf Stellung II usw. Zu große Geschwindigkeiten werden also auf alle Fälle vermieden.

Eine ähnliche Steuerwalze mit 7 Hub- und V Senkstellungen zeigt Fig. 64. Zur Erhöhung der Umdrehungszahl ist hierbei ein besonderer Widerstand p, der in Stellung 7 parallel zu den Magneten gelegt wird, vorhanden.

Da der Motor beim Senken erst dann als Dynamo wirkt, wenn er nach Erreichung einer gewissen Umdrehungszahl sich erregt hat, so fällt im ersten Augenblick die Last frei ab, wodurch außergewöhnlich starke Beanspruchungen der Konstruktion entstehen, die es erwünscht machen, von vornherein volle Bremswirkung zu haben. Den Siemens-Schuckertwerken ist eine Schaltung patentiert, die diesen Übelstand vermeidet. Dieselben legen vor Stellung I eine Übergangstellung, in der die Motormagnete unter Vorschaltung aller Widerstände an das Netz gelegt werden, Fig. 64. Da der Motor dann in

Stellung I bereits erregt ist, findet sofort eine kräftige Bremswirkung statt, sobald der Anker durch die Last angetrieben
wird und Strom erzeugt.

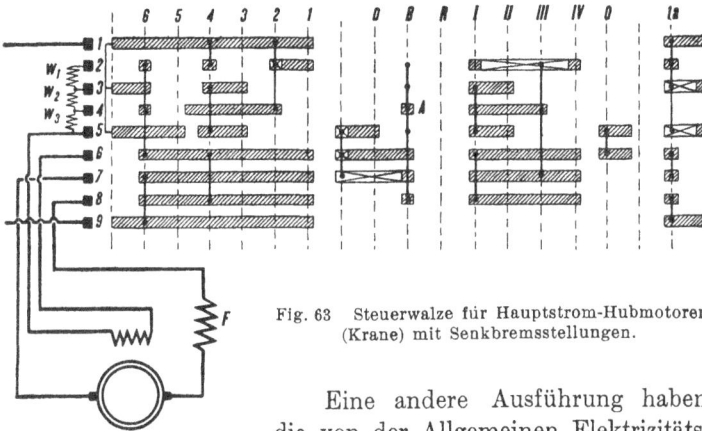

Fig. 63 Steuerwalze für Hauptstrom-Hubmotoren
(Krane) mit Senkbremsstellungen.

Eine andere Ausführung haben
die von der Allgemeinen Elektrizitäts-
Gesellschaft verwendeten Steuerwalzen. Zur Verminderung
der Baulänge sind für die Widerstände die Kontaktstücke

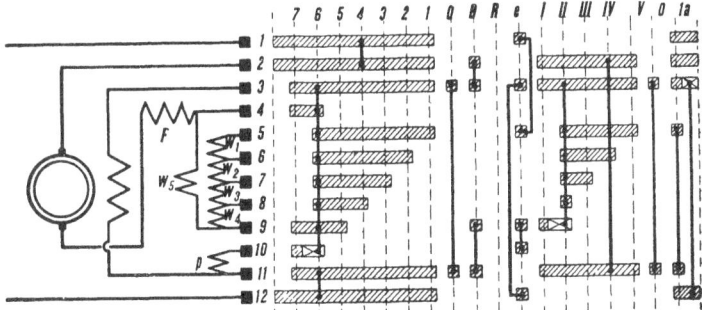

Fig. 64. Steuerwalze für Hauptstrom-Hubmotoren mit Senkbremsstellungen
und vorheriger Fremderregungsstellung.

kreisförmig angeordnet, die von einem an der Walze be-
festigten Stück bestrichen werden. In Fig. 65 ist das Schema
einer Fahrwalze mit Bremsstellungen zu beiden Seiten der
Haltstellung dargestellt. Die schwarzen Kontaktstücke sind

im Gehäuse fest, die anderen auf der Walze. Der Lüftungs-
magnet L für die Bremse liegt im Hauptstrom zwischen Anker
und Magnet.

Besonders bei Mehrmotoren-Kranen wird oft zur Vereinfachung der Bedienung eine Kombination zweier Steuerwalzen
in der Weise vorgenommen, daß sie mit einem Hebel gesteuert
werden. Bei einem Drehkran z. B. steht dann der Handhebel

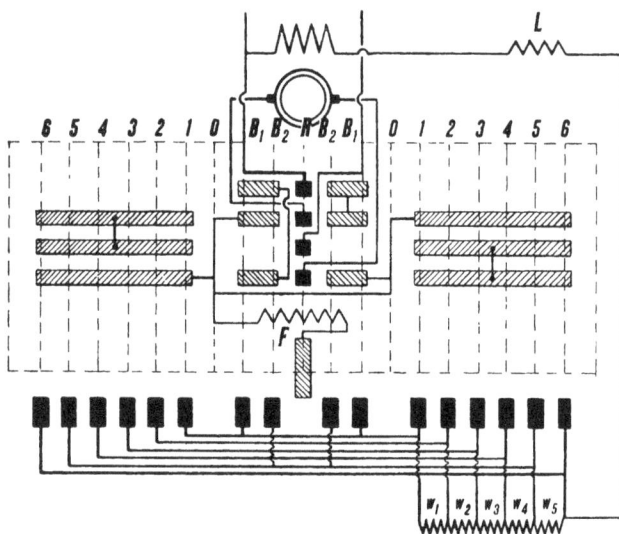

Fig. 65. Umkehr-Steuerwalze für Hauptstrommotoren.

horizontal. Wird er nach oben oder unten bewegt, so erfolgt
Heben oder Senken der Last. Eine Bewegung nach rechts
oder links hat eine Drehung nach der betreffenden Seite zur
Folge. Sollen beide Bewegungen gleichzeitig erfolgen, so ist
der Hebel unter 45^0 zu bewegen. Eine Bewegung unter 45^0
nach links oben bewirkt also ein Heben der Last und Links-
drehen des Kranes.

Die Steuerwalzen werden gewöhnlich mit Metallkontakten
hergestellt. Bei groben Betrieben, z. B. Arbeitsrollgängen, deren
Motoren sofort nach dem Anlassen wieder stillgesetzt bzw.

umgesteuert werden, sind meist solche mit Kohlenkontakten, die nicht so leicht verbrennen, in Benutzung. Wegen der Kürze der Anlaßzeit ist auch die Anzahl der Widerstandstufen hierbei beschränkt und beträgt meist 3—4.

Bei sehr häufigem Anlassen, wie es z. B. im Straßenbahnbetriebe nicht zu umgehen ist, wird ein erheblicher Prozentsatz der Energie in den Anlaßwiderständen verbraucht. Werden bei nicht zu kleinen Motorleistungen zwei Motoren von je der Hälfte der erforderlichen Leistung an Stelle eines Motors be-

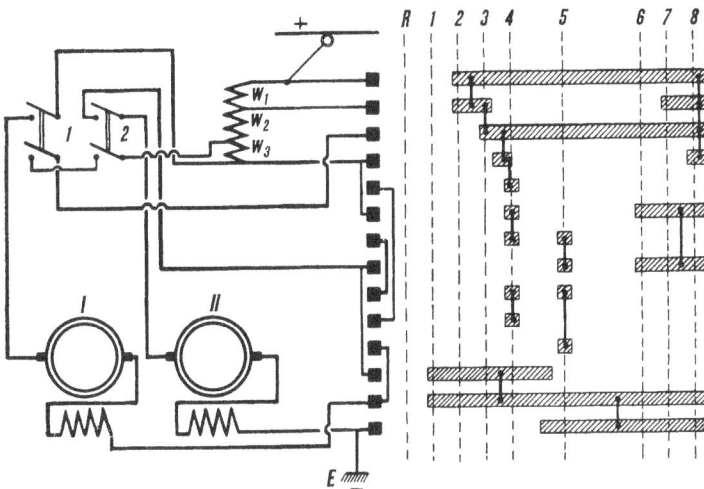

Fig. 66. Steuerwalze für Hauptstrommotoren mit Serien-Parallelstellungen.

nutzt und in Serien-Parallelschaltung verwendet, so verbessert sich der Durchschnittswirkungsgrad hierdurch ganz erheblich, da Anker und Magnet des zweiten Motors beim Anlassen teilweise den Anlasserwiderstand ersetzen. Fig. 66 zeigt ein Steuerwalzenschema der Walker Company für diese Schaltung mit Hauptstrommotoren. In den ersten drei Anlaßstellungen werden die drei Widerstände nacheinander kurz geschlossen; 4 ist Serien-Betriebstellung ohne Vorschaltwiderstände. Stellung 5 ist Übergangstellung zum Parallelbetrieb — Motor I läuft unter Vorschaltung von w_3 allein —, und 6—8 sind

Stellungen für Parallelschaltung, 8 dabei ohne Vorschaltwiderstände.

Die doppelpoligen Hebelausschalter 1 und 2 sind gewöhnlich geschlossen und werden nur bei Motorendefekten zum
Abschalten benutzt. Wird 2 geöffnet, so läuft Motor I von
Stellung 5 ab, wird 1 ge-
öffnet, so läuft Motor II
von Stellung 6 ab allein.

Müssen Motoren von
ungeschultem Personal an-
gelassen werden, oder ist
es dringend erforderlich,
Spannungsschwankungen
infolge zu hoher Anlauf-
stromstärken zu vermeiden,
so sind mehr oder weniger
selbsttätig arbeitende Anlasser am Platze. Dieselben
müssen verwendet werden,
wenn das An- und Abstellen
des Motors von irgendeiner
mechanischen Einrichtung
abhängig gemacht wird,
z. B. einem Schwimmer bei
Pumpanlagen mit Hoch-
behälter u. a. m.

Eine einfache Form
eines solchen Anlassers
zeigt Fig. 67. Von dem

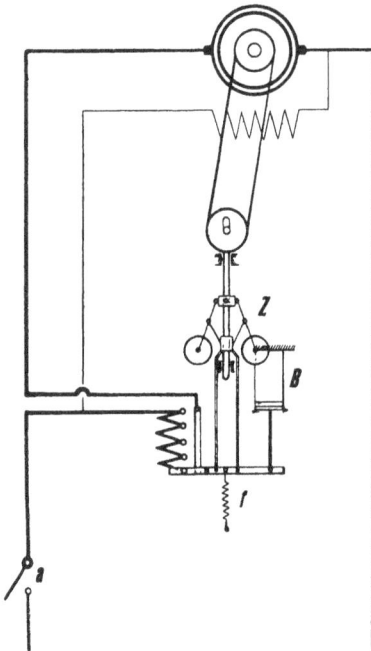

Fig. 67.
Selbsttätiger Anlasser für Riemenbetrieb.

Motor wird mittels Riemen ein Zentrifugalregulator Z angetrieben, dessen bewegliche Muffe die Kontaktbürste trägt.
Wird a geschlossen, so erhält der Motor Strom und setzt
sich langsam in Bewegung, wobei Z die Feder f spannt und
die Widerstandsstufen allmählich abschaltet. Die Glyzerin-
oder Luftbremse B gleicht die Bewegung aus und verzögert
sie. Wird der Motor überlastet und sinkt seine Drehzahl, so
schaltet die Feder f Widerstand vor den Anker; beim Öffnen
von a zieht f die Kontakteinrichtung in die Ruhelage zurück.

Da Z im Betriebe dauernd mitlaufen muß, eignet sich
dieser Anlasser hauptsächlich für intermittierende Betriebe und
kleinere Leistungen.

Alle diejenigen Konstruktionen, welche, wie die vorbe-
schriebene, darauf beruhen, daß der anlaufende Motor den
Anlasser mechanisch antreibt, haben sich nur wenig einzu-
bürgern vermocht, weil die dauernd mitlaufenden
Teile zu viel Wartung verlangen. Es kommen daher
neuerdings hauptsächlich elektrisch betätigte Selbstanlasser zur Anwendung.

Eine in neuerer Zeit sehr
in Aufnahme gekommene Art
der Anlasser sind die Relaisanlasser, auch Schützenanlasser genannt, deren einfachste
Form in Fig. 68 dargestellt
ist. Eine der Größe und der
Belastung des Motors ent-
sprechende Anzahl von Elektromagneten schließen nacheinander die einzelnen Widerstandsstufen kurz. Die Wicklungen aller Magnete liegen
parallel zum Motoranker und
besitzen entsprechend abge-
stufte Windungszahlen, so daß bei steigender Ankerspannung
einer nach dem anderen seinen Kern einzieht und dadurch
je eine Widerstandsstufe überbrückt. Der Magnet S_1, Fig. 69,
arbeitet zuerst und S_3 zuletzt.

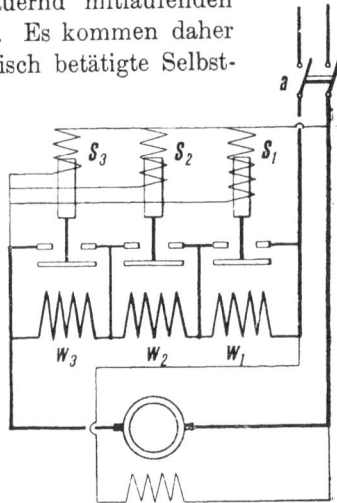

Fig. 68. Selbsttätiger Relaisanlasser.

Die Fig. 69 zeigt einen automatischen Relaisanlasser von
Voigt & Haeffner. Hierbei wird auch die Ein- und Ausschaltung
selbsttätig bewirkt, wie es z. B. bei Presswasseranlagen, Druck-
luftanlagen u. a. m. erforderlich wird. Der Kontaktapparat,
z. B. ein Kontaktmanometer, B schließt in den beiden Endlagen je einen Kontakt, der im Stromkreis einer der beiden
Relaisspulen R_e und R_a liegt. Relais R_e schließt im ange-
zogenen Zustand den Stromkreis für den Einschaltmagneten E.
Sobald dessen Kern emporschnellt, fällt eine Klinke K ein

7*

und hält ihn in der oberen Lage fest. Dieselbe Klinke gibt aber dabei den Kern des Ausschaltmagneten frei, so daß dieser abfällt und den Stromkreis von E wieder unterbricht. Nunmehr fließt der Hauptstrom über den geschlossenen Kontakt von E durch die Widerstände w_{1-3} zum Motoranker; bei steigender Ankerspannung schließen die Magnete S_1, S_2 und S_3 nacheinander die Widerstände kurz. Damit die Spulen

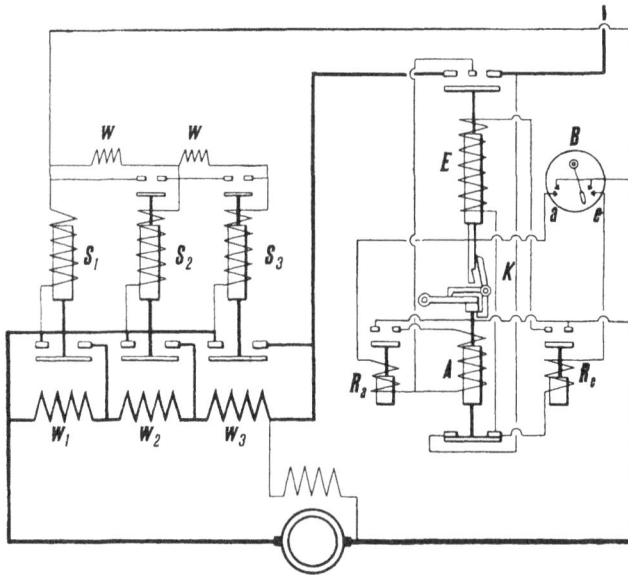

Fig. 69. Selbsttätiger Relaisanlasser.

von S alle gleich ausgeführt werden können, sind Vorschalt-widerstände w hinzugefügt, die durch besondere Kontakte über-brückt werden, so daß im Betriebe alle Spulen von S die volle Spannung erhalten. Beim Ausschalten wird durch B der Kontakt a geschlossen, Relais R_a erhält dadurch Strom über den von E geschlossenen kleinen Kontakt, zieht seinen Kern ein und legt die Spule des Ausschaltmagneten A an die Netz-spannung. Dadurch schnellt der Kern von A hoch, schlägt die Klinke K aus dem Kern von E und bringt diesen zum Abfallen. Die Klinke hält aber gleichzeitig den Kern von A

in der oberen Lage fest, so daß der Kontakt geschlossen bleibt, also die nächste Einschaltbewegung wieder vorbereitet ist. Der Stromkreis von A ist durch das Abfallen von E sofort unterbrochen; auch die beiden Relaisstromkreise werden nach erfolgter Schaltung unterbrochen.

Wird das zuletzt wirkende Relais dazu benutzt den Magnetkreis aller anderen Relais zu unterbrechen, so daß diese nur

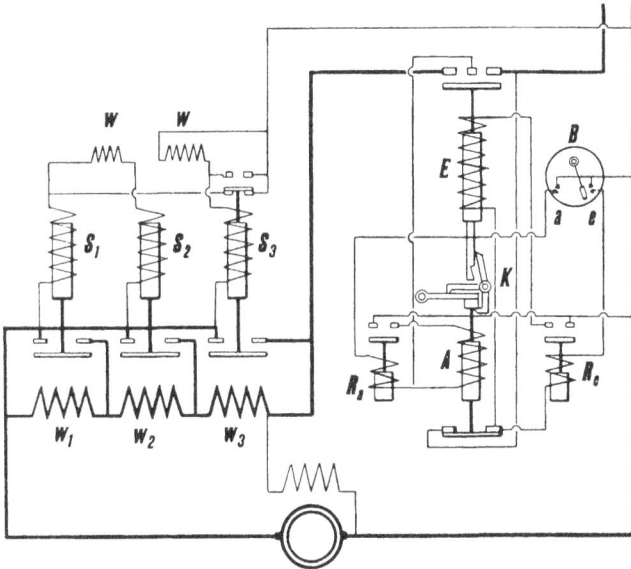

Fig. 70. Selbsttätiger Relaisanlasser bei dem im Betriebe nur eine Relaiswicklung stromdurchflossen ist.

während der Anlaßperiode unter Strom stehen und folglich schwach bemessene Wicklungen erhalten können, so kann z. B. die Schaltung nach Fig. 70 benutzt werden. Bei einer größeren Anzahl von Relais wird hierbei nicht unwesentlich an Kosten gespart.

Relaisanlasser mit parallel zum Motoranker liegenden Relaiswicklungen sind gegen größere Spannungsschwankungen im Netz empfindlich. Diesen Übelstand vermeidet die in Fig. 71 dargestellte Schaltung. Beim Schließen des Hauptschalters a fließt zunächst Strom durch die hintereinander geschalteten Wicklungen der Relais S_1, S_2 und S_3. Diese ziehen gleichzeitig ihre Kerne ein, wodurch die oberen Kontakte geschlossen werden und der Hilfsmagnet H seinen Kern ein· zieht. Dieser schließt den Hauptstromkreis und bewirkt dadurch, daß die in Serie mit den Widerständen w liegenden Hauptstromwicklungen der Relais S von Strom durchflossen werden und die Kerne festhalten, da die zuerst arbeitenden

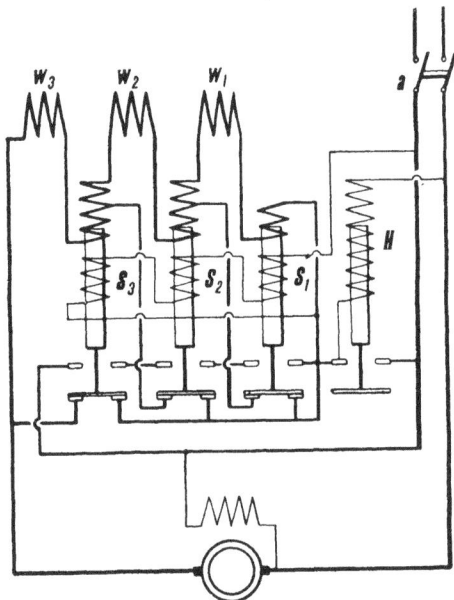

Fig. 71. Selbsttätiger Relaisanlasser mit compoundierten Relais, deren Wicklungen im Betriebe stromlos sind.

Wicklungen von S durch H kurzgeschlossen und stromlos gemacht wurden. Sobald nun der Motor anläuft und die Stromstärke sinkt, läßt das Relais S_1, welches weniger Win· dungen hat, als die anderen, seinen Kern fallen und schließt dadurch den ersten Widerstand kurz, aber gleichzeitig auch einen Teil der Hauptstromwindungen von S_2. Ist darauf der Ankerstrom wieder auf seinen normalen Betrag gefallen, so fällt der Kern von S_2 ab usw. Dieser Anlasser arbeitet also ganz unabhängig von der jeweiligen Netzspannung.

Derartige Schützenanlasser werden für die kleinsten und größten Motorleistungen gebaut. In bestimmten Fällen werden die Schützen durch eine Steuerwalze od. dgl. von Hand bedient. Bei Fernbedienung, z. B. bei Bahnen mit mehreren gekuppelten Triebwagen, braucht nur ein schwaches mehradriges Kabel zur Steuerwalze geführt zu werden, während die Schützen in der Nähe der Motoren zur Aufstellung gelangen. Die Kosten für die Leitungsanlage fallen folglich sehr klein aus.

Für Dauerbetrieb und größere Leistungen sind auch elektromotorisch angetriebene Selbstanlasser beliebt.

Fig. 72 stellt eine der bekanntesten Ausführungen der Siemens-Schuckertwerke dar. Durch Schließen des Schalters s zieht der Magnet S die Schnecke in das Schneckenrad Z. Gleichzeitig erhält der Hilfsmotor A Strom und treibt die Schnecke an; die Anlasserkurbel schaltet Widerstand ab und spannt die Feder f_2. In der Betriebsstellung wird vor den Motor A ein Widerstand gelegt, der so groß ist, daß der Motor stehen bleibt. Soll

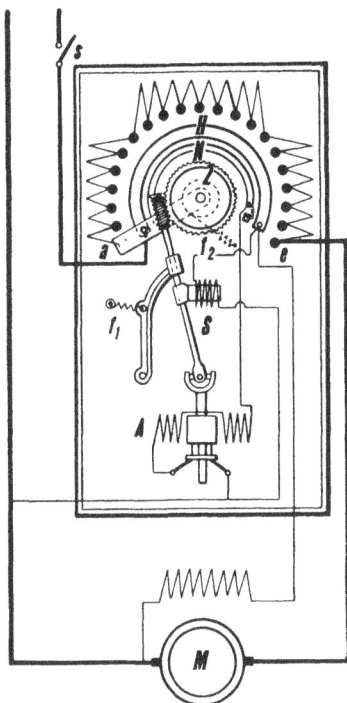

Fig. 72.
Selbsttätiger Anlasser mit Hilfsmotor.

der Motor M stillgesetzt werden, so wird Schalter s geöffnet, wodurch Magnet S stromlos wird, so daß nunmehr die Feder f_1 die Schnecke aus dem Schneckenrad Z ziehen und die Feder f_2 die Anlasserkurbel in die Ruhelage zurückführen kann.

Ist es erforderlich, den Motor vollständig automatisch an- und abzustellen, so ist es oft erwünscht, nicht den Hauptstromkreis zu schließen bzw. zu unterbrechen, sondern nur den Stromkreis des Hilfsmotors A und des Magneten S, z. B. wenn der Schalter vom Motor weit entfernt ange- bracht werden muß, und wenn größere, schwer zu betätigende Schalter nötig sind. Der Anlaßapparat muß dann etwas ge- ändert werden.

Die Unterbrechung des Hauptstromes erfolgt dann im An- lasser, weshalb der erste Kontakt a als Blindkontakt auszu- führen ist. Der selbsttätige Kontakt ist in der gemeinsamen Zuleitung zum Hilfsmotor A und Magne- ten S anzuordnen. Schließt der selbsttätige Kontakt nicht während der ganzen Arbeits- zeit des Motors, sondern nur in den beiden Endlagen, wie z. B. ein Kontaktmanometer, so ist noch ein Relais erforderlich.

Bei Anlassern dieser und ähnlicher Kon- struktion für größere Motorleistungen wird die Anlasserkurbel durch den Hilfsmotor in die Haltlage zurückgeführt, da die Rei- bung der Bürsten so groß wird, daß die Kurbel nur durch außergewöhnlich starke Federn bzw. sehr schwere Gewichte mit Sicherheit zurückgedreht werden kann. Der Hilfsmotor ist in diesem Falle anders zu schalten, da er umgesteuert werden muß; für niedrige Spannungen wird er dann auch als Nebenschlußmotor gewickelt.

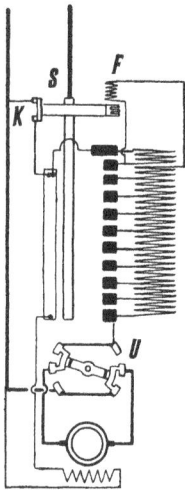

Fig. 73
Aufzugs-Umkehr- anlasser durch Eigengewicht betätigt.

Bei Aufzügen mit Seilsteuerung finden Umkehranlasser Verwendung, die durch das Steuerseil in der einen oder anderen Rich- tung eingeschaltet werden und deren Bewegung durch eine Luft- oder Glyzerinbremse verzögert wird.

Die Allgemeine Elektrizitäts-Gesellschaft benutzt als trei- bende Kraft für Aufzugsanlasser das Eigengewicht einer Zahn- stange, an der die Schleiffeder S befestigt ist. Durch das Steuerseil wird der Umschalter U, Fig. 73, betätigt und gleich- zeitig ein Sperrwerk ausgelöst, so daß S nun allmählich herab- sinken und die Widerstandsstufen kurz schließen kann. F ist eine Funkenbläserspule und K eine Kurzschlußvorrichtung für die Magnetwicklung, damit beim Ausschalten der Induktionsstrom gefahrlos verlaufen kann.

Der in Fig. 74 schematisch dargestellte Aufzugs-Umkehranlasser der Siemens-Schuckertwerke arbeitet, nachdem der Hauptstrom geschlossen ist, selbsttätig. Sein Antrieb erfolgt

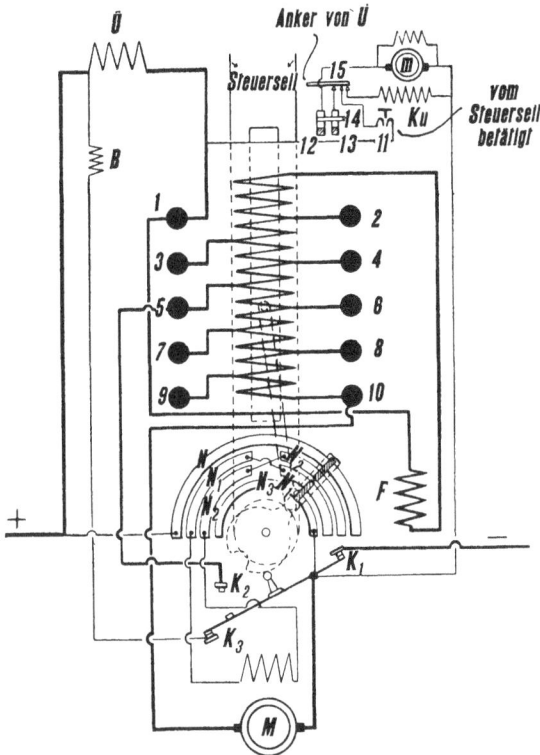

Fig. 74. Aufzugs-Umkehranlasser mit Hilfsmotor.

durch einen kleinen Motor, der unter Vermittlung einer Schnecken- und Zahnradübersetzung, sowie einer magnetischen Kupplung auf eine Zahnstange arbeitet, durch welche 'die Widerstandstufen nacheinander kurz geschlossen werden. Sobald durch das Steuerseil die Umschaltkurbel nach einer Seite, z. B. nach rechts umgelegt ist, wird der Kohlenschalter K_2

geöffnet und K_1 sowie Kontakt 1 geschlossen. Der Stromlauf ist dann: + Pol, Überlastungsrelais $\ddot{U}$, 1, Funkenbläserspule F, Widerstand, 10, Motoranker, Kohlenschalter K_1, — Pol. Hinter $\ddot{U}$ zweigt ein Strom ab, der über 11, 15, 14, 13, 12, Anker m nach K_1 fließt. Parallel zu m wird noch die magnetische Kupplung Ku erregt. Der Nebenschlußstrom des Motors M fließt gleichzeitig von: + Pol, Schleifring N, Schleifbürste, Schleifring N_2, Magnetwicklung, Schleifring N_1, Schleifbürste, Schleifring N_3, K_1 zum — Pol. Nachdem der Motor m nach-

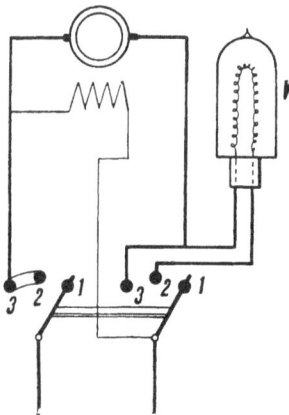

Fig. 75. Variatoranlasser
für sehr kleine Motoren

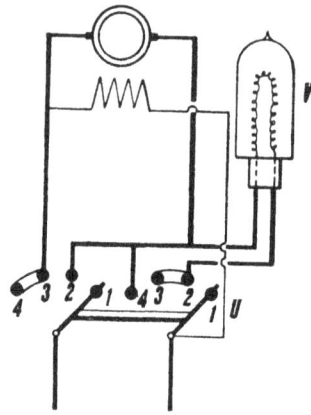

Fig. 76. Variatoranlasser
für kleine Motoren.

einander die Kohlenkontakte 1 bis 10 geschlossen hat, verläßt die Schleiffeder 14 die Kontaktschienen 12 und 13, so daß nunmehr der Hilfsmotòr m stehen bleibt. Beim Zurückdrehen der Umschaltkurbel in die Mittellage wird die Zahnstange gehoben, die Kontakte 1 bis 10, 11 und K_1 werden geöffnet, 12, 13, 14, und K_2 dagegen geschlossen. Die Verbindung zwischen N und N_2 sowie N_1 und N_3 wird ebenfalls unterbrochen, so daß auch die Magnetwicklung von M stromlos wird. Der Motor M arbeitet als Dynamo über Kontakt K_2 auf einen Teil des Widerstandes und kommt rasch zur Ruhe. Durch K_3 wird während des Betriebes der Bremsmagnet B, der die mechanische Bremse lüftet, eingeschaltet. Das Überlastungsrelais $\ddot{U}$

wirkt auf den Kontakt 15 und unterbricht bei zu hoher Anlaufstromstärke den Stromkreis des Motors m und der magnetischen Kupplung Ku. Ist der Anlaufstrom wieder auf das
zulässige Maß gesunken, so wird 15 wieder geschlossen und
der Hilfsmotor m arbeitet weiter. Der Hauptkohlenausschalter
K_1 liegt im Bereich der Funkenbläserspule F, so daß ein sofortiges Erlöschen des Ausschaltfunkens eintritt. Die Zeit-

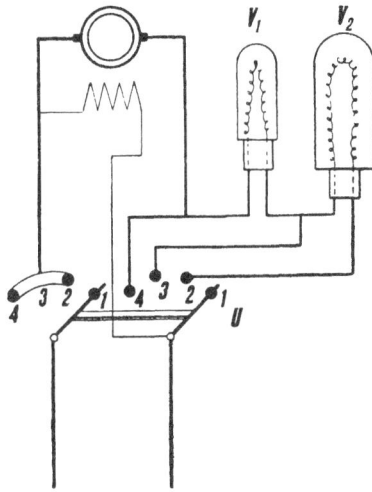

Fig. 77. Variatoranlasser für mittlere Motoren.

dauer des Anlassens ist bei diesem Anlasser von der jeweiligen
Belastung abhängig gemacht.

Das Anlassen mittels Hebelumschalter und Variator stellt
Fig. 75 dar. Wird der Umschalter U in Stellung 2 gebracht,
so ist Variator V vorgeschaltet; sobald die normale Umdrehungszahl annähernd erreicht ist, wird U auf Stellung 3 gedrückt.
Diese einfache Schaltung kann jedoch nur bei sehr kleinen Motoren angewendet werden. Bei größeren, die stärkere und
daher weniger empfindliche Variatoren bedingen, muß V, um
den ersten Stromstoß abzuschwächen, vorgewärmt werden, was
in Stellung 2 des Umschalters U geschieht, Fig. 76. Das
Anlassen erfolgt durch Umschalten des Hebels von Stellung 1

nach 3 (über 2 hinweg) und nach einiger Zeit nach 4. Fig. 77
zeigt das Anlassen mit 2 Variatoren in Serie und Fig. 78
das automatische Anlassen durch Fernsteuerung. Es ist w
ein fester Schwächungswiderstand aus Nickelin od. dgl., A
ein Anlaßrelais und F ein Fernrelais. Wird der Umschalter U

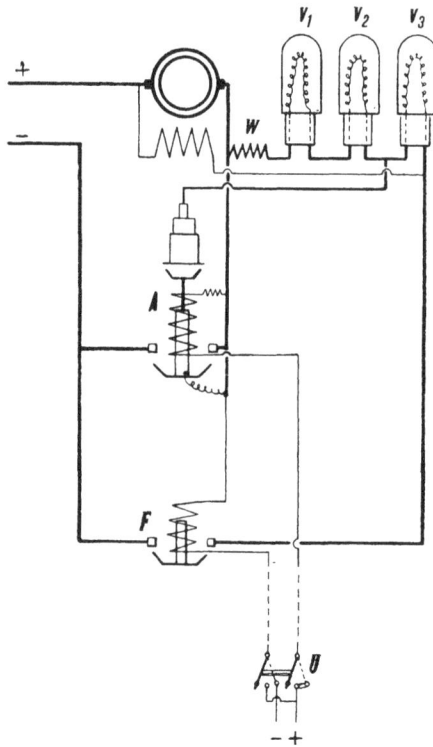

Fig. 78. Selbsttätiger Variatoranlasser mit Fernsteuerung.

in die punktierte Stellung gebracht, so zieht F seinen Anker
an und schließt den Hauptstromkreis. Steigt nach dem Anlauf
die Ankerspannung des Motors, so zieht auch A seinen Anker
an und schließt zunächst den oberen Kontakt, wodurch w,
V_1 und V_2 kurz geschlossen werden; ist auch noch der untere
Kontakt von A geschlossen, so liegt der Motor ohne Vorschaltwiderstände am Netz. F hat inzwischen seinen Anker wieder

abfallen lassen, da seine Spule durch den Anker von A kurz geschlossen wurde. Beim Zurücklegen von U wird in der Mittelstellung auch die Wicklung von A kurz geschlossen, so daß auch A seinen Anker fallen läßt und der Ruhezustand wieder erreicht ist.

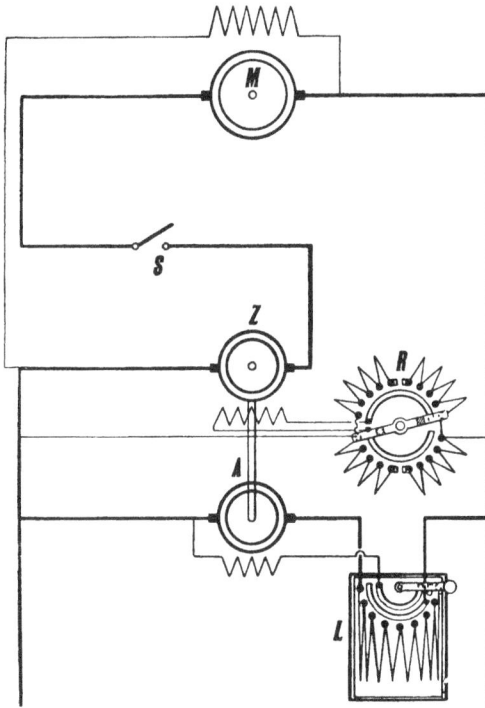

Fig. 79. Das Anlassen nach dem Gegenschaltungsprinzip.

3. Graphit- und sonstige Anlasser.

Das über Metallanlasser Gesagte gilt in der Hauptsache auch für Graphitanlasser, da ja nur das Widerstandsmaterial ein anderes ist. Die Magnetitanlasser verhalten sich dagegen fast genau wie die Variatoren, nur mit dem Unterschiede, daß der große Widerstand von vornherein vorhanden ist und nicht erst durch den Stromdurchgang geschaffen wird. Die

Schaltungen für Variatoren können daher ohne weiteres auch für Magnetitwiderstände verwendet werden.

Auch bei Graphitwiderständen nimmt der Widerstand mit zunehmender Erwärmung ab. Es kann daher die Kontaktzahl der Anlasser erheblich kleiner gewählt werden, da eine teilweise selbsttätige Widerstandsverminderung eintritt.

b) Abdrosselung der Betriebspannung unter teilweiser Wiedergewinnung der vernichteten Energie.

Bei den Anlaßmethoden nach dem zuerst von Eßberger angegebenen Gegenschaltungsprinzip, Fig. 79, wird für jeden Motor ein besonderes Anlaßaggregat $A-Z$ erforderlich, welches dauernd laufen muß. Durch den Anlasser L wird A und Z in Betrieb gesetzt. Wenn nun die Kurbel des Umkehrnebenschlußregulators R so eingestellt wird, daß Z die gleiche, aber der Netzspannung entgegengerichtete Spannung hat, so kann der Schalter S geschlossen werden. Der Motor M läuft aber noch nicht an, da die Spannung an seinen Klemmen Null ist. Sobald dann durch R die Gegenspannung von Z ermäßigt wird, läuft der Motor M an, da an seinen Klemmen dann die Differenz zwischen Netzspannung und Gegenspannung herrscht. Ist die Gegenspannung von Z bis auf Null herabreguliert, so schaltet R den Erregerstrom von Z um, deren Spannung sich nunmehr zu der des Netzes addiert. Der für die doppelte Netzspannung gebaute Motor M erreicht seine normale Umdrehungszahl, sobald Z ihre höchste Zusatzspannung erreicht hat. Die Spannung von Z wird also von $- E$ über O nach $+ E$ geändert, wenn E die Netzspannung bedeutet. Während der ersten Anlaßperiode, solange also die Gegenspannung von Z vermindert wird, wirkt Z als Motor und treibt A an; A wirkt als Dynamo und gibt Strom ins Netz zurück. Die sonst beim Anlassen vernichtete Energie wird also hier, abzüglich der Verluste in Z und A, wiedergewonnen.

Haben z. B. beide Maschinen einen Wirkungsgrad von $\eta = 0,85$, so werden $0,85 \cdot 0,85 = $ ca $0,72$ oder $72^0/_0$ der Energie wiedergewonnen. Die beiden Maschinen A und Z müssen je halb so groß sein, als der Motor M.

Eine Abänderung dieses Verfahrens zeigt Fig. 80. Der anzulassende Motor M ist, ebenso wie die gekuppelten Anlaß-maschinen D–G, für die Netzspannung gewickelt. Durch den gemeinschaftlichen Nebenschlußregulator R wird vor dem Anlassen die Erregung so eingestellt, daß D spannungslos ist (Kurbel bei A) und G volle Gegenspannung besitzt. Wird die Kurbel langsam von A nach B bewegt, so nimmt die Gegen-spannung von G ab, gleichzeitig aber die Spannung von D

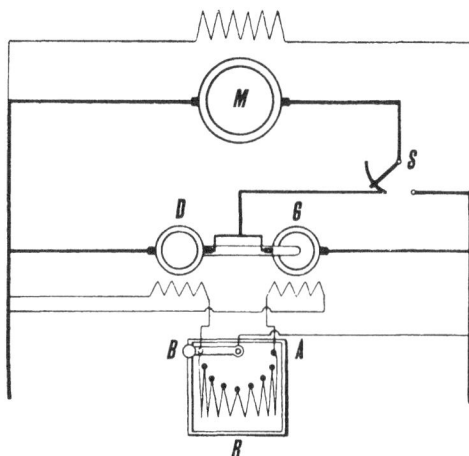

Fig. 80. Das Anlassen nach dem Gegenschaltungsprinzip.

zu. Da G in Serie mit M liegt, D aber parallel zu M und G als Motor wirkt, so folgt, daß D zur Unterstützung des Netzes Strom an M abgibt und M steigende Spannung mit abnehmender Gegenspannung von G erhält. Ist die Gegenspannung von G Null, so hat M seine höchste Umdrehungszahl erreicht und es kann Schalter S nach rechts gelegt werden, wodurch das Anlaßaggregat vom Motor M abgeschaltet wird.

c) Zuführung variabler Betriebspannung.

Bei der Zuführung steigender Betriebspannung fällt ebenso, wie bei der Gegenspannungsmethode, jeder Verlust in Vor-schaltwiderständen fort. Es wird daher bei Anlagen mit Batterie und Explosionsmotorenantrieb der Dynamo mit Vorliebe die in Fig. 81 gezeichnete Schaltung angewendet, um den Explosions-motor in Gang zu setzen. Der Ladehebel L des Zellenschalters wird auf die Zelle des Entladehebels E gestellt, Umschalter U_2 nach links und U_1 nach oben gelegt und dann der Schwach-stromausschalter A geschlossen, nachdem die Kurbel von R ganz nach rechts gelegt war. Bei der Bewegung von L nach rechts erhält der Anker D von 2 zu 2 bzw. 4 zu 4 V steigende

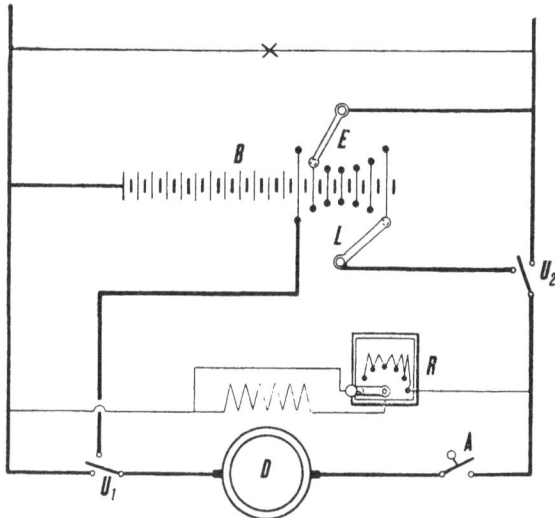

Fig. 81. Anlassen eines Explosionsmotors durch die Dynamo.

Spannung und läuft verlustlos an. Sobald der Explosions-motor zündet, treibt er D an. Die Ankerstromstärke wird Null, wobei A herausfällt, und kehrt sich um. Wird nunmehr U_1 nach unten gelegt und die Spannung durch R entsprechend einreguliert, so kann D in normalen Betrieb genommen werden.

Bei der Hauptstromkraftübertragung, Fig. 82, erfolgt das Anlassen des Motors M durch langsames Anlaufen der Haupt-stromdynamo D. Hat diese keine besondere Triebmaschine, sondern läuft sie mit konstanter Umdrehungszahl, so ist noch der Anlaßwiderstand P nötig, der parallel zu der Magnetwick-lung liegt und kurz geschlossen wird, wenn der Motor M nicht läuft. *A* ist ein Magnetkurzschließer, der bei Überlastung die Stelle einer Sicherung oder eines Maximalausschalters vertritt.

Wenn es nicht möglich ist, für den Motor eine besondere Dynamo in der Zentrale aufzustellen, anderseits aber die Leonardschaltung angewendet werden soll, so ist u. a. das System Ilgner am Platze. Das Anlassen von *M* erfolgt durch Bedienung des Nebenschlußregulators R_2 der Anlaßdynamo. Soll *M* umsteuerbar sein, so wird durch Umschalter *U*, der meistens mit R_2 vereinigt ist, die Stromrichtung in den Magneten von *M* geändert, oder es werden die Hauptzuleitungen vertauscht, oder R_2 wird als Umkehrnebenschlußregulator ausgeführt, wobei dann Anker und Magnete von *M* fest angeschlossen bleiben können. Fig. 83 zeigt ein Ilgneraggregat im Anschluß an ein Gleichstromnetz. Um die Schwungmasse *Sch* des Aggregates zur Arbeit heranzuziehen, wenn die Belastung über die normale steigt, wird der selbsttätige Nebenschluß-regulator R_1 durch ein in

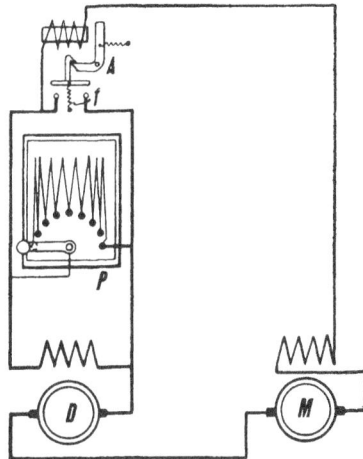

Fig. 82. Das Anlassen durch Anlauf der Dynamo bei der Serienkraftübertragung.

der Zuleitung liegendes Relais oder durch einen Zentrifugalregulator gesteuert. Das Relais kann auch fortfallen, wenn *AM* als Compoundmotor ausgeführt wird.

In der Fig. 84 ist dieselbe Schaltung für Anschluß an ein Drehstromnetz dargestellt. R_1 ist hier ein im Rotorstromkreis liegender Schlupfwiderstand, der selbsttätig arbeitet und bei abnehmender Umdrehungszahl Widerstand einschaltet, um *Sch* zu entladen. Hinzugekommen ist noch die Maschine *E*, welche den Erregerstrom für *M* und *AD* abgibt.

Auch bei der Anwendung von Mehrleitersystemen zwecks Änderung der Drehzahlen in weiten Grenzen erfolgt das

Anlassen ohne Vorschaltwiderstand durch stufenweise Erhöhung
der Betriebsspannung. Nur vor der ersten Betriebstellung ist
meist ein kleiner Widerstand, der den ersten Stromstoß ab-
schwächt, in einer Übergangstellung der Schaltwalze vorgesehen.
Im Gegensatz zu den letzten Methoden erfolgt jedoch die

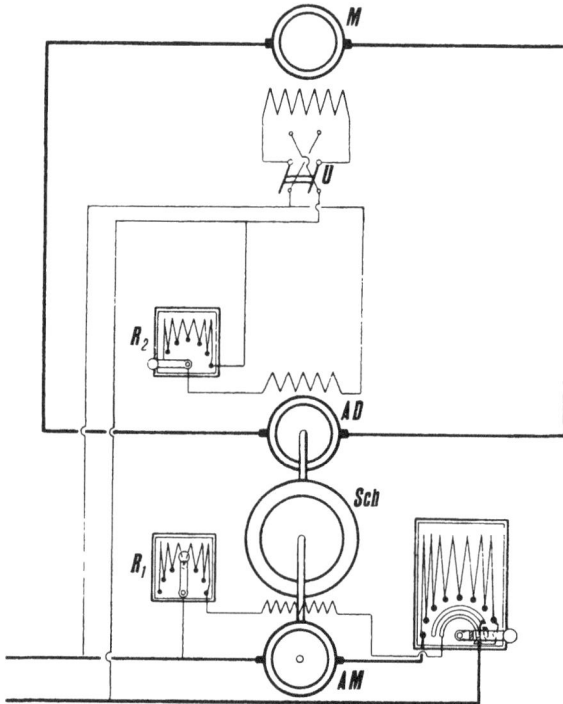

Fig. 83. Anlassen durch besondere Anlaßdynamo in Verbindung mit
Schwungmassen (Ilgner).

Erhöhung der Spannung ruckweise in ziemlich großen Sprüngen,
so daß der Anlauf nicht in ganz gleichmäßiger Weise erfolgt.
Bei der Besprechung der Regulierung der Umdrehungszahlen
ist dies System näher beschrieben.

II. Drehstrom.

Das Anlassen von Drehstrommotoren erfordert verschiedenartige Einrichtungen, je nachdem der Motor ein synchroner

oder asynchroner ist. Erstere laufen bekanntlich ohne besondere Einrichtungen nur gleichzeitig mit der Primärmaschine
an; andernfalls müssen sie von einer anderen Kraftquelle zunächst auf Touren gebracht und dann, nachdem Synchronismus mit dem Netz erreicht ist, mit diesem verbunden werden.
Die asynchronen dagegen können sogar mit Vollast oder Über-

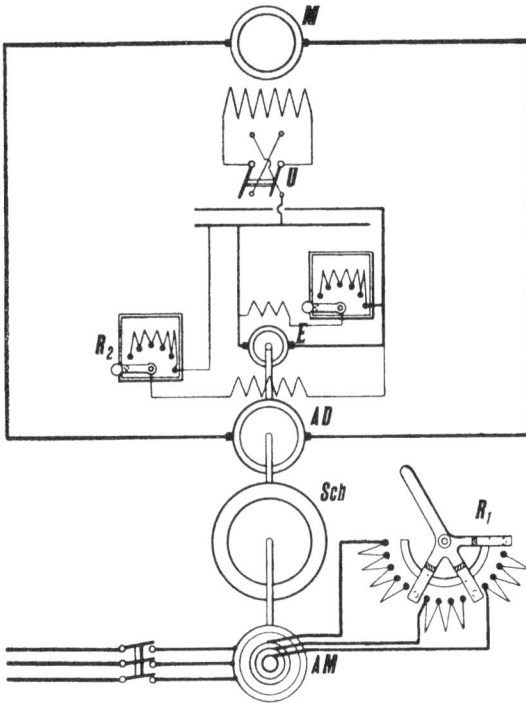

Fig. 84. Anlassen durch besondere Anlaßdynamo in Verbindung mit
Schwungmassen (Ilgner)

last anlaufen, wenn die Anlasser entsprechend bemessen werden.
Da Stator und Rotor elektrisch nicht in Verbindung stehen,
so ist es möglich, entweder die Regelungseinrichtungen auf
den Statorstromkreis wirken zu lassen oder auf den Rotorstromkreis. Vereinzelt kommen auch wohl beide Methoden gleichzeitig zur Anwendung, wenn auch die kleinste Spannungs-
schwankung im Netz vermieden werden soll. Da die Um-

drehungszahl der Drehstrommotoren von der Periodenzahl des zugeführten Stromes abhängt, die Anlaufstromstärke jedoch von der Spannung, so folgt, daß sowohl Periodenzahl wie Spannung beim Anlassen niedrig sein und allmählich gesteigert werden müßten.   Dies ist jedoch nur dann möglich, wenn der Anlauf gleichzeitig mit dem Generator erfolgt. In der Mehrzahl der Fälle ist jedoch Periodenzahl wie Spannung konstant, so daß nur eine Regulierung der Spannung, analog dem Verfahren bei Gleichstrom, möglich ist. Diese Art des Anlassens — Widerstände im Statorstromkreis — ist jedoch wegen Konstruktionsschwierigkeiten nur für Niederspannung gebräuchlich, während bei höheren Spannungen Anlaßtransformatoren praktischer sind, und hat den Nachteil, daß das Drehmoment des Ankers nicht besonders hoch ist. Für voll belasteten Anlauf empfiehlt sich daher das Einschalten von Widerständen in den Rotorstromkreis, da hierbei zwei- und dreifache Drehmomente erreicht werden können.

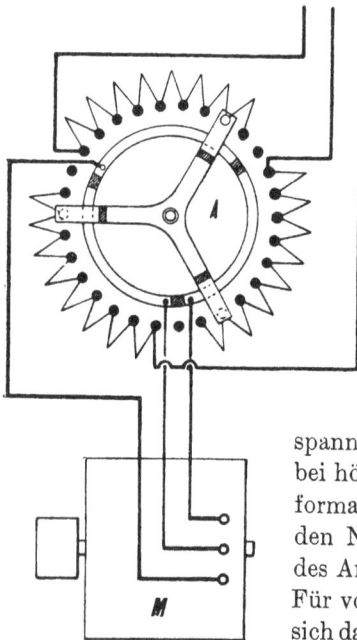

Fig. 85.   Primäranlasser für Drehstrommotoren mit Kurzschlußanker.

Das Anlassen kann also erfolgen durch:

a) Abdrosselung der Betriebspannung bei konstanter Periodenzahl durch Widerstände im Statorstromkreis,

b) Stufenweise Erhöhung der Betriebspannung bei konstanter Periodenzahl durch Anlaßtransformatoren im Statorstromkreis,

c) Widerstände im Rotorstromkreis,

d) Anlauf mit der Primärmaschine,

e) Ingangsetzung durch eine fremde Kraftquelle.

a) Abdrosselung der Betriebspannung bei konstanter Periodenzahl durch Widerstände im Statorstromkreis.

In Fig. 85 ist *M* der asynchrone Drehstrommotor mit Kurzschlußanker und *A* der dreiteilige Anlasser. Die sternförmige Kontaktkurbel stellt Verbindung zwischen den mit den Widerständen verbundenen Kontaktstücken und den drei Ringsegmenten, die mit der Motorwicklung verbunden sind, her. Da dem Stator bei voller Geschwindigkeit des Drehfeldes steigende Spannung zugeführt wird, bleibt zwar die Rotor-

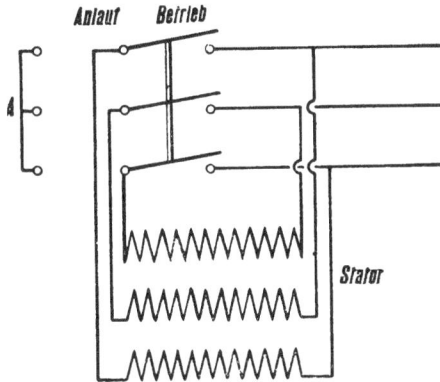

Fig. 86 Anlassen von Drehstrommotoren mit Kurzschlußanker durch
Stern-Dreieckumschaltung.

stromstärke in zulässigen Grenzen, jedoch ist das primäre Drehfeld nicht voll erregt, so daß das Drehmoment verhältnismäßig gering ist und nur ausreicht, wenn der Motor höchstens halb belastet anläuft.

Wird der Motor mit sechs Klemmen versehen und der Anlasser hinter den Motor gelegt, so läßt sich der Anlasser insofern vereinfachen als die Ringsegmente fortfallen können. Die drei Kontaktfedern werden dann nicht isoliert auf die sternförmige Kontaktkurbel aufgesetzt, so daß diese die Verbindung zwischen den drei Wicklungen herstellt. Der Motor muß in diesem Falle aber stets mit Sternschaltung gewickelt sein.

Die in Fig. 86 dargestellte Stern-Dreiecks-Anlaßschaltung
gehört ebenfalls hierher. Die drei Phasen der Statorwicklung
werden an einer Seite mit dem Netz und an der anderen mit
dem Drehpunkt eines dreipoligen Anlaßschalters A verbunden.
Beim Anlassen liegt A nach links und stellt Sternschaltung
her. Erhöht der Motor seine Umdrehungszahl nicht mehr, so
wird A nach rechts gelegt, Dreieckschaltung, wodurch er auf
seine normale Drehzahl kommt. Da der Widerstand von

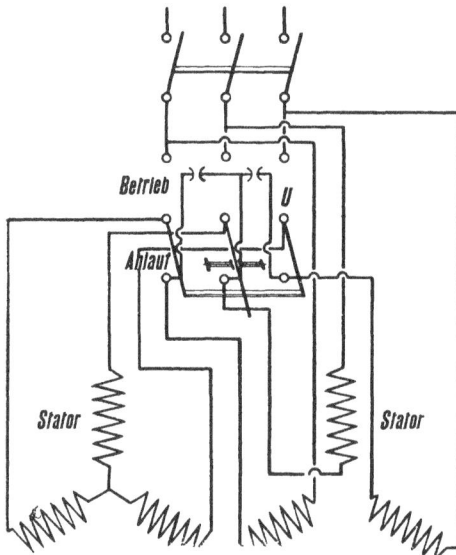

Fig. 87. Anlassen von Drehstrommotoren mit Kurzschlußanker durch
Serien-Parallelschaltung zweier Statorwicklungen.

Phase zu Phase bei Sternschaltung der Wicklung größer ist,
als bei Dreieckschaltung, so läuft der Motor mit verminderter
Stromstärke an; diese beträgt etwa das Zweifache der normalen.
Das Anlaufdrehmoment ist ebenfalls gering. Der Anlaßschalter A
wird in verschiedener Weise so hergestellt, daß ein falsches
Schalten unmöglich gemacht wird, also stets erst die Stern-
und dann die Dreieckschaltung herstellbar ist.

Auch zwei Statorwicklungen kommen zur Anwendung,
Fig. 87. Beim Anlauf werden sie hintereinander geschaltet,

Anlaßschalter U nach unten, und nachher parallel, U nach
oben, wobei die rechts gezeichnete Wicklung durch besondere
zwischen den anderen liegende Kontakte des Anlaßschalters U
kurz geschlossen werden.

Die Allgemeine Elektrizitätsgesellschaft führt eine erweiterte
Schaltung dieser Art aus. Die Wicklungen des Motors werden
durch den Anlaßumschalter eben-
falls in Sternschaltung gelegt, aber
im Nullpunkt nicht kurz geschlossen, sondern an einen Widerstand
gelegt, der den Kurzschluß allmählich herbeiführt. Hiernach
wird der Schalter umgelegt und
die Dreieckschaltung hergestellt.
Diese Schaltung stellt also eine
Kombination der Anlaßmethode
mit Widerständen im Sta-
torstromkreis und der Stern-
Dreieckschaltung dar.

Bei den beschriebe-
nen Stern - Dreieckschal-
tungen müssen die Mo-
toren mit 6 Klemmen aus-
geführt werden, bei der
Schaltung mit 2 getrenn-
ten Wicklungen sogar mit 9.

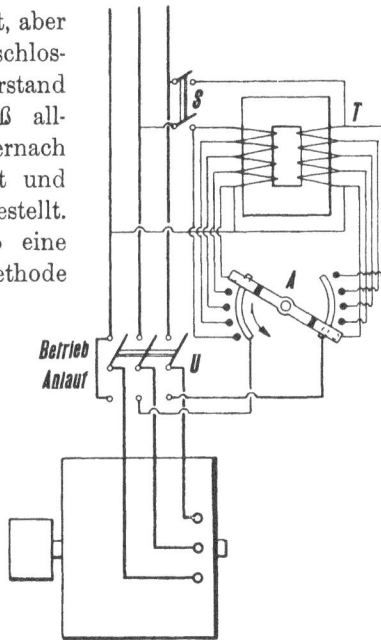

Fig. 88. Anlassen von Drehstrommotoren
mit Kurzschlußanker durch Anlaßtransformator.

b) Stufenweise Er-
höhung der Betriebs-
spannung bei kon-
stanter Periodenzahl
durch Anlaßtransformatoren im Statorstromkreis.

Eine Verbesserung bringt der Anlaßtransformator. Die
primäre Energie wird nicht in Widerständen vernichtet, sondern
transformiert und allmählich gesteigert. Der im Motor zur
Wirkung kommende Anlaßstrom ist bis zur Erreichung der
normalen Umdrehungszahl größer, als der zugeführte Strom.

In Fig. 88 ist die Wirkungsweise deutlich erkennbar. Nachdem Schalter *S* geschlossen und Umschalter *U* nach unten in
die Anlaufstellung gelegt ist, wird der Anlaßschalter *A* entgegen
dem Drehsinn des Uhrzeigers bewegt, wodurch nacheinander
die untersten usw. Spulen des Autotransformators *T* auf Motor *M*
arbeiten, während die restlichen Windungen induzierend auf
erstere wirken. Ist der Anlaßschalter *A* in die Betriebsstellung
gelangt, so erhält der Stator volle Betriebspannung, und es

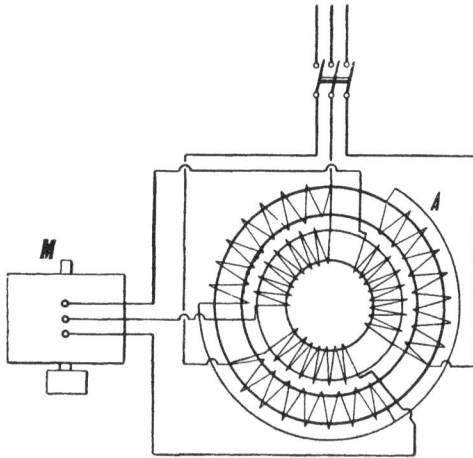

Fig. 89. Anlassen von Drehstrommotoren mit Kurzschlußanker durch
Induktionsanlasser.

wird nunmehr Umschalter *U* nach oben gelegt und *S* geöffnet.
Der Anlaßschalter *A* besitzt, ähnlich wie die Zellenschalter,
noch Einrichtungen, um das beim Weiterschalten eintretende
Kurzschließen der einzelnen Spulen des Transformators *T*
unschädlich zu machen; er wird meist für 2—5 Stufen und
unter Öl liegenden Kontakten eingerichtet. Erzwungene ruckweise Weiterschaltung findet man oft. An Stelle des Zwei-
phasentransformators *T* wird auch ein Dreiphasentransforma-
tor verwendet. Es muß dann die links am Umschalter *U*
befindliche Verbindung zwischen dem oberen und unteren
Kontakt entfernt werden. Auch normale Transformatoren mit

Primär- und Sekundärwicklung sind anwendbar. Das Übersetzungsverhältnis muß dann gleich 1 sein oder nicht erheblich hiervon abweichen. Schalter S kann auch so in Abhängigkeit von A gebracht werden, daß er zwangsläufig durch A geschlossen und geöffnet wird.

Eine ganz allmähliche Steigerung der Spannung gestattet
der Induktionsanlasser Fig. 89. Derselbe besteht aus einem
kleinen Induktionsmotor A, dessen Rotor stillsteht und durch
eine selbstsperrende Schnecke und Schneckenrad gegenüber
dem Stator verdreht werden kann. Der Luftabstand zwischen
Stator und Rotor kann zwecks Verminderung der Phasenverschiebung sehr klein gehalten werden. In der gezeichneten
Stellung erhält Motor M die höchste Spannung. Vor dem
Anlassen war der Rotor des Induktionsanlassers um 120⁰ gedreht und es erhielt der Motor M sehr geringe Spannung, da
die Induktionswirkung des Stators von A entgegengesetzt der
seines Rotors war. Die Rotorwicklung von A kann auch mit
Niederspannung unter Zwischenschaltung eines Transformators
gespeist werden. Es liegt dann die Statorwicklung von A in
Serie mit M und die Rotorwicklung in Sternschaltung. Dieser
Primäranlasser eignet sich wegen des Fortfalles von Kontakten
auch für Hochspannungsmotoren; sein Preis ist aber verhältnis
mäßig hoch.

Auch bei Verwendung von Anlaßtransformatoren läßt sich
nur ein mäßiges Anlaufdrehmoment erreichen; die Anlaufstromstärke ist jedoch [durschnittlich etwas geringer, als bei
den zuerst beschriebenen Anlaßmethoden.

c) Widerstände im Rotorstromkreis.

Wird der Stator ohne Vorschaltung von Widerständen an
das Netz gelegt und in den Rotorstromkreis Widerstand eingeschaltet, so kann das Anzugsmoment durch entsprechende
Bemessung der Widerstände bis zum Dreifachen des normalen
gesteigert werden, weil das primäre Drehfeld seine normale
Stärke hat und der Widerstand den sekundären Rotorstrom
in zulässigen Grenzen hält, somit durch das Sekundärfeld keine
zu große Schwächung des Primärfeldes eintritt.

Eine einfache Einrichtung dieser Art ist die Gegenschaltung der Siemens-Schuckertwerke. Der Rotor erhält zwei voneinander unabhängige Wicklungen mit ungleicher Windungszahl, die beim Stillstand und Anlauf gegeneinander geschaltet sind und, nachdem die Umdrehungszahl des Motors auf etwa 60—70% der normalen gestiegen ist, durch einen Hebel von Hand oder durch einen auf der Rotorachse sitzenden Zentrifugalschalter selbsttätig kurz geschlossen und dadurch parallel geschaltet werden. Durch Unterteilung der Wicklung geringerer Windungszahl in mehrere Stufen und Anwendung eines mehrstufigen Umschalters läßt sich der Anlauf noch gleichmäßiger gestalten, ebenfalls noch durch Hinzufügung eines mitrotierenden Widerstandes. Im allgemeinen wird aber von diesen Mitteln kein Gebrauch gemacht, da eine wesentliche Vergrößerung des Anlaufdrehmomentes bzw. eine erhebliche Verminderung des Stromstoßes nicht stattfindet und dafür die Einfachheit der Konstruktion verloren geht.

Ähnlich ist der 'Stufenanker der Allgemeinen Elektrizitätsgesellschaft. Auch dieser besitzt zwei Wicklungen. Diejenige mit großem Widerstand ist beim Anlassen allein kurz geschlossen; die mit geringem Widerstand ist zunächst offen und wird erst nach Erreichung einer gewissen Drehzahl von Hand oder selbsttätig geschlossen.

Eine sehr interessante halbautomatische Anlaßvorrichtung wird von der Norddeutschen Automobil- und Motoren-Aktiengesellschaft ausgeführt. Der Rotor ¡erhält ebenfalls zwei Wicklungen, und zwar eine Kurzschlußwicklung aus Eisenstäben und eine Kupferwicklung, deren Enden zu einem mitrotierenden Schalter führen. Sobald nun der Statorstromkreis geschlossen wird, entstehen im Rotor Sekundärströme gleicher Periodenzahl, und zwar nur in der Eisenkäfigwicklung, da die Kupferwicklung geöffnet ist. Der Widerstand eines von Wechselstrom durchflossenen Eisenstabes ist nun bekanntlich um so größer, je höher die Frequenz des Wechselstromes ist. Diese nimmt aber im Rotor proportional der steigenden Umdrehungszahl ab, so daß auch der anfangs hohe Widerstand selbsttätig kleiner wird. Wird nun z. B. beim Anlauf nur normales Drehmoment verlangt, so werden die

Verhältnisse so gewählt, daß beim Einschalten primär etwa
der $1^1/_4$fache Vollaststrom auftritt. Die hierbei vorhandene
Rotorstromstärke bleibt fast konstant. Hat der Motor eine
seiner Belastung entsprechende Umdrehungszahl erreicht —
bei Normallast etwa 70% —, so wird die Kupferwicklung,
meist in zwei Stufen, von Hand oder durch einen Zentrifugal-

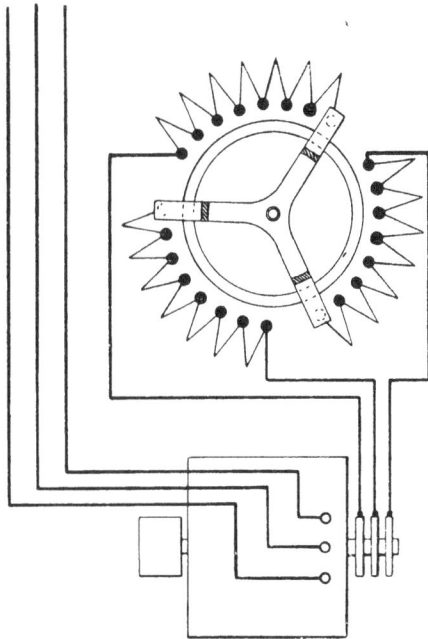

Fig. 90. Sekundaranlasser für Drehstrommotoren mit Schleifringanker.

regler kurz geschlossen, wodurch der Motor seine normale
Umdrehungszahl erreicht. Die Eisenwicklung liegt jetzt
parallel zur Kupferwicklung und unterstützt diese.

Die bei weitem häufigste Art ist der handbediente Anlasser, Fig. 90, der sich von einem Gleichstromanlasser nur
durch einen dreiteiligen Widerstand unterscheidet. Der Kontaktring ist für alle drei Phasen gemeinschaftlich und stellt
den Knotenpunkt der Sternschaltung des Rotors dar. Diese

Anlasser lassen sich auch einfacher ohne Kontaktring herstellen, wenn die drei Schleifbürsten nicht voneinander isoliert werden.

Die meisten der bei Gleichstrom beschriebenen Spezialkonstruktionen sind auch bei Drehstrom mit geringfügigen
Abänderungen anwendbar.

Für Flüssigkeitsanlasser kommen die Ausführungen,
Fig. 33, zur Verwendung. Jedoch wird für kleinere Leistungen,
etwa bis 50 PS$_e$, meist ein gemeinschaftliches Gefäß für alle
drei Phasen angewendet, darüber drei Gefäße. Flüssigkeitsanlasser im Rotorstromkreis sind stets möglich, im Statorstromkreis nur dann, wenn sie entweder hinter den Stator
geschaltet werden, oder [wenn sie, vor dem Stator liegend,
drei voneinander und von Erde isolierte Gefäße besitzen.
Bei Hochspannungsmotoren ist es wegen der Unbequemlich-
keit, die ganzen Gefäße zu isolieren, nicht üblich, Flüssigkeitsanlasser im Statorstromkreis zu verwenden.

Die Anlasser für Luft und Ölkühlung sind in bezug auf
Kontaktanordnung einander gleich oder mindestens sehr ähnlich.

Bei den Anlassern, die bei Rückgang der Spannung ausschalten, ist ein dreischenkliger Haltemagnet mit drei Wicklungen erforderlich. Diese können entweder in Dreieckschaltung
zwischen die Statorzuleitungen (für die volle Betriebspannung
gewickelt) oder in Serie mit dem Stator (für die maximale
Statorstromstärke bemessen) oder in Serie mit dem Rotor (für
die maximale Rotorstromstärke; Patent 122 729 der Siemens-
Schuckertwerke) gelegt werden. In den beiden ersten Fällen
müssen die Spulen für höhere Spannung isoliert werden, außerdem brummen sie meist; im letzten Falle brummen sie wegen
der geringen Frequenz des Rotorstromes nicht und erfordern
wegen der geringen Spannung keine so sorgfältige Herstellung.
Die beiden letzten Schaltungen haben den Nachteil, daß bei
Leerlauf des Motors der Anlasser ausschaltet, da die Stromstärke dann zu klein wird. Sie dürfen daher nur dann angewendet werden, wenn der Motor stets mindestens mit 25 % belastet ist. Alle Schaltungen besitzen noch den gemeinschaftlichen Nachteil, daß eine Ausschaltung meist nicht erfolgt,
wenn z. B. nur eine Sicherung in der Zuleitung durchschmilzt

oder eine Leitung reißt und der Motor mit zwei Leitungen als Einphasenmotor weiterläuft. Bei Anordnung der Halte- magnetwicklungen im Rotorstromkreis erfolgt auch Abschaltung bei Kurzschluß der Schleifringe. Derartige Anlasser sind also auch in Verbindung mit einer Kurzschluß- und Bürstenabhebe- vorrichtung anwendbar und hier erforderlich, wenn bei sinkender Umdrehungszahl der Kurzschluß selbsttätig aufgehoben wird.

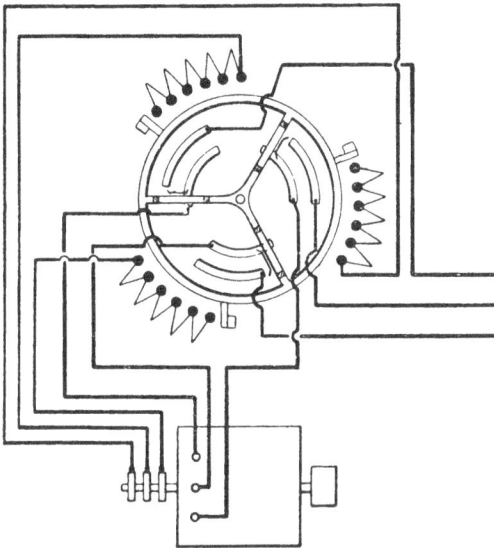

Fig. 91. Sekundäranlasser mit Primärausschalter für Drehstrommotoren mit Schleifringanker.

Die ruckweise Einschaltung bei schwer belastetem Anlauf geschieht bei Drehstrommotoren in genau gleicher Weise, wie früher beschrieben; Ankerkurzschlußbremsung ist jedoch nicht möglich.

Auch die Verwendung normaler Anlasser als Umkehran- lasser, ähnlich der Fig. 54, ist möglich. Der durch die Kon- taktkurbel gesperrte Umschalter muß jedoch zwei- bzw. drei- polig sein und im Statorstromkreis liegen.

Die stufenweise Funkenentziehvorrichtung bei Drehstrom-
anlassern unterscheidet sich im Prinzip nicht von derjenigen
für Gleichstromanlasser.

Als besonderer Spezialfall für Drehstrom ist die Ausführung der Anlasser mit Primärausschalter anzuführen. Da durch
den im Rotorstromkreis liegenden Anlasser die Stromzuführung
zum Stator nicht abgeschaltet wird, ist hierfür stets ein be-

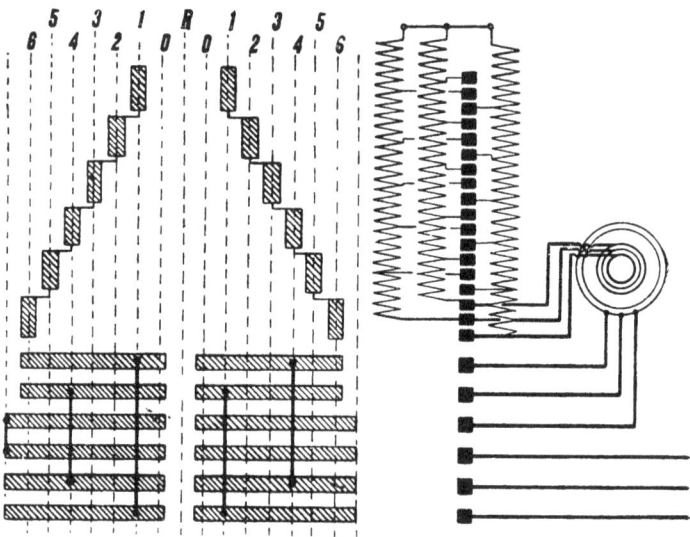

Fig. 92. Umkehr-Steuerwalze für Drehstrommotoren.

sonderer dreipoliger Ausschalter erforderlich. Zweckmäßig wird
dieser mit dem Anlasser zusammengebaut und mit der Anlasserkurbel so in Abhängigkeit gebracht, daß er in der Ausschaltstellung des Anlassers geöffnet, beim Einschalten desselben geschlossen und während des Betriebes in dieser Lage
gesperrt wird.

An Stelle eines besonderen Schalters kann auch der Anlasser mit entsprechenden Schleifringen versehen werden, wie
Fig. 91, die eine Ausführungsform von Voigt & Haeffner dar-
stellt, erkennen läßt.

Die Steuerwalzen für Drehstrommotoren unterscheiden sich von denjenigen für Gleichstrommotoren grundsätzlich dadurch, daß außer den Kontakten für den Rotorstrom auch noch besondere für den Statorstrom vorhanden sind. Fig. 92 stellt die Abwicklung einer solchen Umkehrwalze mit 2 · 7 Stellungen dar. Die Kontaktstücke der Walze überdecken gleichzeitig

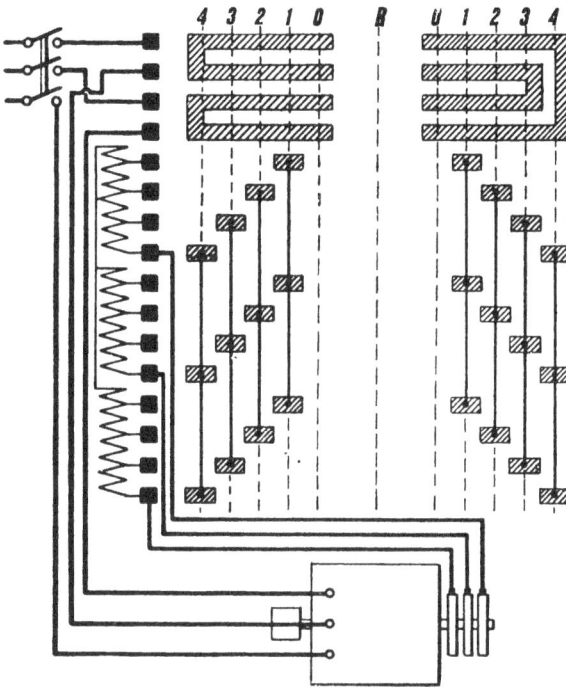

Fig. 93. Umkehr-Steuerwalze für Drehstrommotoren.

drei Kontakthämmer, von denen jeder in einer anderen Phase liegt, wodurch in einfachster Weise Verbindungsleitungen zwischen den Kontaktstücken vermieden werden.

Die Walze Fig. 93, weicht von der vorstehenden durch Anordnung von Einzelkontaktstücken, die durch Leitungen untereinander verbunden sind, ab. Außerdem wird eine Stator-leitung nicht in die Walze eingeführt, sondern direkt zum

Motor, wodurch zwar die Walze zwei Kontakthämmer weniger erhält, aber ein separater dreipoliger Ausschalter erforderlich wird.

Nicht selten werden zwecks Vereinfachung der Anlasserkonstruktionen die Rotoren zweiphasig gewickelt. Durch Verkettung des Zweiphasensystems sind dann ebenfalls drei Schleif-

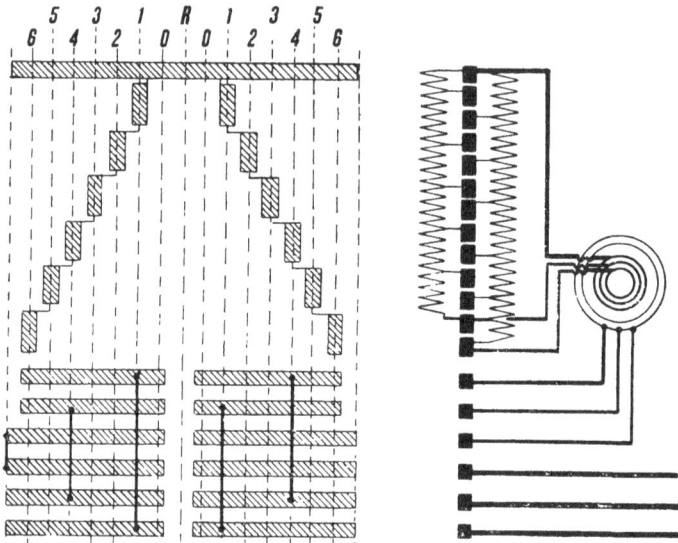

Fig. 94. Umkehr-Steuerwalze für Drehstrommotoren mit zweiphasig gewickeltem Anker.

ringe erforderlich, jedoch nur zwei Widerstandsgruppen und entsprechend weniger Kontakthämmer, Fig. 94.

Selbstanlasser für Riemenantrieb, ähnlich der Fig. 67, können auch für Drehstrommotoren angewendet werden. Das Schließen des Statorstromkreises muß jedoch auch hierbei stets durch einen besonderen Schalter erfolgen.

Auch die Relais- oder Schützenanlasser werden für Drehstrommotoren verwendet, und zwar hauptsächlich zum Kurzschließen der Widerstände im Rotorstromkreis. Bei Fernbedienung des Motors sind sie besonders angebracht, da die Zuleitungen für die relativ großen Rotorstromstärken sehr reich-

lich bemessen werden müssen, damit wegen der eventuellen Zu-
nahme des Schlupfes der Widerstand klein bleibt. Die Steue-
rung der Schützen kann, wie bei Gleichstrom, von Hand erfolgen, z. B. durch eine Steuerwalze, welche die einzelnen
Magnetspulen nacheinander einschaltet, oder selbsttätig. Im

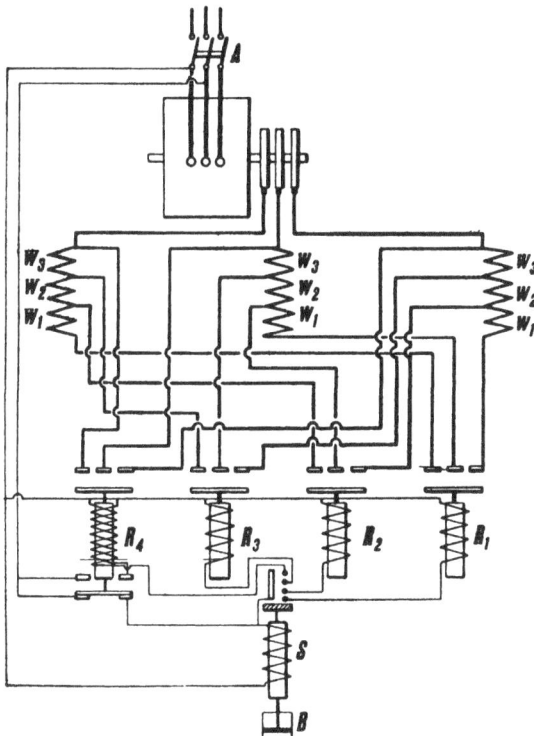

Fig. 95. Selbsttätiger Relaisanlasser für Drehstrommotoren.

letzten Falle ist es jedoch üblich, die Aufeinanderfolge der
Schaltbewegungen nicht von der Umdrehungszahl des Motors
abhängig zu machen (Ankerspannung oder ev. Ankerstromstärke bei Gleichstrommotoren), sondern dieselbe durch einstellbare Zeitrelais od. dgl. ein für allemal festzulegen. Ist
also das Anlaufdrehmoment variabel, so ist auch die Anlaufstromstärke dem entsprechend verschieden. In Fig. 95 ist

ein einfaches Schema für selbsttätiges Anlassen dargestellt. Sobald der Schalter A geschlossen ist, erhält S über Kontakte des Relais R_4 Strom und schließt nacheinander die Stromkreise der Magnetspulen R_1 bis R_4, wobei eine regulierbare Glyzerin- Luft- o. dgl. Bremse B die Bewegung verzögert. Relais R_4 hat zwei Wicklungen, von denen die erste schwach bemessen nur zum Anziehen und die zweite zum Festhalten des Kernes benutzt wird. Hat R_4 gearbeitet, so wird der Stromkreis für S, R_1, R_2, R_3 und die erste Wicklung von R_4 unterbrochen, so daß S, R_1, R_2 und R_3 wieder abfallen. Die Wicklung dieser vier Magnete ist daher nur während der Anlaufzeit eingeschaltet und kann hochbeansprucht werden. Wird Schalter A geöffnet, so fällt auch R_4 ab und stellt wieder Stromschluß für das nächste Anlassen her.

Die Selbstanlasser mit Hilfsmotor besitzen zwangläufig gesteuerte Primärausschalter, unterscheiden sich aber sonst grundsätzlich nicht von denen für Gleichstrommotoren; dasselbe gilt auch für die Aufzugsanlasser.

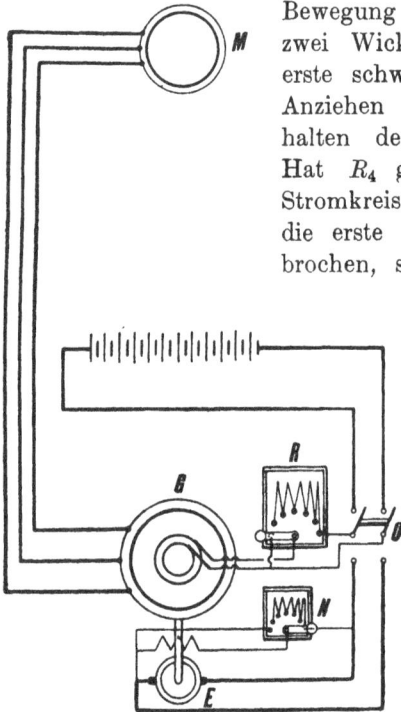

Fig. 96. Anlassen asynchroner Drehstrommotoren durch Anlauf mit dem Generator.

d) Anlauf mit dem Generator.

Das Anlassen durch gleichzeitigen Anlauf mit dem Generator ist zwar, was Einfachheit der Anlage und Wirtschaftlichkeit betrifft, das beste, erfordert aber hohe Anlagekosten und wird daher meist nur bei größeren Motoren verwendet, bei denen auch gleichzeitig eine Regulierung der Umdrehungs- zahlen erforderlich ist. Bedingung für guten Anlauf ist, daß der Generator von vornherein voll erregt ist, seine Spannung also proportional mit der Drehzahl steigt, Fig. 96. Wird er fremd erregt, so läßt sich dies ohne weiteres erreichen; ist er dagegen mit seiner Erregerdynamo E ge- kuppelt, so muß die Erregung während des Anlaufes einer anderen Gleichstromquelle ent- nommen werden. Nach Erreichung der nor- malen Umdrehungszahl kann der Umschalter U, welcher ohne Unterbre- chung arbeiten muß, nach unten umgelegt werden, vorausgesetzt, daß die Spannung der Erregerdynamo E durch den Nebenschlußregula- tor N vorher auf gleiche Höhe mit derjenigen der fremden Erreger- stromquelle gebracht ist. Ist dies nicht geschehen, so erfolgt beim Um- schalten eine entspre-

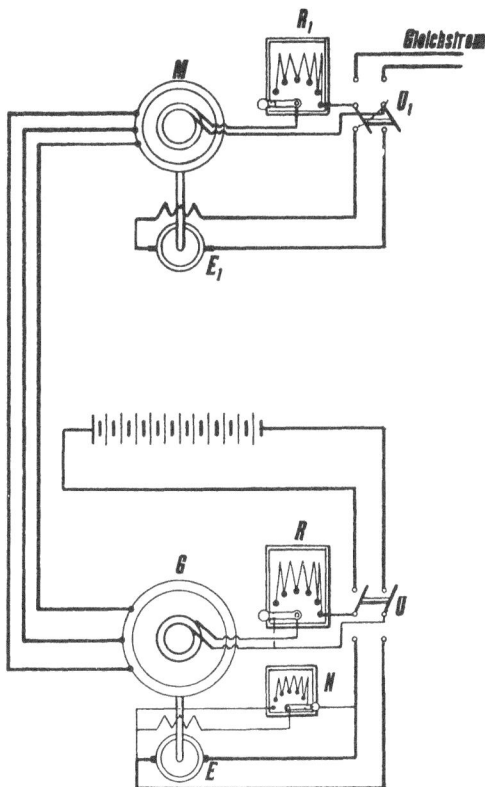

Fig. 97. Anlassen synchroner Drehstrom- motoren durch Anlauf mit dem Generator.

chende Spannungsänderung im Netz. Der Asynchronmotor M erhält Kurzschlußanker. Diese Art des Anlassens eignet sich auch für Synchronmotoren, Fig. 97. Wird die Erregung der letzteren nicht dauernd einer fremden Gleichstromquelle entnommen, so muß auch hier während des Anlaufs eine

9*

Umschaltung durch U_1 vorgenommen werden. Sind die Spannungen beim Umschalten nicht gleich, so tritt zwar keine Änderung der Umlaufzahl ein, wohl aber wegen Über- bzw. Untererregung, Phasenverschiebung.

In bestimmten Fällen kann es vorteilhafter sein, für mehrere Motoren ein gemeinschaftliches Anlaßaggregat zu beschaffen; es müssen dann aber zu jedem Motor sechs Leitungen geführt werden und das Anlassen der Motoren muß nacheinander erfolgen, wenn das Anlaßaggregat nicht zu teuer werden soll. Die drei Anlaßleitungen zu den Synchronmotoren müssen sehr reichlich bemessene Querschnitte erhalten, damit bei der großen

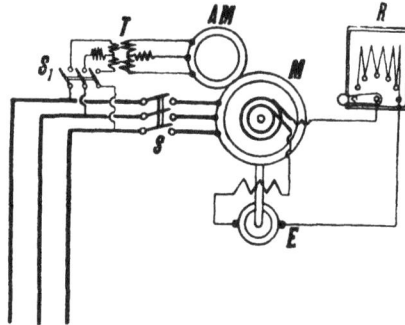

Fig. 98. Anlassen von Drehstrommotoren durch Anwurfsmotor

Anlaufstromstärke zu Beginn des Anlassens der Spannungsverlust in ihnen nicht größer ist, als die vom Generator G bzw. D gelieferte Anfangsspannung. Aus diesem Grunde ist es auch zu empfehlen die Erregung des Generators beim Anlassen höher zu wählen, als normal; das Anlassen auf größere Entfernung verbietet sich daher der hohen Anlagekosten halber.

Sind an Stelle der Synchronmotoren dagegen Asynchronmotoren vorhanden, so brauchen die Leitungen nicht so reichlich bemessen zu werden.

e) **Ingangsetzung durch eine fremde Kraftquelle.**

In sehr vielen Fällen ist es nur durch eine fremde Kraftquelle möglich, den Synchronmotor in Gang zu setzen. Es

wird dann meist ein kleiner, für intermittierenden Betrieb be-
rechneter asynchroner Anwurfsmotor AM benutzt, Fig. 98, der,
sofern Hochspannung vorhanden ist, unter Vermittlung des
Transformators T und des Schalters S_1 angelassen wird. Er
treibt durch Riemen oder Friktionsrad den Synchronmotor M
an. Hat dieser seine normale Umdrehungszahl erreicht, so
wird durch R die Erregung eingestellt und die Spannung auf
die richtige Höhe gebracht und zuletzt nach den — nicht gezeichneten — Synchronisierinstrumenten die Parallelschaltung
durch Schließen von S vorgenommen; S_1 ist dann wieder zu
öffnen. Die Einstellung auf synchrone Umlaufzahl kann bei
Riemenantrieb durch Änderung der Riemenspannung mittels
Spannrolle, Riemenwippe, Spannschlitten usw. erfolgen, bei
Friktionsantrieb durch ähnliche Mittel.

Das Anlassen mit Anwurfsmotor ist, wenn das Anlassen
nicht sehr oft erfolgt und nicht sehr rasch bewirkt werden
muß, auch bei asynchronem Motor zweckmäßig. Der Motor
kann mit Kurzschlußanker ausgeführt werden; der Minder-
preis für den Kurzschlußanker und den fortfallenden Anlasser
ist meist größer als der Preis eines Anwurfsmotors nebst
Zubehör.

III. Zweiphasenstrom.

Das vorstehend über Drehstrom Gesagte gilt in gleicher
Weise sinngemäß auch für Zweiphasenstrom. Da wohl in
den meisten Fällen wegen der Ersparnis an Leitungskosten
verketteter Zweiphasenstrom mit drei Leitungen angewendet
wird, so sind, wie bereits bei den Drehstromsteuerwalzen erwähnt, die Drehstromanlasser mit geringfügigen Abänderungen
anwendbar.

IV. Einphasenstrom.

Soweit synchrone Motoren in Frage kommen, unterscheiden
sich die Anlaßmethoden nicht von denen der Drehstrommotoren. Das Anlassen der asynchronen Induktionsmotoren dagegen
erfordert erheblich abweichende Einrichtungen. Da das Primär-
feld kein rotierendes, sondern nur ein fluktuierendes ist, so
muß, damit ein Anlaufdrehmoment vorhanden ist, der Ein-

phasenstrom in zwei zeitlich verschiedene Komponenten gespalten werden. Je nach der Vollkommenheit dieser Spaltung
wirkt der Motor dann als mehr oder weniger vollkommener
Zweiphasenmotor. Die Hilfswicklung, die nur während der
Anlaßzeit vom Strom durchflossen wird, kann hoch beansprucht
werden und erfordert daher wenig Platz. Die Spaltung geschieht in der Weise, daß eine Drosselspule oder eine Kapazität in eine der beiden Wicklungen eingeschaltet und hierdurch eine Phasenverschiebung hervorgerufen wird. Der Anker
(Rotor) ist auch bei Einphasenmotoren elektrisch nicht mit
dem Stator verbunden und kann daher stets für Niederspannung gewickelt werden. Er wird sowohl als Kurzschluß- als
auch als Schleifringanker ausgeführt, aber stets mit zwei- bzw.
dreiphasiger Wicklung. Abgesehen von der Benutzung einer
Hilfsphase, die immer erfolgen muß, kann das Anlassen erfolgen durch:

a) Abdrosselung der Betriebsspannung bei konstanter
   Periodenzahl durch Widerstände im Statorstromkreis.

b) Stufenweise Erhöhung der Betriebsspannung bei konstanter Periodenzahl durch Anlaßtransformatoren im
   Statorstromkreis.

c) Widerstände im Rotorstromkreis.

d) Anlauf mit dem Generator.

e) Ingangsetzung durch eine fremde Kraftquelle und
   nachherige Parallelschaltung zum Netz.

Vorweg sei bemerkt, daß auch bei Einphasenmotoren,
wie bei Gleich- und Drehstrommotoren, bei ganz kleinen
Typen von diesen Mitteln meist kein Gebrauch gemacht wird,
da der beim Einschalten auftretende Stromstoß nicht sehr
groß und außerdem sehr kurz ist.

Eine derartige Schaltung, welche die Allgemeine Elektrizitätsgesellschaft ausführt, zeigt Fig. 99   Der (nicht gezeichnete) Rotor besitzt Kurzschlußwicklung. Die Arbeitswicklung wird durch den Schalter S mit dem Netz verbunden,
während die zu ihr senkrecht stehende Hilfswicklung an
zwei Schleifringe des Rotors gelegt ist und durch einen
Zentrifugalschalter Z im Ruhezustande kurz geschlossen ist. In
letzterer werden durch die Arbeitswicklung kräftige Kurz-

schlußströme induziert, die ein um ca. 180° gegen das Hauptfeld verschobenes Nebenfeld erzeugen. Der Rotor steht daher
unter der Einwirkung eines Zweiphasenfeldes und läuft an.
Sobald er seine normale Drehzahl erreicht hat, hebt Z den
Kurzschluß der Hilfswicklung auf, so daß diese nunmehr
stromlos wird.

Eine andere Ausführung dieser Firma (in gleicher oder
ähnlicher Weise auch von den Firmen Brown, Boveri & Co.,

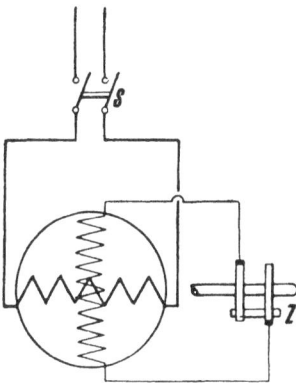

Fig. 99. Anlassen sehr kleiner Ein-
phasen-Induktionsmoteren mit
Kurzschlußanker durch eine Stator-
Hilfswicklung, welche bei voller
Geschwindigkeit geöffnet wird

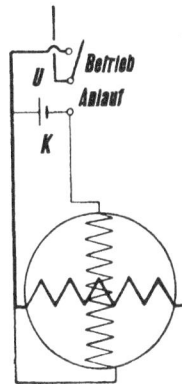

Fig. 100. Anlassen kleiner
Einphasen-Induktions-
motoren mit Kurzschlußanker
durch Hilfsphase.

Titan E. A., E. H. Geist, H. Pöge u. a. benutzt) stellt Fig. 100
dar. Hier wird als Phasenverschiebungsmittel eine Kapazität K oder eine Drosselspule benutzt. Beim Anlauf liegt K
und die Hilfswicklung parallel vor der Arbeitswicklung.

In Fig. 101 ist die Hilfswicklung direkt ans Netz geschaltet, während K sich in Reihe mit der Arbeitswicklung
befindet.

Fig. 102 zeigt die Parallelschaltung einer Drosselspule D
mit der Arbeitswicklung, in Reihe mit der Hilfswicklung.

Für Motoren bis 7 PS wendet die Firma Titan die ihr
patentierte Schaltung Fig. 103 an. Die Arbeitswicklung ist

als Doppelwicklung ausgeführt; beim Anlauf liegen beide
Hälften hintereinander, im Betriebe dagegen parallel. Hilfswicklung und Kapazität sind, wie in Fig. 100, geschaltet.
Der Anlaufstrom wird durch diese Anordnung verhältnismäßig klein.

Von dieser Firma ist neuerdings[1]) nach dieser Schaltung
ein 150 PS Hochspannungsmotor für 3900 V und 150 PS
Dauerleistung gebaut, der an das städtische Elektrizitätswerk

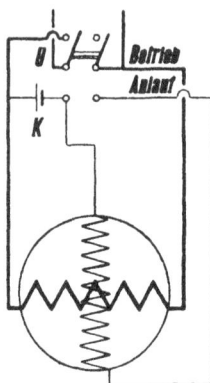

Fig. 101. Anlassen
kleiner Einphasen-Induk-
tionsmotoren mit
Kurzschlußanker durch
Hilfsphase.

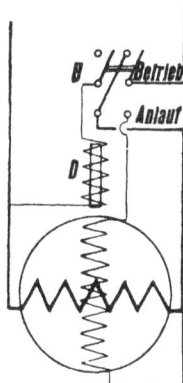

Fig. 102. Anlassen
kleiner Einphasen-Induk-
tionsmotoren mit
Kurzschlußanker durch
Hilfsphase.

Elberfeld angeschlossen ist. Das ausführliche Schema zeigt
Fig. 104. Der Hauptausschalter S ist für automatische Null-
und Maximalauslösung eingerichtet. Der zugehörige Aus-
lösungsmagnet M_1 erhält Strom vom Reihentransformator T_1.
Bei Überlastung wird durch das Maximalrelais R Kurzschluß
der Wicklung des Auslösemagneten M_1 bewirkt. Der Hilfs-
ausschalter H schaltet die Hilfswicklung des Stators und die
Drosselspule D. Durch den Auslösemagnet M_2 wird H selbsttätig ausgeschaltet, sobald der Anlasser A eine bestimmte
Stellung erreicht hat. Die beiden zugehörigen Kontakte auf

---

[1]) Dreßler, E. A. 1909, S. 225.

dem Anlasser sind verstellbar eingerichtet zum Zwecke, die
Hilfsphase je nach den Betriebsverhältnissen früher oder
später zu unterbrechen. Um eine Kontrolle zu haben, daß
M_2 gearbeitet hat, ist die Merklampe L vorhanden. Ist A
in die Endstellung gelangt und leuchtet L noch, so muß H
durch Handauslösung ausgeschaltet werden, damit die Hilfswicklung des Stators nicht verbrennt. Der Umschalter U
schaltet in bekannter Weise
die beiden Hauptwicklun-
gen beim Anlauf hintereinander und im Betriebe pa-
rallel. Der Anlaufstrom beträgt 3—25 A.

a) A b d r o s s e l u n g d e r B e -
 t r i e b s s p a n n u n g b e i
 k o n s t a n t e r P e r i o d e n -
 z a h l d u r c h W i d e r s t ä n d e
 i m S t a t o r s t r o m k r e i s.

Um bei größeren Mo-
toren mit Kurzschlußanker
den Anlaufstromstoß herab-
zumindern, werden feste oder
regulierbare Vorschaltwiderstände W benutzt, Fig. 105.
Es ist dabei aber der Nachteil in Kauf zu nehmen, daß
das Anzugsdrehmoment dar-

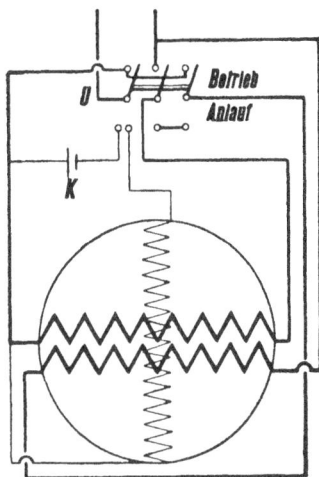

Fig 103. Anlassen mittlerer Einphasen-Induktionsmotoren
mit Kurzschlußanker durch Hilfsphase und Serien-Parallelschaltung der geteilten Hauptwicklung.

unter leidet. Da jedoch auch ohne diese Widerstände voll
belasteter Anlauf nicht erzielt werden kann, so ist der Nachteil nur von geringer Bedeutung.

In Fig. 106 ist die Drosselspule D vor der Arbeitswicklung und der Widerstand W vor der Hilfswicklung angeordnet. Beim Umlegen des Umschalters U nach unten auf
»Betrieb« wird die Drosselspule kurz geschlossen und die
Hilfswicklung nebst Widerstand abgeschaltet.

b) Stufenweise Erhöhung der Betriebsspannung bei konstanter Periodenzahl durch Anlaßtransformatoren im Statorstromkreis.

Analog der Einrichtung für Drehstrommotoren kann die Spannung durch Reguliertransformatoren (ähnlich Fig. 88) oder Induktionsregler (ähnlich Fig. 89) allmählich erhöht

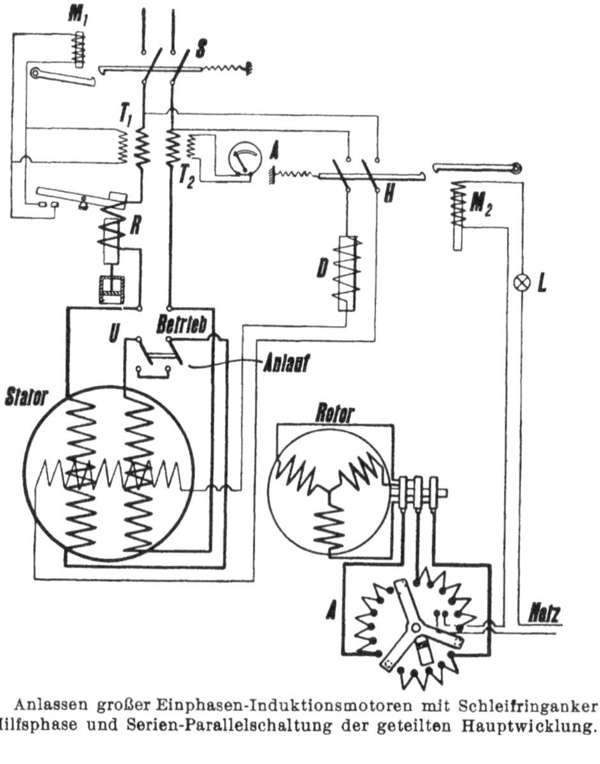

Fig. 104. Anlassen großer Einphasen-Induktionsmotoren mit Schleifringanker durch Hilfsphase und Serien-Parallelschaltung der geteilten Hauptwicklung.

werden, wobei jedoch die Hilfsphase und ein Phasenverschiebungsmittel nicht entbehrt werden können.

Hierher gehören auch diejenigen Anordnungen, bei denen die Spannung in der Arbeits- oder Hilfswicklung geändert, Fig. 107, oder bei denen die Phasenverschiebung zwischen beiden Wicklungen variiert wird. Auch feste Drosselspulen mit dahinter geschalteten regulierbaren Widerständen gehören dazu.

Der Schalter *A* in Fig. 107 muß nach dem Anlassen geöffnet werden, da die Hilfswicklung nicht für Dauerbelastung
eingerichtet ist.

c) Widerstände im Rotorstromkreis.

Größere Motoren werden fast immer mit Schleifringanker
ausgeführt. In Fig. 108, die eine Schaltung der Allgemeinen
Elektrizitätsgesellschaft veranschaulicht, ist *A* der Anlasser,
welcher in seiner Betriebsstellung den Schalter S_1 öffnet,
wodurch die Hilfswicklung abgeschaltet
wird. Der Kurzschließer *K*, der z. B. als
dreipoliger Schalter ausgebildet sein kann,
wird zuletzt bedient und führt vollstän-
digen Kurzschluß herbei, so daß der
Spannungsverlust in den Zuleitungen zum
Anlasser keinen Einfluß auf die Umdrehungszahl ausüben kann.

Der Rotor kann auch zweiphasig gewickelt sein, wodurch die Anlasserkon-
struktion etwas einfacher wird.

Die Siemens-Schuckertwerke benutzen
für Einphasenmotoren mittlerer Größe
die Schaltung nach Fig. 109. *AS* ist ein
Anlaßschalter, der zwangläufig die Drosselspule und die Hilfswicklung abschaltet, sobald er in die Betriebsstellung ge-

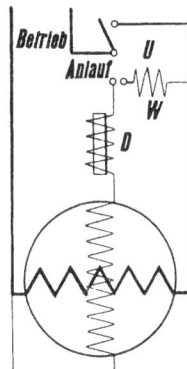

Fig. 105. Anlassen
mittlerer Einphasen-
Induktionsmotoren
mit Kurzschlußanker
durch Hilfsphase.

drückt wird und ein Einschalten ohne Hilfswicklung unmöglich macht.

Als Hilfsmittel zur Erreichung einer Phasenverschiebung
sind oben Drosselspule und Kapazität angegeben. Erstere
wird meist vorgezogen, weil sie im Betriebe sich nicht ver-
ändert und dauernd guten Anlauf gewährleistet. Dasselbe
läßt sich von der Kapazität nicht behaupten. Fast alle
Kondensatoren, die aus zusammengepreßten Platten bestehen,
trocknen im Laufe der Zeit ein und erfüllen dann ihren
Zweck nicht mehr. Auch induktionsfreie Widerstände in
Parallelschaltung mit der Hilfswicklung sind im Gebrauch.

An Stelle der Anlasser im Rotorstromkreis können auch
die bei den Drehstrommotoren aufgeführten Stufenanker oder
Anker mit handbedienter oder selbsttätiger Gegenschaltung
verwendet werden.

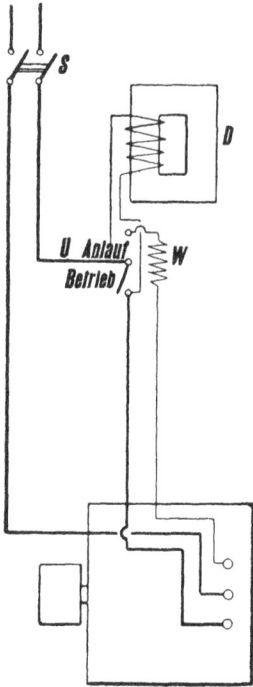

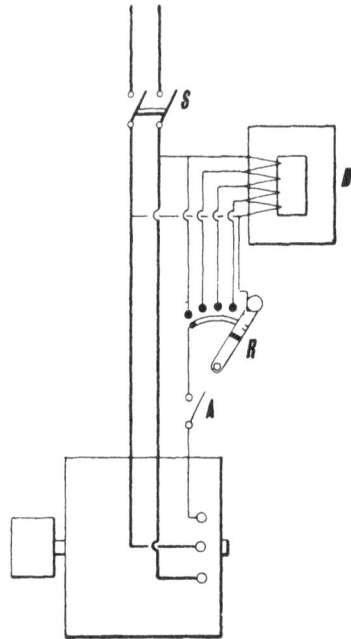

Fig. 106. Anlassen mittlerer
Einphasen-Induktionsmotoren
mit Kurzschlußanker durch
Hilfsphase.

Fig. 107. Anlassen mittlerer
Einphasen-Induktionsmotoren
mit Kurzschlußanker durch
regulierbare Hilfsphase.

Das über die verschiedenartige Ausführung der Anlasser
unter »Drehstrom« Gesagte, trifft auch hier zu. Es sind
jedoch Selbstanlasser für Einphasen-Induktionsmotoren nur
vereinzelt für Aufzüge verwendet, und zwar mit Glyzerinbremse. Steuerwalzen sind nicht erforderlich, da rasches und
sehr oft erfolgendes Anlassen nicht vorkommt.

d) Anlauf mit dem Generator.

Sowohl für asynchrone wie synchrone Motoren ist Anlauf mit dem Generator möglich. Bei Asynchrommotoren
muß jedoch die Hilfsphase trotzdem benutzt werden. Die
bei Drehstrommotoren erwähnten Schwierigkeiten treten bei
Einphasenmotoren in erhöhtem Maße auf.

e) Ingangsetzung durch eine fremde Kraftquelle und nachherige Parallelschaltung zum Netz.

Auch diese Anlaßmethode unterscheidet sich grundsätzlich nicht von der für Drehstrom. Wird ein Anwurfmotor
angewendet, so muß die Einrichtung so
getroffen werden, daß derselbe leer anlaufen kann und erst dann den großen

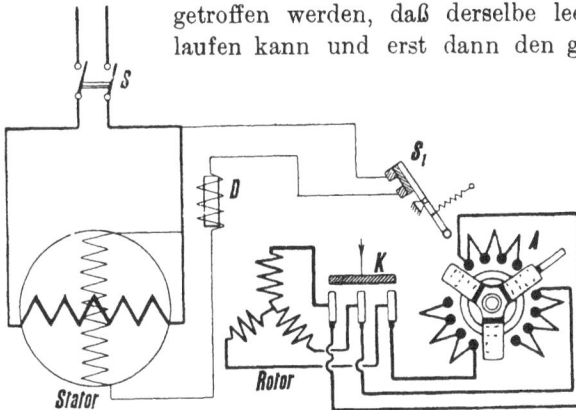

Fig. 108. Anlassen größerer Einphasen-Induktionsmotoren mit dreiphasigem
Schleifringanker durch Hilfsphase und Sekundäranlasser.

Motor antreibt. Mittel zur Erreichung dieser Forderung sind:
hydraulische Kupplung, abhebbare Riemenspannrolle, ver-
stellbare Riemenwippe, Spannschlitten usw.

Die Anlaßmethoden für die Kommutatormotoren sind
von den vorbeschriebenen gänzlich verschieden. Da bei
diesen Motoren durch verschiedenartige Mittel ein Drehfeld
stets vorhanden ist, so folgt, daß das Anlassen in einer Weise
erfolgen kann, die dem Anlassen von Drehstrom- (bzw. Gleich-

strom)Motoren nahekommt. Das Anlassen wird hauptsächlich
bewirkt durch:

> f) **Stufenweise Erhöhung der Betriebsspan-
> nung bei konstanter Periodenzahl durch
> Anlaßtransformatoren,**
>
> g) **Bürstenverschiebung.**

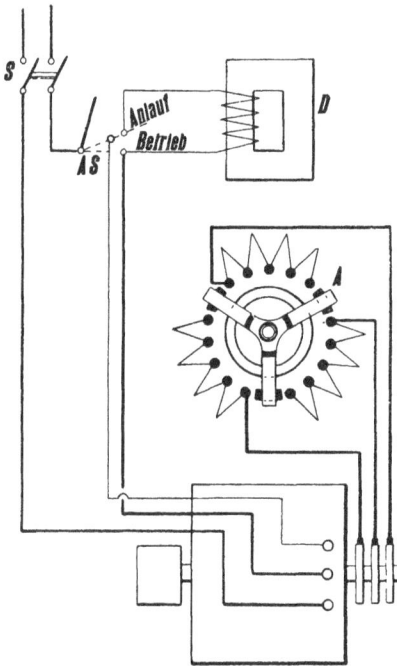

Fig. 109. Anlassen größerer Einphasen-
Induktionsmotoren mit dreiphasigem
Schleifringanker durch Hilfsphase und
Sekundäranlasser.

Es ist zwar auch mög-
lich die Betriebsspannung
durch Widerstände abzu-
drosseln, jedoch wird hiervon kein Gebrauch ge-
macht, da in einfacher
Weise durch Anlaßtrans-
formatoren die Spannung
gesteigert werden kann,
ohne daß ein erheblicher
Energieverlust stattfindet;
nur bei sehr seltenem An-
lassen ließe sich das An-
lassen mit Widerständen
rechtfertigen.

Der Reihenschlußmo-
tor M der Fig. 110 erhält
Strom von der Sekundär-
wicklung des Transfor-
mators T. Nachdem die
Umschaltwalze U auf
Rechts- oder Linkslauf
eingestellt ist, erhält M
auf Stellung 1 der Steuerwalze S von einem Teil
der sekundären Transfor-
matorwicklung Strom. Beim Weiterschalten auf Stellung 2
werden die zuzuschaltenden Windungen vorübergehend kurz
geschlossen, damit keine Stromunterbrechung eintritt. Damit
der Kurzschlußstrom in zulässigen Grenzen bleibt, sind die
Kontaktstücke der Schaltwalze getrennt und zwischen ihnen
ist eine Drosselspule D (oder ein entsprechender induktions-

freier Widerstand) angeordnet. Während der Schaltbewegung verläuft also der Strom, sobald der Kontakthammer *b* das erste Kontaktstück der Stellung 2 berührt hat: Hammer *a*, zweites Kontaktstück der Stellung 1, Hammer *f*, Drossel-spule *D*, Hammer *e*, erstes Kontaktstück der Stellung 2, Hammer *b*, Transformator, Hammer *a*. Ist Stellung 2 erreicht, so wird *D* dadurch, daß Hammer *b* auf beiden Kontakt-stücken ruht, kurz geschlossen. Die Stromrichtung in der Statorwicklung bleibt stets dieselbe. Bei Änderung der Dreh-richtung wird nur die Stromrichtung im Anker geändert.

Ist die vorhandene Betriebs-spannung so niedrig, daß der Motor für dieselbe gewickelt werden kann,

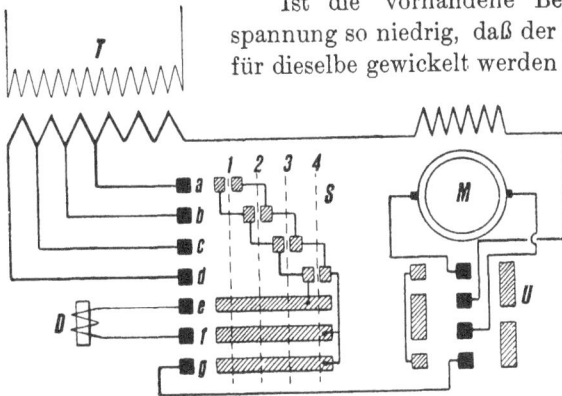

Fig. 110. Anlassen von Einphasen-Reihenschlußmotoren durch Anlaß-transformator mit Steuerwalze.

so wird zweckmäßig an Stelle eines Transformators mit zwei Wicklungen ein solcher mit einer Wicklung (Autotransfor-mator) genommen, da hierdurch während des Betriebes der Verlust im Transformator fortfällt.

Die Allgemeine Elektrizitätsgesellschaft verwendet beim Reihenschluß-Kurzschlußmotor nach Winter-Eichberg einen Reihen-Anlaßtransformator, dessen Primärwicklung mit der Statorwicklung in Reihe geschaltet ist und dessen regulier-bare Sekundärwicklung den Anker speist. Ein Schema der seinerzeit ausgeführten Wagen der Versuchsbahn Spindlers-feld ist in Fig. 111 zur Darstellung gebracht. Die Zuschal-tung von Sekundärwindungen des Transformators *T* wird

durch die Schützen *Sch* 1—5 bewirkt, die durch die Meister-
walze I bzw. II gesteuert werden.

Bei den Repulsionsmotoren läßt sich ein Anlaßtransformator in der Statorwicklung anwenden oder in der Ankerwicklung; Anlaßtransformatoren an beiden Stellen sind natürlich auch möglich.

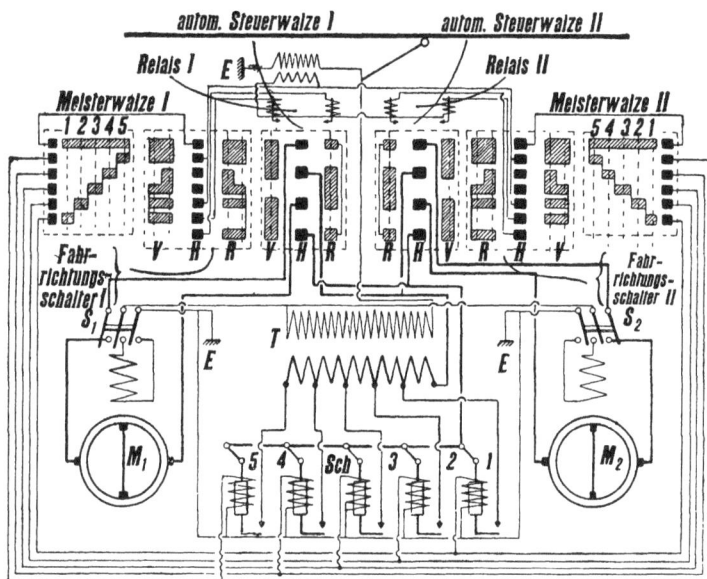

Fig. 111. Anlassen von Einphasen-Bahnmotoren mit Reihenschluß-
kurzschlußschaltung durch Anlaßtransformator in Verbindung mit
Relais und Steuerwalze.

Ohne irgendwelche Anlaßvorrichtung arbeiten die Repulsionsmotoren, System Deri, der Firma Brown, Boveri & Co.
Das Anlassen dieser Motoren erfolgt lediglich durch Verschiebung des einen Bürstensatzes gegenüber dem andern, Fig. 16.

Auch die Firma Felten & Guilleaume-Lahmeyer-Werke
verwendet bei ihren Doppelschlußmotoren, System Osnos,
meist keine besonderen Anlaßvorrichtungen. Der als Reihenschlußmotor anlaufende Motor braucht etwa den zwei- bis
dreifachen Normalstrom beim Anlauf. Ist ein so großer

Stromstoß nicht zulässig, so wird ebenfalls ein Anlaßtransformator eingeschaltet.

In der ersten der umstehenden zwei Tabellen 4 und 5 sind die Anlaßmethoden, ihre Vorteile, Nachteile und Verwendungsgebiete übersichtlich zusammengestellt, während die zweite Tabelle dieselben Angaben über die hauptsächlichsten der meist zur Anwendung gelangenden Widerstandsanlasser enthält.

F. Die Änderung der Drehrichtung.

Die Apparate, welche zur Umsteuerung benutzt werden, sind sehr verschiedenartig und müssen nicht nur nach der Größe des Motors, sondern auch nach der Häufigkeit der Umsteuerung und der Stromart bestimmt werden. Im allgemeinen sind für kleinere Motoren nur Umschalter und für größere Umkehranlasser nötig. Letztere können aus einem normalen Anlasser, der mit einem Umschalter zwangläufig gekuppelt ist, Fig. 54, bestehen, wenn nur selten umgesteuert wird; bei häufigerem Wechsel der Drehrichtung sind Umkehranlasser, die den zweiten Handgriff für die Bedienung des Umschalters überflüssig machen, bevorzugt und bei sehr häufiger Änderung der Drehrichtung Umkehrsteuerwalzen mit Metallkontakten bzw. mit Kohlenkontakten, wenn es sich um rohe Betriebe oder rohe Behandlung handelt. Motoren mit eigener Dynamo — Anlaß- bzw. Regulistandynamo — werden ohne Anlasser durch Umkehrung der Stromrichtung umgesteuert.

I. Gleichstrom.

Die Änderung der Drehrichtung läßt sich bei Gleichstrommotoren nicht dadurch erreichen, daß die beiden Zuleitungen vertauscht werden, weil hierdurch nicht nur die Stromrichtung im Anker, sondern auch gleichzeitig in der Magnetwicklung umgekehrt wird. Es ist vielmehr nötig, die

10

Tabelle 4. **Anlaßmethoden.**

I. Gleichstrom.

Anlaßmethode	Vorteile	Nachteile	Verwendungsgebiet
a) Abdrosselung der Betriebsspannung durch Vorschaltwiderstände	Einfache, billige Anlage	Große Energieverluste	1. Nicht zu häufiges Anlassen 2. Anlagen mit sehr billiger Energie 3. Nicht ortsfeste Motoren
b) Abdrosselung der Betriebsspannung unter teilweiser Wiedergewinnung der Energie	Wirtschaftlich	Teure Anlage	1. Sehr häufiges Anlassen 2. Mittlere und kleinere Motoren
c) Zuführung steigender der Betriebsspannung	Wirtschaftlich	Teure Anlage.	1. Sehr häufiges Anlassen 2. SchwereBetriebem.Batterie- oder Schwungrad-Ausgleich

II. und III. Zwei- und Dreiphasenstrom.

Anlaßmethode	Vorteile	Nachteile	Verwendungsgebiet
d) Abdrosselung der Betriebsspannung durch Widerstände im Statorstromkreis	1. Einfache, billige Anlage 2. Fernsteuerung leicht möglich	1. Geringes Anzugsmoment 2. Große Energieverluste 3. Nur für Niederspannung anwendbar	1. Anlauf mit kleinem Drehmoment 2. Fernsteuerung 3. Niederspannungsanlagen 4. Kleinere Motoren 5. Nicht zu häufiges Anlassen
e) Stufenweise Erhöhung der Betriebsspannung durch Anlaßtransformatoren im Statorstromkreis	Wirtschaftlich	1. Geringes Anzugsmoment 2. Teure Anlage	1. Anlauf mit kleinem Drehmoment 2. Fernsteuerung 3. Nieder- u. Mittelspannungsanlagen 4. Kleinere Motoren 5. Häufiges Anlassen

f) Widerstände im Rotorstromkreis	1. Großes Anzugsmoment 2. Für alle Spannungen 3. Für alle Motorgrößen	1. Teure Anlage 2. Fernbedienung wegen der teuren Rotorleitungen nur mit Schützensteuerung zweckmäßig	1. Anlauf mit großem Drehmoment 2. Motoren aller Größen 3. Motoren aller Spannungen
g) Anlauf mit dem Generator	1. Wirtschaftlich 2. bei Asynchronmotoren bequeme Fernbedienung 3. Für alle Spannungen 4. Für alle Motorgrößen	1. bei Synchronmotoren teure Leitungsanlage 2. Besondere Gleichstromquelle in der Nähe des Synchronmotors erforderlich	1. Große Motoren 2. bequeme Fernbedienung bei Asynchronmotoren 3. bei Synchronmotoren fällt das unbequeme Synchronisieren fort 4. Motoren aller Spannungen
h) Ingangsetzung durch eine fremde Kraftquelle	1. Wirtschaftlich 2. Für alle Spannungen 3. Für alle Motorgrößen	1. Unbelasteter Anlauf 2. Besonderer Anwurfsmotor oder dgl. erforderlich	1. Synchronmotoren 2. Einankerumformer 3. Größere Asynchronmotoren mit Kurzschlußanker 4. Motoren aller Spannungen

IV. Einphasenstrom.

i) Abdrosselung der Betriebsspannung durch Widerstände im Statorstromkreis	1. Einfache, billige Anlage 2. Fernsteuerung leicht möglich	1. Geringes Anzugsmoment 2. Große Energieverluste	1. Anl. m. klein Drehmoment 2. Fernsteuerung 3. Kleinere Motoren 4. Für alle Spannungen. Bei Hochspannung besonderer Transform. f. d. Hilfsphase, in welche die Widerstände eingeschaltet werden 5. Nicht zu häufiges Anlassen
k) Stufenweise Erhöhg. d.Betriebsspannung durchAnlaßtransformatoren im Statorstromkreis	Wirtschaftlich	1. Geringes Anzugsmoment 2. Teure Anlage	1. Anl. m. klein. Drehmoment 2. Fernsteuerung 3. Nied.- u. Mittelspan.-Anlag 4. Kleinere Motoren 5. Häufiges Anlassen

10*

Tabelle 4 (Fortsetzung).

Anlaßmethode	Vorteile	Nachteile	Verwendungsgebiet
l) Widerstände im Rotorstromkreis	1. Etwas größeres Anzugsmoment 2. Für alle Spannungen 3. Für alle Motorgrößen	1. Teure Anlage 2. Fernbedienung wegen der teuren Rotorleitungen nur mit Schützensteuerung zweckmäßig	1. Für Motoren, d. höchstens m.d.normalenDrehmoment anzulaufen brauchen 2. Motoren aller Größen 3. Motoren aller Spannungen
m) Anlauf mit dem Generator	1. Wirtschaftlich 2. Für alle Spannungen 3. Für alle Motorgrößen	1. Bei Synchronmotoren teure Leitungsanlage 2. Besond. Gleichstromquelle in der Nähe des Synchronmotors erforderlich 3. Bei Asynchronmotoren besondere Leitungen f d. stets erforderl. Hilfsphase nötig 4. Geringes Anzugsmoment	1. Große Motoren 2. b. Synchronmotoren fällt d. unbequeme Synchronisieren u. Parallelschalten fort 3. Motoren aller Spannungen 4. Unbelasteter Anlauf
n) Ingangsetzung durch eine fremde Kraftquelle	1. Wirtschaftlich 2. Für alle Spannungen 3. Für alle Motorgrößen	1. Unbelasteter Anlauf 2. Besonderer Anwurfmotor oder dgl. erforderlich	1. Synchronmotoren 2. Einankerumformer 3. GrößereAsynchronmotoren mit Kurzschlußanker 4. Motoren aller Spannungen
o) Stufenweise Erhöhung d. Betriebsspannung durch Anlaßtransformatoren bei Kommutatormotoren	1. Wirtschaftlich 2. Großes Anzugsmoment	1. Besonderer Transformator erforderlich 2. Teure Anlage 3. Fernbedieng. nur m. Schüz zensteuerung zweckmäßig 4. Hochspannung nicht mögl.	1. Anlauf mit großem Anzugsmoment 2. Keine zu große Frequenz des Wechselstromes
p) Anlassen durch Bürstenverschiebg. bei Kommutatormotoren, System Deri	1. Wirtschaftlich 2. Einfachste und billigste Anlage 3. Großes Anzugsmoment	Fernbedienung nur in sehr beschränktem Maße möglich	1. Anlauf mit großem Anzugsmoment 2. Keine zu große Frequenz des Wechselstromes 3. Mot.i.d.Näh.d.Bedienend.

Tabelle 5. **Anlasser.**

Art des Anlassers	Vorteile	Nachteile	Anwendungsgebiet
a) Flüssigkeitsanlasser	1. Billig 2. Während der Anlaßperiode sehr mäßige Stromentnahme aus dem Netz	1. Beim Kurzschluß in der Betriebsstellung tritt größerer Stromstoß auf 2. Widerstandsflüssigkeit verdunstet und muß daher von Zeit zu Zeit ergänzt werden 3. Bei Gleichstrom bildet sich Knallgas beim Anlassen 4. Bei Frost ist Gefrieren der Anlaßflüssigkeit nicht ausgeschlossen	1. In Anlagen, in denen ein Stromstoß nichts schadet 2. In Räumen, in denen die ev. Entwicklung von Knallgas nichts schadet 3. In frostfreien Räumen 4. Für ortsfeste Motoren 5. Für provisorische Anlagen
b) Metallanlasser, luftgekühlt	Wartung bei richtiger Behandlung sehr gering	1. Bei größeren Motoren werden die Anlasser sehr umfangreich 2. Die Widerstandsdrähte bzw. Bänder oxydieren leicht, weshalb diese Anlasser in chemischen Fabriken, Gerbereien, Gießereien, Hütten usw nur in besonderen Fällen anwendbar sind	1. In trockenen bzw. nur wenig feuchten Räumen 2. In säurefreien Räumen

Tabelle 5 (Fortsetzung).

Art des Anlassers	Vorteile	Nachteile	Anwendungsgebiet.
Metallanlasser, ölgekühlt	1. Wartung bei richtiger Behandlung sehr gering 2. Widerstände liegen gegen Berührung und Dämpfe bzw. Säuren geschützt im Ölbade 3. Kleine Abmessungen	1. Öfteres Anlassen nicht so leicht möglich, wie bei luftgekühlten Anlassern, da sich das Öl nur sehr langsam abkühlt 2. Für sehr oft erfolgendes Anlassen sind besondere Einrichtungen, z. B. Wasserkühlung des ganzen Anlassers oder Kühlung des Öles in wasserumspülten Röhren, erforderlich	Überall anwendbar, wenn Kontaktbahn durch luftdichte Kappe abgedeckt wird oder Kontakte auch unter Öl gelegt werden
Graphit- und Magnetitanlasser	1. Wartung bei richtiger Behandlung sehr gering 2. Widerstandsmaterial liegt gegen Berührung und Dämpfe bzw. Säuren geschützt 3. Kleine Abmessungen 4. Große Überlastungsfähigkeit	Anlasser bleiben nicht immer dauernd konstant	Überall anwendbar, wenn Kontaktbahn durch luftdichte Kappe abgedeckt wird

Stromrichtung nur im Anker oder nur in der Magnetwicklung umzukehren. Fig. 112 a, b und c zeigt die Schaltung eines Hauptstrommotors für Rechts- und Linkslauf, und zwar ist die Stromrichtung in Fig. 112 b in der Magnetwicklung und in Fig. 112 c im Anker umgekehrt; die Drehrichtung

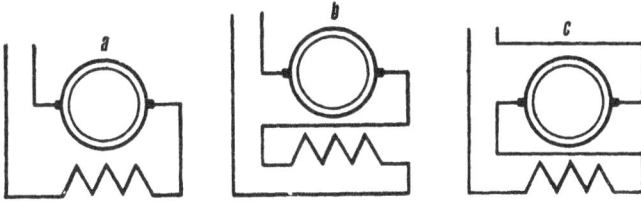

Fig. 112. Änderung der Drehrichtung von Hauptstrommotoren.

bei diesen beiden Schaltungen ist jedoch dieselbe. Nach den Fig. 113 a und b sowie 114 a und b werden Nebenschlußmotoren ohne und mit Wendepolwicklung umgesteuert. Bei beiden Schaltungen ist die Änderung der Stromrichtung im Anker vorgenommen; es kann jedoch auch der Magnetstrom zum gleichen Zweck umgekehrt werden. Bei den Compoundmotoren ohne und mit Wendepolwicklung, Fig. 115 a und b

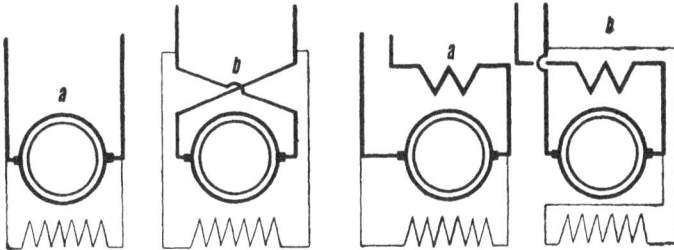

Fig. 113. Änderung der Drehrichtung von Nebenschlußmotoren.

Fig. 114. Änderung der Drehrichtung von Nebenschlußmotoren mit Wendepolen.

sowie 116 a und b, ist es meist üblich, den Ankerstrom umzukehren, da im anderen Falle die Stromrichtung in beiden Magnetwicklungen geändert werden müßte. Bei der Umsteuerung von Wendepolmotoren jeder Art ist es nötig, die Stromrichtung in der Wendepolwicklung stets gleichzeitig mit der des Ankerstromes zu ändern, Fig. 114 b und 116 b.

II. Zwei- und Dreiphasenstrom.

Die asynchronen und synchronen Drehstrommotoren lassen sich in einfachster Weise durch Vertauschung zweier Zuleitungen

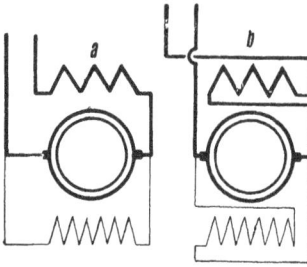

Fig. 115. Änderung der Drehrichtung
von Compoundmotoren

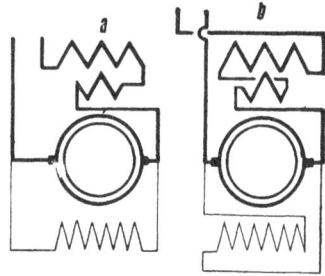

Fig. 116. Änderung der Drehrichtung von
Compoundmotoren mit Wendepolen.

umsteuern, die asynchronen und synchronen Zweiphasen-motoren durch Änderung der Stromrichtung in einer Phase.

III. Einphasenstrom.

Der einphasige Induktionsmotor besitzt beim Stillstand kein Drehfeld, sondern nur ein pulsierendes Feld; er läuft daher auch nur mit Hilfe einer »Kunstphase« an. Es ist daher selbstverständlich, daß die Stromrichtung in dieser die Drehrichtung des Motors bestimmt. Soll daher eine Umsteuerung erfolgen, so muß in die Hilfsphase ein doppelpoliger Umschalter gelegt werden, der die Stromrichtung in ihr ändert, Fig. 117.

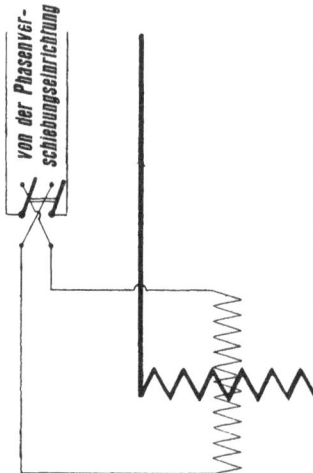

Die synchronen Einphasenmotoren besitzen keine Hilfswicklung, können daher bei ein und derselben Stromrichtung in beliebiger Drehrichtung betrieben werden. Werden sie mittels Anwurfs-

Fig. 117. Änderung der Drehrichtung
von asynchronen Einphasenmotoren.

motor angelassen, so braucht nur die Drehrichtung dieses Motors geändert zu werden.

Die Kommutatorenmotoren sind fast sämtlich umsteuerbar. Dies geschieht bei den Repulsionsmotoren durch Verdrehen der kurz geschlossenen Bürsten, bei den Reihenschlußmotoren der Siemens-Schuckertwerke, Fig 12, durch Betätigung eines einpoligen Umschalters, der die Hilfswicklungen E_1 und E_2 wechselweise anschaltet. Außerdem lassen sich die Reihenschluß- und in gleicher Weise auch die Reihenschluß-Kurzschlußmotoren durch Umschaltung des Ankers umsteuern.

G. Die Bremsung der Motoren.

Oft ist es erwünscht, den Motor zu bremsen. Dieser Fall liegt z. B. vor, wenn ein mit Schwungmassen — etwa einer Zentrifuge — gekuppelter Motor rasch still gesetzt werden oder wenn ein Motor eine zu große Geschwindigkeit verhüten soll, wie es z. B. bei Bahnen, Hubwerken von Kranen, Aufzügen usw. beim Senken der Last vorkommt. In allen Fällen läßt sich zwar durch eine mechanische Bremse derselbe Zweck erreichen, es ist jedoch bequemer und mit Rücksicht auf den Verschleiß auch praktischer die Bremsung auf elektrischem Wege durch den Motor zu bewirken, wobei im allgemeinen, wenn von den pneumatischen Bremsen abgesehen wird, die physische Beanspruchung des Bedienungsmannes am geringsten und die Regulierbarkeit der Bremskraft am größten ist. Die hauptsächlichsten der in Frage kommenden Bremsmethoden sind:

a) Benutzung des Motors als Generator, wobei er entweder auf Widerstände oder auf das Netz arbeiten kann (Gleichstrom-, ein- und mehrphasige Synchronmotoren) oder nur auf das Netz (ein- und mehrphasige Asynchronmotoren).

b) Bremsung durch Gegenstrom.

I. Gleichstrom.

a) Ankerkurzschlußbremsung.

Bei weitem am häufigsten wird die Ankerkurzschlußbremse angewendet. Sie steht besonders bei Bahnen, Kranen usw. in Benutzung, aber auch bei Buchdruckerpressen, Zentrifugen u. a., also überall dort, wo größere Massen abgebremst werden sollen.

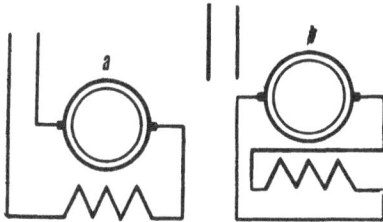

In Fig. 118 ist *a* die Betriebsschaltung eines Hauptstrommotors und *b* die Bremsschaltung. Da ein Hauptstrommotor, wenn er als Dynamo wirken soll, umgekehrte Drehrichtung haben muß, so ist es bei gleichbleibender Drehrichtung erforderlich, entweder die Stromrichtung im Anker oder in der Magnetwicklung umzukehren. Gewöhnlich wird das erstere gewählt, damit die Polarität der Magnete bestehen bleibt, eine Ummagnetisierung also nicht erforderlich

Fig. 118. Ankerkurzschlußbremsung von Hauptstrommotoren.

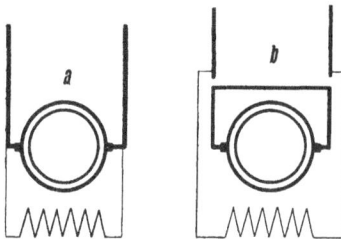

Abb. 119. Ankerkurzschlußbremsung von Nebenschlußmotoren.

wird. Bei Nebenschlußmotoren, Fig. 119, bleibt die Drehrichtung dieselbe, ob der Motor Strom aufnimmt oder abgibt. Die Magnetwicklung bleibt jedoch während der Bremsung am Netz liegen, Fig. 119b. Besitzt der Nebenschlußmotor Wendepole, Fig. 120, so muß entsprechend der umgekehrten Stromrichtung im Anker auch die Stromrichtung in der Wendepolwicklung umgekehrt werden, Fig. 120b. Bei Compoundmotoren muß bei Kurzschlußbremsung die Nebenschlußwicklung am Netz liegen bleiben, während die Hauptstromwicklung in demselben Sinne vom Ankerstrom

durchflossen werden muß wie im Betriebe, Fig. 121 b. Bei
der Kurzschlußbremsung eines Compoundmotors mit Wendepolen, Fig. 122, muß die Hauptstromwicklung in demselben,
die Wendepolwicklung dagegen im entgegengesetzten Sinne
vom Kurzschlußstrom durchflossen werden, Fig. 122 b. Bei
allen Figuren ist der in dem Ankerkurzschlußstromkreis
zwecks Regulierung der Bremswirkung einzuschaltende Widerstand der Deutlichkeit
halber fortgelassen (s. a.
Fig. 61 und 62).

An Stelle der Wider-
stände lassen sich auch
die an früherer Stelle
beschriebenen Variato-
ren, System Kallmann,
in einfacher Weise zur
Bremsung von Motoren
benutzen[1]).

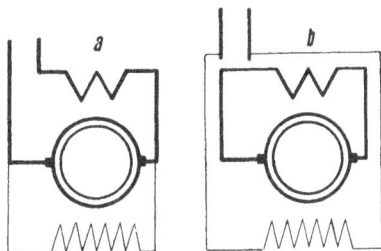

Fig. 120. Ankerkurzschlußbremsung von
Nebenschlußmotoren mit Wendepolen.

b) Stromabgabe
ins Netz.

Von dieser Art der
Bremsung, die haupt-
sächlich bei Neben-
schlußmotoren üblich
ist, wird z. B. Gebrauch
gemacht bei Bergbah-
nen zur Rückgewinnung
der Talfahrtenergie, bei

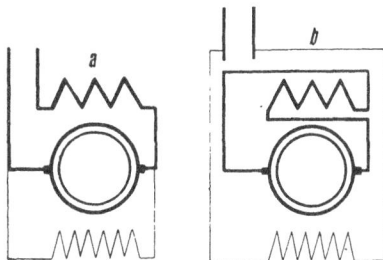

Fig. 121. Ankerkurzschlußbremsung von
Compoundmotoren.

Aufzügen, Fördermaschinen u. a. Sobald ein Nebenschlußmotor angetrieben wird, nimmt seine Stromaufnahme bei
wachsender Drehzahl ab, wird Null und kehrt sich bei weiterer
Steigerung der Drehzahl um, wobei jedoch die Stromrichtung
in der Magnetwicklung dieselbe bleibt. Je höher die Umdrehungszahl wird, um so größer wird die erzeugte Stromstärke und folglich auch die hierzu benötigte Antriebskraft.

---

[1]) E. T. Z. 1907, S. 945.

Durch Nebenschlußregulierung kann die ins Netz abgegebene
Stromstärke geregelt werden Bei größeren Zentrifugenanlagen,
die mit Nebenschlußmotoren mit abschaltbarer Compoundwicklung ausgerüstet sind, findet durch Stromabgabe ins Netz
innerhalb gewisser Grenzen ein selbsttätiger Belastungsaus-
gleich statt. Sobald nämlich durch das Anlassen einer Zentrifuge die Spannung an den Klemmen der anderen im Betriebe befindlichen Zentrifugenmotoren sinkt, werden diese
zu Dynamomaschinen, die ihre Triebkraft von den Zentrifugen erhalten. Der von ihnen erzeugte Strom fließt zum
Motor der anlaufenden Zentrifuge. Die Stromabgabe nimmt
proportional der sinkenden Drehzahl der Zentrifugen ab und

hört auf, sobald letztere
eine Drehzahl erreicht
haben, welche derjeni-
gen entspricht, die ihr
Antriebsmotor bei der
niedrigen Spannung hat.
Bei großem Spannungs-
abfall, z. B. hervorge-
rufen durch schwache
Zuleitungen, ist der Aus-
gleich am besten. Er
kann aber nur dann

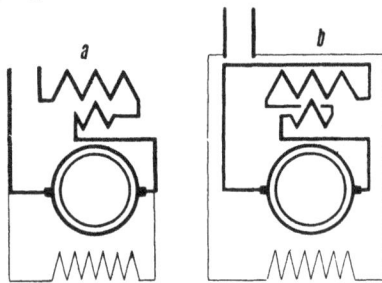

Fig. 122. Ankerkurzschlußbremsung von
Compoundmotoren mit Wendepolen.

von Belang sein, wenn dafür gesorgt wird, daß die Zentrifugen stets nacheinander in Betrieb genommen werden.

Auch mit dem Hauptstrommotor läßt sich Stromrück-
gewinnung erreichen, wenn — allerdings nach einer Umschaltung — die Magnete besonders erregt werden und er dann
wie ein Nebenschlußmotor arbeitet. Der Anker liegt bei der
Bremsung direkt am Netz und die Magnete an der fremden
Stromquelle oder unter Vorschaltung von Widerständen ebenfalls am Netz. Wird die fremde Stromquelle durch einen
parallel zu der Magnetwicklung liegenden Akkumulator dargestellt, so ist die Schaltung z. B. nach Fig. 123 zu treffen.
Während des normalen Betriebes wird der Akkumulator auf-
geladen, Fig. 123a, ohne daß eine besondere Umschaltung
hierzu nötig ist.

c) Gegenstrom.

Von dieser etwas gewalttätigen Bremsmethode wird nur in Ausnahmefällen Gebrauch gemacht. Es kommt z. B. im Straßenbahnbetriebe vor, daß der Wagen durch Kurzschluß- oder sonstige Bremsung nicht rasch genug zum Stehen gebracht werden kann und daher, um das Überfahren einer Person zu vermeiden, Gegenstrom gegeben werden muß, selbst auf die Gefahr hin, den Motor zu beschädigen oder zu zerstören. Die Fig. 112 b bzw. c stellt die entsprechende Schaltung für Hauptstrommotoren dar. Bei Nebenschluß- und

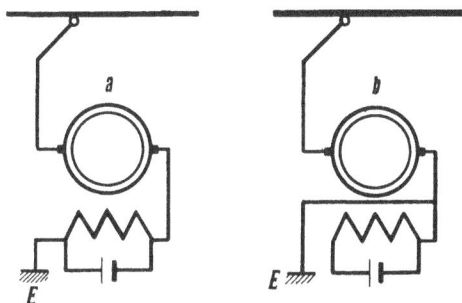

Fig. 123. Bremsung von Hauptstrommotoren durch Stromabgabe ins Netz.

Compoundmotoren kommt Gegenstrombremsung noch weniger vor und dann nur bei kleinen Motoren, die ohne Anlasser nur durch Umschaltung gebremst und umgesteuert werden, Fig. 113—116.

II. Zwei- und Dreiphasenstrom.

a) Kurzschlußbremsung.

Wird in den Rotor eines asynchronen Zwei- oder Dreiphasenmotors Gleichstrom geschickt, so verwandelt sich der Motor in einen asynchronen Generator, der Strom variabler Periodenzahl abgibt. Der Stator kann also nach vorheriger Abschaltung vom Netz über Widerstände kurz geschlossen werden, wodurch eine kräftige Bremswirkung erzielt wird. Diese Bremsmethode ist von der Maschinenfabrik Örlikon für Drehstrombahnen angewendet; den Gleichstrom für die

Erregung liefert in diesem Falle eine kleine auf dieselbe Achse gesetzte Gleichstromdynamo.

Die synchronen Motoren, die ja dieselbe Konstruktion besitzen wie die Generatoren, können auf die gleiche Weise gebremst werden.

b) Stromabgabe ins Netz.

Werden asynchrone Motoren bei kurz geschlossenem Anker und am Netz liegender Statorwicklung angetrieben, so verhalten sie sich ähnlich wie Gleichstrom-Nebenschlußmotoren. Sie geben bei übersynchronem Lauf — die Drehzahl muß so hoch über der synchronen liegen, wie im Betrieb unterhalb derselben — Strom ins Netz ab und bremsen entsprechend der Stromabgabe bzw. der Höhe der Drehzahl.

Die synchronen Motoren verhalten sich ganz ähnlich. Die ihnen zu erteilende Umdrehungszahl braucht jedoch nur ganz unwesenlich höher zu sein als diejenige beim normalen Betriebe.

Eine Bremsung der asynchronen Motoren bei vorhandener Kaskadenschaltung kann in einfachster Weise dadurch erfolgen, daß von Parallelschaltung bzw. Einzelschaltung auf Kaskadenschaltung — Motoren hintereinander — übergegangen wird.

Dieselbe Wirkung wird erzielt, wenn bei einem einzelnen Motor eine Polumschaltung vorgenommen, also z. B. der 4polig laufende Motor auf 8 Pole umgeschaltet wird.

c) Gegenstrom.

Das bei Gleichstrom über Gegenstrombremsung Gesagte gilt auch hier. Es ist jedoch der Asynchronmotor besser als der Gleichstrommotor geeignet eine derartig rohe Behandlung auszuhalten, weil ihm der empfindliche Kommutator fehlt. Die Gegenstromgebung wird bei asynchronen Drehstrommotoren durch Vertauschung zweier Zuleitungen und bei den asynchronen Zweiphasenstrommotoren durch Änderung der Stromrichtung in einer Phase bewirkt.

Bei synchronen Motoren ist Gegenstromgebung ausgeschlossen, da sie hierdurch nur aus dem Tritt fallen und stehen bleiben.

III. Einphasenstrom.

a) Kurzschlußbremsung.

Von der Kurzschlußbremsung der asynchronen und synchronen Einphasenstrommotoren gilt das unter Zwei- und Dreiphasenstrom Gesagte. Die Kommutatormotoren lassen sich ebenfalls auf diese Weise bremsen. Sie verwandeln sich, wenn sie angetrieben werden, in asynchrone Generatoren und arbeiten mit variablen Periodenzahlen.

b) Stromabgabe ins Netz.

Bremsung durch Stromabgabe ins Netz ist bei allen Einphasenstrommotoren möglich, wenn sie angetrieben werden und ihre Drehzahl entsprechend gesteigert wird.

c) Gegenstrom.

Die Bremsung durch Umschaltung auf andere Drehrichtung ist nur bei den Kommutatormotoren möglich. Es läßt sich allerdings bezweifeln, ob die Kommutatoren, welche meist schon im normalen Betriebe leichter zum Feuern neigen als diejenigen der Gleichstrommotoren, derartigen Gewaltakten gewachsen sind.

H. Die Regulierung der Umdrehungszahlen.

Bei elektromotorischen Antrieben lassen sich in den meisten Fällen Änderungen der Geschwindigkeiten dadurch erreichen, daß der Motor selbst auf elektrischem Wege reguliert wird. Die ganze Anordnung wird dadurch einfacher, übersichtlicher und billiger. Nur in Ausnahmefällen wird es sich empfehlen, die im Transmissionsbetrieb üblichen Mittel, z. B. Stufenscheiben, konische Riemenscheiben, Friktionsgetriebe mit verschiebbaren Scheiben usw., anzuwenden bzw. beizubehalten. Je nach der

Stromart, der Art des Motors und des Betriebes, der Größe
des Motors u. a. sind verschiedene Methoden in Anwendung,
deren wichtigste kurz besprochen werden sollen.

I. Gleichstrom.   a) Hauptstrommotoren.

1. Hauptstromregulierung.

Die einfachste, aber in den meisten Fällen auch unwirt-
schaftlichste Regulierung besteht darin, daß in den Ankerstromkreis ein regulierbarer Widerstand gelegt wird, der die
Netzspannung entsprechend abdrosselt. Hierbei ist es jedoch
von wesentlicher Bedeutung, wie der Motor beansprucht wird.
Muß er bei allen Umdrehungszahlen mit annähernd demselben
Drehmoment arbeiten, z. B. als Kranfahrmotor, so braucht er
auch stets dieselbe Stromstärke; die in den Widerständen vernichtete Energie ist dann proportional der Abnahme der Drehzahl. Wenn dagegen das Drehmoment variabel ist, z. B. bei
einem Ventilatormotor, so wird bei kleineren Drehmomenten
auch die Stromstärke und damit auch der Verlust in den Widerständen kleiner. Letztere werden folglich bei variablen Stromstärken und einer bestimmten gegebenen unteren Grenze der
Umdrehungszahl umfangreicher und teurer als bei annähernd
konstanten, etwa der Normalleistung des Motors entsprechenden Stromstärken. Hauptstromregulierung kann durch jeden
Anlasser, dessen Widerstände bzw. Abkühlungsverhältnisse
entsprechend gewählt sind, vorgenommen werden. Je nach
der Anzahl der Kontakte läßt sich eine mehr oder weniger
feinstufige Einstellung der Drehzahl erreichen.

2. Serienparallelschaltung.

Bei der besonders im Straßenbahnbetriebe beliebten Serien-
Parallelschaltung werden zwei gleich große Motoren von je
der Hälfte der erforderlichen Leistung an Stelle eines einzigen
Motors verwendet und beim Anlassen zunächst hintereinander
und darauf parallel geschaltet. Während der Serienschaltung
erhält also jeder Motor die halbe und während der Parallelschaltung die ganze Betriebspannung; die Änderung der Umlaufzahl erfolgt daher stets im Verhältnis 1:2. Der Stoß beim

Übergang von der Serien- zur Parallelschaltung ist verhältnismäßig sanft, selbst wenn keine Zwischenwiderstände verwendet
werden, was aber allgemein üblich ist. Bei der Umschaltung
ist dafür zu sorgen, daß die Zeit, während der beide Motoren
oder ev. nur einer stromlos sind, möglichst kurz ist. Wie
aus Fig. 124 zu ersehen, liegen bei Stellung 1 der Steuerwalze
alle vier Widerstände und beide Motoren hintereinander. In
Stellung 5 sind die Widerstände kurz geschlossen; die Motoren
laufen mit halber Geschwindigkeit. Stellung 6 ändert an der
Serienschaltung nichts, aber es werden die drei letzten Wider-

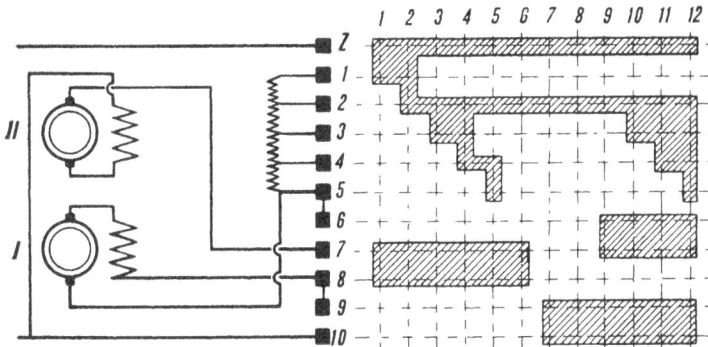

Fig. 124. Regulierung von Hauptstrommotoren durch Serienparallelschaltung.

stände wieder vorgeschaltet — Vorbereitungsstellung zu den
folgenden. In Stellung 7 und 8 arbeitet Motor I allein. Von
Stellung 9 an liegen beide Motoren parallel, in Stellung 12
haben sie ihre volle Geschwindigkeit erreicht. Je nachdem,
ob die Widerstände für Dauerregulierung bemessen sind oder
nicht, kann die Kurbel der Steuerwalze dauernd auf einer
der Stellungen 1—5 bzw. 9—12 belassen werden oder nur
auf Stellung 5 bzw. 12.

3. Regulierung des Magnetfeldes durch gruppenweise Änderung der Magnetwindungen.

Bei dieser zuerst von Sprague angegebenen Schaltung
werden die Magnetwindungen meist in drei Gruppen unterteilt, Fig. 125. Je nach der verlangten Umlaufzahl können

entweder die einzelnen Gruppen parallel, hintereinander, oder teils parallel und teils hintereinander gelegt werden. Die Stellung 1, Fig. 125, ist Anlaßstellung, wobei der Widerstand W, die drei Gruppen M_1, M_2 und M_3 der Magnetwicklung und der Anker hintereinander liegen. In Stellung 2 ist der Widerstand W und in Stellung 3 außerdem die Magnetwicklung M_1 kurz geschlossen. An Stelle des Kurzschlusses von M_1 tritt bei Stellung 4 die Unterbrechung. Die Stellung 5 schaltet M_1 und M_2 parallel und M_3 in Serie hierzu. In Stellung 6 und 7 wird M_3 erst kurz geschlossen und dann unterbrochen, und in

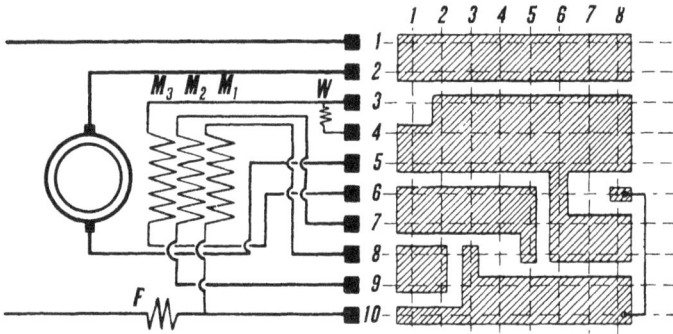

Fig. 125. Regulierung von Hauptstrommotoren durch gruppenweise Änderung der Magnetwindungen.

Stellung 8 liegen M_1, M_2 und M_3 in Parallelschaltung hinter dem Anker. Es ist also Stellung 1 Anlaßstellung, 2, 3, 5, 6, 8 Betriebstellung, 4 und 7 Übergangsstellung. Das stärkste Magnetfeld ist in Stellung 2 vorhanden, bei der sämtliche Magnetwindungen vom vollen Ankerstrom durchflossen werden. In Stellung 8 ist das Magnetfeld am schwächsten, da durch die Magnetwindungen nur $1/3$ des Ankerstromes fließt. Es ist daher in Stellung 2 die niedrigste und in Stellung 8 die höchste Umdrehungszahl vorhanden.

4. Regulierung des Magnetfeldes durch einen Parallelwiderstand zu der Magnetwicklung.

Während bei der Spragueschaltung die Anzahl der Regulierstufen verhältnismäßig klein ist, die Änderung der Umlaufzahlen also in größeren Sprüngen erfolgt, kann bei Verwendung eines Parallelwiderstandes die Einstellung der gewünschten Geschwindigkeit in wesentlich kleineren Abstufungen erfolgen, da es leichter ist, einen Steuerapparat mit vielen Stellungen zu bauen, als die Magnetwicklung weitgehend zu unter-

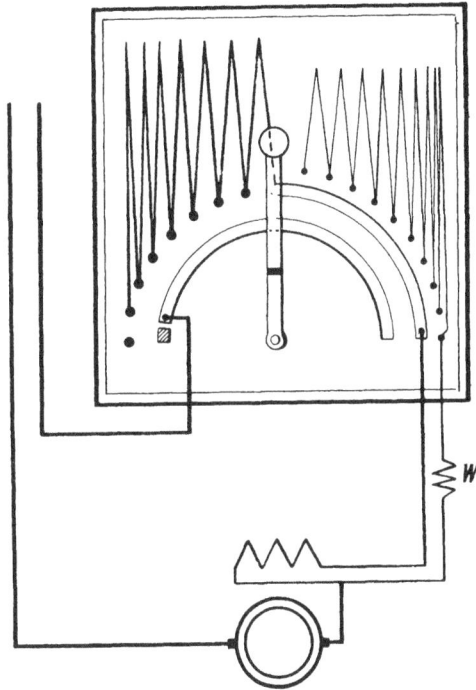

Fig. 126. Regulierung von Hauptstrommotoren durch Parallelwiderstände zu der Magnetwicklung.

teilen. In Fig. 126 ist ein Schema der Schaltung gegeben, bei dem Anlasser und Regulierwiderstand kombiniert sind. Die normale Drehzahl hat der Motor, wenn die Anlasserkurbel, wie gezeichnet, in der Mitte steht. Wird sie nach rechts bewegt, wobei der Parallelwiderstand eingeschaltet wird, so erhöht sich die Drehzahl infolge Feldschwächung. In der letzten Stellung rechts ist der Parallelwiderstand abgeschaltet und

11*

die höchste Geschwindigkeit erreicht. Damit die Magnetwicklung nicht vollständig stromlos gemacht werden kann, ist der feste Widerstand W erforderlich.

Wird als Anlaß- und Regulierapparat eine Steuerwalze benutzt, so ist mit Rücksicht auf den Preis eine so ·feine Abstufung nicht üblich, Fig. 127. Die Widerstände W_1 und W_2 sind Anlaß- und Hauptstromregulierwiderstände, während die Widerstände r_1—r_4 zur Feldschwächung dienen; Widerstand r_4 kann aus dem oben angeführten Grunde nicht kurz geschlossen

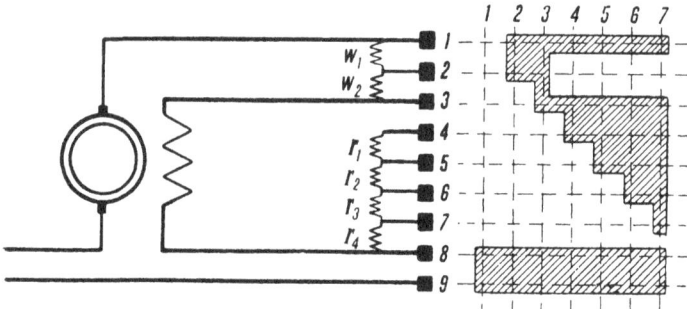

Fig. 127. Regulierung von Hauptstrommotoren durch Parallelwiderstände zu der Magnetwicklung.

werden. In Stellung 3 der Steuerwalze hat der Motor bei voller Erregung seine normale Umlaufzahl und in Stellung 7 bei schwächster Erregung seine höchste.

5. Serienkraftübertragung.

Bei der in früherer Zeit vielfach angewendeten Serienkraftübertragung behält bekanntlich der Motor bei allen Belastungen seine normale Umlaufzahl bei, solange die ihn speisende Dynamo mit konstanter Drehzahl läuft. Dies ist leicht erklärlich, weil bei abnehmender Belastung die Stromstärke sinkt und damit auch die Spannung der Dynamo, welche ja von der jeweiligen Stromstärke abhängig ist. Die an den Klemmen des Motors zur Wirkung kommende Spannung ist also proportional der Belastung. Bei richtiger Wahl der Verhältnisse muß daher die Drehzahl des Motors bei allen Belastungen gleichbleiben.

Wird bei einer derartigen Serienkraftübertragung — zunächst konstantes Drehmoment des Motors vorausgesetzt — die Umlaufzahl der Dynamo geändert, z. B. vermindert, so nimmt auch die Spannung ab. Der Motor nimmt zwar wegen des gleich bleibenden Drehmomentes dieselbe Stromstärke auf, erhält aber nun geringere Spannung, so daß er proportional der Spannungsabnahme langsamer läuft.

Wird das Drehmoment infolge sinkender Belastung kleiner, so sinkt auch die Stromstärke, dadurch aber gleichzeitig die Felderregung der Dynamo und die Betriebspannung. Der Motor behält aber jetzt seine Drehzahl bei, da zwar sein Feld geschwächt ist, ihm aber gleichzeitig geringere Spannung zugeführt wird. Es ergibt sich also, daß die durch die Geschwindigkeitsänderung der Dynamo sich ergebende Drehzahl des Motors vollständig unabhängig ist von der jeweiligen Belastung des Motors und konstant bleibt. Energievernichtung findet nicht statt. Das Schema ist bereits früher, Fig. 82, gegeben.

b) Nebenschlußmotoren.

1. Hauptstromregulierung.

Genau wie bei Hauptstrommotoren läßt sich auch bei Nebenschlußmotoren eine Verminderung der Umlaufzahl dadurch erreichen, daß durch Vorschaltwiderstände die Betriebsspannung abgedrosselt wird. Von dieser Art der Regulierung wird überall dort Gebrauch gemacht, wo

1. nur eine sehr geringe Änderung der Umdrehungen erforderlich ist,
2. verhältnismäßig selten reguliert wird,
3. die Energie sehr billig ist,
4. es auf größte Einfachheit ankommt und
5. die Betriebskosten gegenüber den Anlagekosten zu vernachlässigen sind, z. B. bei provisorischen Anlagen für kurze Betriebsdauer.

Für die Bemessung der Widerstände gilt dasselbe wie be Hauptstrommotoren.

Die Erregung des Motors muß bei allen Drehzahlen gleichbleiben und daher vor dem Hauptstromregulator abgezweigt
werden, vgl. z. B. Fig. 40.

2. Ankerumschaltung.

Die Serienparallelschaltungsmethode, bei der zwei Motoren
nötig sind, läßt sich auch mit einem Motor ausführen, wenn
er mit zwei Ankerwicklungen und zwei Kommutatoren versehen wird. Sind beide Ankerwicklungen gleich, so verhalten
sich die Geschwindigkeiten wie 1 : 2.

Es läßt sich aber eine größere Geschwindigkeitsänderung
erreichen, wenn die Ankerwicklungen mit verschiedenen Win-

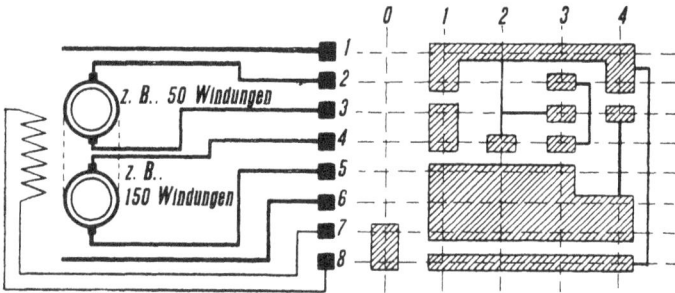

Fig. 128   Regulierung von Nebenschlußmotoren durch Ankerumschaltung.

dungszahlen ausgeführt werden. Werden z. B. 150 und 50
Windungen gewählt, Fig. 128, so können 200, 150, 100 und
50 Windungen zur Wirkung gebracht werden, je nachdem,
ob die Wicklungen hintereinander, gegeneinander oder einzeln geschaltet werden. Die Drehzahl ändert sich dabei wie
1 : 1,33 : 2 : 4. In der Fig. 128 ist eine für diese Umschaltung erforderliche Steuerwalze mit fünf Stellungen abgebildet. Der
Anlasser ist fortgelassen, da er nur dann erforderlich ist, wenn
der Stromstoß beim Einschalten sehr klein gehalten werden
muß. Im anderen Falle erhält die Walze vor Stellung 1 noch
die erforderliche Anzahl Anlaßstellungen. In Stellung 1 hat
der Motor bei Hintereinanderschaltung beider Ankerwicklungen
die niedrigste und in Stellung 4 die höchste Umdrehungszahl.

Verhalten sich z. B. die Windungszahlen wie 50 : 100, so lassen sich drei Geschwindigkeiten, die sich wie 1 : 1,5 : 3 verhalten, einstellen; bei einem Verhältnis 75 : 100 der Windungszahlen sind vier Geschwindigkeiten möglich, die sich wie 1 : 1,75 : 2,33 : 7 verhalten usw.

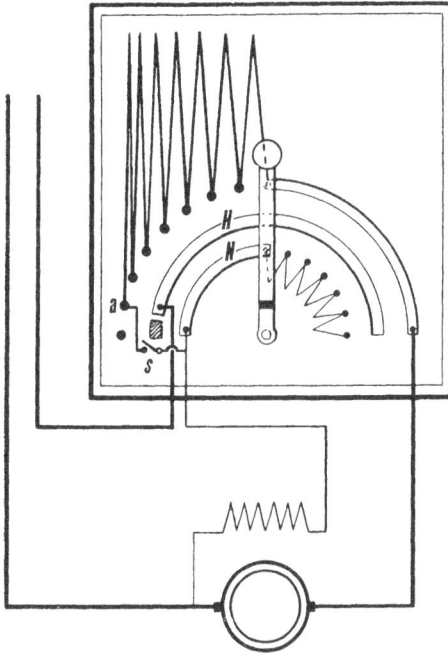

Fig. 129. Nebenschlußregulierung von Nebenschlußmotoren.

3. Nebenschlußregulierung.

Die Geschwindigkeitsänderung durch Nebenschlußregulierung hat eine sehr ausgedehnte Anwendung gefunden, und zwar nicht nur ihrer Wirtschaftlichkeit halber, sondern auch deshalb, weil sie in sehr feinstufiger Weise und ohne jeden Stoß erfolgt und die einmal eingestellte Umdrehungszahl dann auch bei jeder Belastungsänderung bestehen bleibt. Motoren für Nebenschlußregulierung wurden früher nur für Geschwindigkeitsänderungen vom Verhältnis 1 : 2, später auch für solche von 1 : 3 und 1 : 4 gebaut. Die letzteren waren jedoch nicht sehr beliebt, weil bei den höheren Geschwindigkeiten der funkenfreie Lauf des Kommutators wegen der starken Feldschwächung zu wünschen übrig ließ. Nach Einführung der Wendepole ist es jedoch möglich, sogar bei Geschwindigkeitsänderungen von 1 : 5 und 1 : 6 funkenfreien Lauf zu erzielen.

Im Schema, Fig. 129, ist der Anlasser mit dem zur Schwächung des Magnetfeldes dienenden Nebenschlußregulator

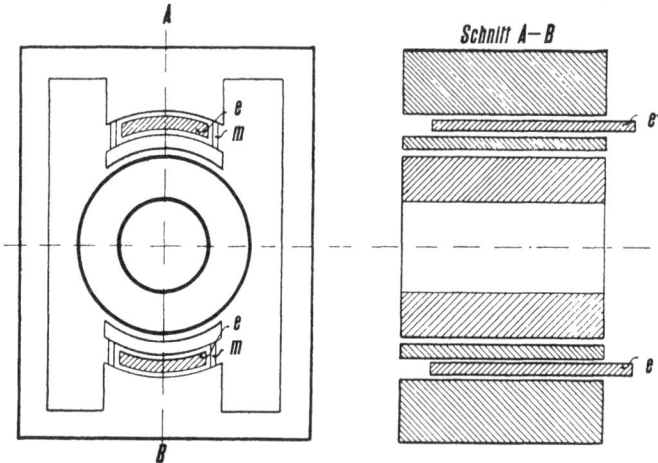

Fig. 130. Regulierung von Nebenschlußmotoren durch Änderung des Luftspaltes.

vereinigt. Steht die Kurbel in der Mitte, so hat der Motor seine normale Umdrehungszahl; wird sie weiter nach rechts gedreht, so wird Widerstand vor die Magnetwicklung gelegt und dadurch die Drehzahl erhöht. Beim Ausschalten wird der Schalter s durch die Kurbel geschlossen, so daß der Induktionsstrom der Magnetwicklung gefahrlos verlaufen kann. Eine feste Verbindung zwischen a und N, wie z. B. in Fig. 45, anzuwenden, ist nicht möglich, weil der Nebenschlußstrom sonst beim Weiterdrehen der Kurbel aus der Mittellage nach rechts, z. T. über den Hauptstromwiderstand fließen würde und eine Schwächung desselben nur in ganz geringem Maße möglich wäre.

Es ist natürlich auch möglich, Anlasser und Neben-schlußregulator zu trennen, wie z. B. Fig. 42 zeigt. Doch ist dann stets ein Anlasser mit Magnetkurzschließer *M* zu wählen, damit beim Anlassen volle Erregung vorhanden ist.

4. Änderung der Erregung auf mechanischem Wege.

Die Änderung der Feldstärke läßt sich auch dadurch er-reichen, daß der Luftabstand zwischen Anker und Polschuh geändert wird. Zu diesem Zwecke werden die Polkerne nebst Polschuhen radial zum Anker verschiebbar im Magnet-gestell angeordnet. Durch be-sondere Einrichtungen ist dafür zu sorgen, daß beim Verkleinern des Luftabstandes ein gewisses geringstes Maß nicht unter-schritten werden kann.

Die Konstruktion der Firma Morris Hawkins & Co., Fig. 130, verhindert dies dadurch, daß ein zweiter Luftspalt hinzu-gefügt oder entfernt wird. Die gewölbten Eisenstücke *e* werden axial verschoben; sie befinden sich zwischen dem Polkern und dem Polschuh. Letzterer wird durch Messingstehbolzen *m* mit dem Polkern verbunden.

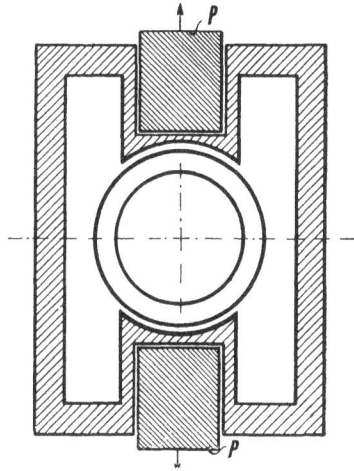

Fig. 131. Regulierung von Neben-schlußmotoren durch Änderung des Luftspaltes.

Eine andere Ausführungsform, Fig. 131, vermeidet dieselbe Gefahr dadurch, daß der Pol hohl ausgeführt und die Kerne *P* in demselben verschoben werden können. Der Luftabstand befindet sich in diesem Falle im Innern der Polkerne.

5. Änderung der Polzahl.

Die Änderung der Umdrehungszahl durch Änderung der Pohlzahl beschränkt sich selbstverständlich auf vier- und mehr-polige Motoren und hat mit der Ankerumschaltung den Nach-

teil gemeinsam, daß die Geschwindigkeitsänderung nur in
wenigen großen Sprüngen erfolgen kann. In Fig. 132 ist das
Schema einer Polumschaltung, System Eßberger, dargestellt.
Bei Stellung 1 und 2 der Umschaltwalze sind alle vier Magnetwicklungen hintereinander geschaltet. Der Motor besitzt bei
Stellung 1 gleichnamige Pole oben und unten sowie rechts
und links; bei Stellung 2 ist die Stromrichtung in der oberen
und linken Magnetwicklung umgekehrt, so daß nunmehr der
obere und rechte Pol gleichnamig sind, sowie der untere und

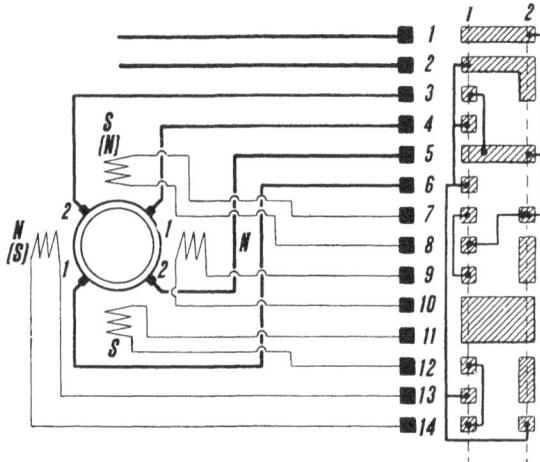

Fig. 132. Regulierung von vier- und mehrpoligen Nebenschlußmotoren
durch Polumschaltung.

linke. Gleichzeitig sind aber auch die beiden Bürsten 1 abgeschaltet. Da zwei gleichnamige nebeneinander liegende
Pole als ein einziger mit größerer Polfläche betrachtet werden
können, so ist der Motor in Stellung 2 als zweipoliger Motor
geschaltet und läuft daher mit der doppelten Umdrehungszahl. Der — nicht gezeichnete — Anlasser ist entweder mit
der Umschaltwalze kombiniert oder besonders angeordnet.

6. Regulierdynamo.

Muß der Motor in sehr weiten Grenzen regulierbar sein
und bei allen Geschwindigkeiten wirtschaftlich arbeiten, so
kann er von einer besonderen Dynamo, deren Feld ent-

sprechend reguliert wird, betrieben werden. An Stelle der
Feldregulierung bei konstanter Drehzahl kann auch die Geschwindigkeitsänderung der Antriebmaschine treten, wie es
bei der Serienkraftübertragung beschrieben ist.   Derartige
Regulierdynamomaschinen sind z. B. in Papierfabriken häufig
angewendet, ferner bei Pumpanlagen u. a. (vgl. Fig. 83, 84).

7. Gegenschaltung.

Eine ebenso weitgehende Geschwindigkeitsänderung läßt
sich auch durch die bekannte Gegenschaltung, die bereits
früher, Fig. 79, ausführlich beschrieben ist, erreichen. Die
Gegenspannungsmaschine kann von einem besonderen Motor
oder von der Transmission bzw. Triebmaschine angetrieben
werden. Auf jeden Fall erfolgt so lange eine Wiedergewin·
nung von Arbeit, als die Gegenspannungsmaschine gegen die
Netzspannung arbeitet. Obgleich auch dies System zu den
wirtschaftlichen zu zählen ist, so ist es doch dem unter 6.
beschriebenen unterlegen, weil bei der Rückgewinnung von
Arbeit die Verluste in Gegenspannungsmaschine und Antriebsmotor bei Motorenantrieb bzw. in Gegenspannungs·
maschine und Kraftübertragungsmittel (bei direkter Kupp·
lung mit der Triebmaschine fallen letztere Verluste fort), bei
mechanischem Antrieb in Abzug gebracht werden müssen.

8. Mehrleitersyteme.

Eine in Deutschland nur wenig in Anwendung stehende
Methode besteht darin, ein Mehrleiternetz anzuwenden und
die Anker der Motoren abwechselnd an verschiedene Span·
nungen zu legen. Als einfachster Fall möge zunächst ein
Dreileiternetz mit zwei verschiedenen im Verhältnis 1 : 2
stehenden Spannungen angenommen werden, z. B. 50 und
100 V. Es lassen sich dann drei Geschwindigkeiten, die sich
wie 1 : 2 : 3 verhalten, dadurch erreichen, daß der Anker zuerst auf die eine Netzseite mit 50 V, dann auf die andere
mit 100 V und zuletzt auf die Außenleiter mit 150 V
Spannung geschaltet wird.

Wenn diese Geschwindigkeitsänderung nicht ausreicht,
kommen Vier- und Mehrleiternetze zur Anwendung. In

Amerika sind es besonders die Spannungen 60 + 80 + 110 V
mit den Kombinationsspannungen 140, 190 und 250 V, sowie
die Spannungen 40 + 120 + 80 V mit den Kombinationsspannungen 160, 200 und 240 V, die vielfach ausgeführt
wurden, während in Deutschland fast immer 500 V Gesamtspannung, seltener 300 und 400 V zur Verwendung gelangte.

Ist das Regulierbedürfnis nur gering, etwa 1 : 6, so ist
das in ¦Fig. 133 dargestellte Vierleitersystem mit 300 V
Außenleiterspannung und 100 + 150 + 50 V Einzelspan-

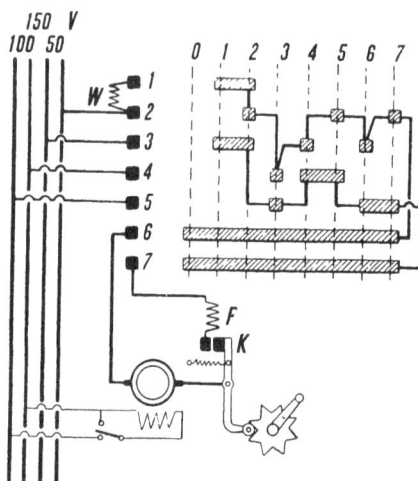

Fig. 133. Regulierung von Nebenschlußmotoren in Vierleitersystemen.

nungen ausreichend. Die Umschaltung erfolgt durch eine
Steuerwalze mit 7 Stellungen. In Stellung 1 wird der Motoranker unter Vorschaltung eines festen Widerstandes W an
50 V Spannung gelegt. Diese Stellung dient nur zur Ab-
schwächung des ersten Stromstoßes und kann daher als Anlaßstellung bezeichnet werden. In Stellung 2 ist der Widerstand W kurzgeschlossen, und der Anker liegt zwischen Leitung 3 und 4, wobei der Motor die niedrigste Umdrehungszahl
besitzt. Beim Umschalten auf Stellung 3, Anker zwischen
Leitung 1 und 2, verdoppelt sich die Umdrehungszahl. In
Stellung 4 liegt der Anker zwischen Leitung 2 und 3, in

Stellung 5 zwischen 2 und 4, in Stellung 6 zwischen 1 und 3 und in Stellung 7 zwischen 1 und 4. Wenn mit x die der Spannung von 50 V entsprechende Umdrehungszahl bezeichnet wird, so kann nach beistehendem Schema die Umdrehungszahl des Motors auf x, $2x$, $3x$, $4x$, $5x$ oder $6x$ eingestellt werden.

Soll eine größere Geschwindigkeitsänderung erreichbar sein, so kann z. B. ein Fünfleitersystem mit 400 V Außen-

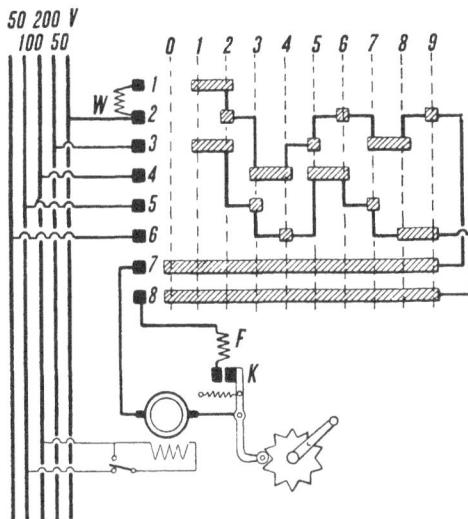

Fig. 134. Regulierung von Nebenschlußmotoren in Fünfleitersystemen.

leiterspannung und $50 + 100 + 200 + 50$ V Einzelspannungen benutzt werden, Fig. 134. Diese Schaltung gestattet Geschwindigkeitsänderungen im Verhältnis 1 : 8, und zwar in gleichmäßigen Abstufungen von x bis $8x$ Umdrehungen. Die Steuerwalze hat 9 Stellungen (8 Betriebsstellungen).

Auch Geschwindigskeitsänderungen bis 1 : 10 lassen sich mit dem Fünfleitersystem erreichen, wenn eine Steuerwalze mit 10 Stellungen genommen und die Außenleiterspannung auf 500 V erhöht wird, wobei die Einzelspannungen $100 + 150 + 200 + 50$ V betragen. Es lassen sich alle Umdrehungszahlen von x bis $10x$ einstellen mit Ausnahme von $6x$, da

die Summe zweier benachbarter Einzelspannungen in keinem
Falle 300 V beträgt.

Werden die Einzelspannungen etwas anders gruppiert,
nämlich 150 + 100 + 200 + 50 V, so können alle Umdrehungszahlen von x bis $10\,x$, mit Ausnahme von $8\,x$, eingestellt werden.

Ist es bei einer Gesamtregulierung von 1 : 10 unter allen
Umständen unzulässig, größere Sprünge als $1\,x$ vorzunehmen,
oder ist eine Geschwindigkeitsänderung von 1 : 11 erforderlich, so bleibt nichts übrig, als zum Sechsleitersystem über-
zugehen. Bei 500 V Außenleiterspannung, den Einzelspannungen 100 + 50 + 200 + 100 + 50 V und 11 Stellungen
der Steuerwalze, Fig. 135, können alle Geschwindigkeitsstufen
von x bis $10\,x$ eingestellt werden.

Im Verhältnis 1 : 11 kann ebenfals reguliert werden,
jedoch ist die Geschwindigkeit $6\,x$ nicht einstellbar. Die
Außenleiterspannung beträgt hierbei jedoch 550 V mit den
Einzelspannungen 100 + 50 + 200 + 150 + 50 V.

Ist es erwünscht, den Sprung mehr bei höheren Geschwindigkeiten zu erhalten, so ist dies durch eine etwas
andere Anordnung der Einzelspannungen möglich. Diese
müssen dann verteilt werden: 150 + 50 + 200 + 100 + 50 V.
Die Geschwindigkeit $9\,x$ ist bei dieser Schaltung nicht möglich.

Selbstverständlich sind noch viele andere Kombinationen
möglich; auch lassen sich durch Sieben-, Acht- usw. Leiter-
systeme noch erheblich weitergehende Geschwindigkeitsänderungen erreichen. Für die meisten Betriebe dürften jedoch
die beschriebenen genügen.

Die Magneterregung derartig regulierbarer Motoren muß
unabhängig von der jeweiligen Ankerspannung konstant sein.
Die Magnetwicklung wird daher unter Zwischenschaltung
eines Magnetschalters direkt an das Mehrleiternetz angeschlossen, und zwar an eine passende Teilspannung, z. B.
100 V. Durch die Steuerwalze auch die Magnetwicklung einzuschalten, ist nicht üblich, da bei dem unter Umständen
recht oft erfolgenden Ausschalten jedesmal der gefährliche
Induktionsstrom auftritt.

Die Schaltwalze unterscheidet sich von anderen dadurch, daß sie mit einem im Bereich einer kräftigen Funkenbläserspule liegenden Hauptausschalter mit Kohlenkontakten ausgerüstet ist. Dieser Schalter wird von einer auf der Walzenachse sitzenden gezahnten Steuerscheibe so betätigt, daß er sich früher öffnet, bevor die Kontakthämmer der Walze ihre Kontaktstücke verlassen, und erst wieder schließt, nachdem

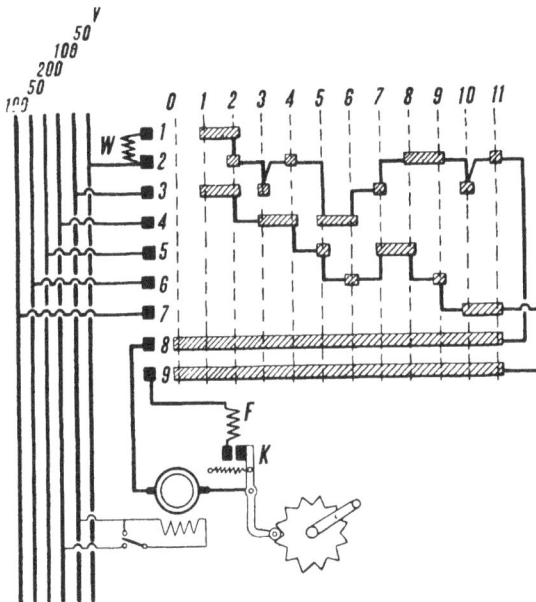

Fig. 135. Regulierung von Nebenschlußmotoren in Sechsleitersystemen.

die Kontakthämmer die nächsten Kontaktstücke berührt haben. Hierdurch wird vollständig funkenfreies Umschalten der Walze und lange Lebensdauer derselben erreicht. Die Kohlenkontakte des Hauptschalters nutzen sich allein ab; sie sind billig und lassen sich leicht auswechseln.

9. Das Tandem-Regulierverfahren nach Bergmann.

Der »Tandemmotor« der Bergmann Elektrizitätswerke, A.-G., besteht aus einem Hauptstrom- und einem Nebenschluß-

motor, die gekuppelt sind, oder aus einem gemeinschaftlichen
Magnetgehäuse, in dem zwei getrennte, auf derselben Welle
sitzende Anker rotieren. Das Regulierverfahren stellt eine
Vereinigung folgender schon beschriebenen Methoden dar:

1. Hauptstromregulierung,
2. Nebenschlußregulierung,
3. Serienparallelschaltung,
4. Regulierung von Hauptstrommotoren durch Parallelwiderstände zur Magnetwicklung.

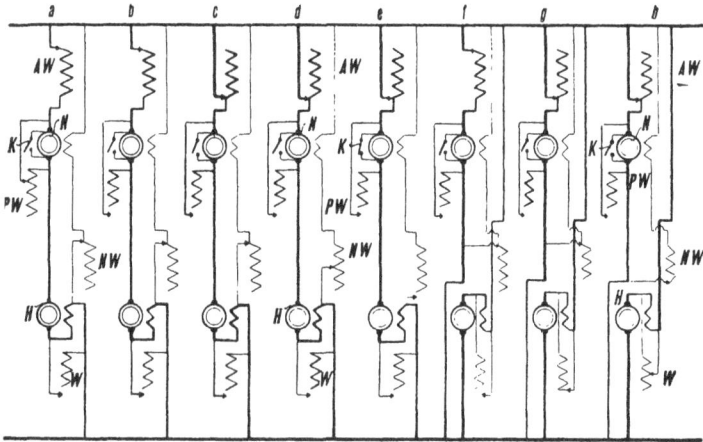

Fig. 136. Das Tandem-Regulierverfahren nach Bergmann.

In Fig. 136 bedeutet: AW den Anlaßwiderstand, gleichzeitig zur Hauptstromregulierung dienend; N den Nebenschlußmotor; K den Kurzschlußschalter; PW den zum Anker
des Nebenschlußmotors parallel liegenden regulierbaren Widerstand; NW den Nebenschlußregulator; H den Hauptstrommotor und W den regulierbaren Parallelwiderstand zu der
Magnetwicklung des letzteren. Die geringste Geschwindigkeit
ist in Schaltung a vorhanden. Durch PW ist ein Parallelweg
zum Anker von N geschaffen, so daß H mit starkem Feld
arbeitet und N außerdem gebremst wird.

Durch allmähliche Vergrößerung von PW wird die Geschwindigkeit gesteigert, da gleichzeitig das Feld von H ge-

schwächt und die Bremsung von N vermindert wird; zuletzt wird PW ausgeschaltet, Schaltung b. Die weitere Steigerung der Drehzahl erfolgt durch stufenweise Verkleinerung von AW, Schaltung c (reine Serienschaltung). Durch Feldschwächung in mehreren Stufen wird die Geschwindigkeit weiter gesteigert, Schaltung d, und dann die Erregung von N abgeschaltet, aber gleichzeitig durch K der Anker von N kurzgeschlossen, Schaltung e. Nunmehr erfolgt der Übergang zur Parallelschaltung, wobei H ohne Vorschaltwiderstand und N unter Vorschaltung von AW, Öffnung von K und Kurzschluß von NW an das Netz gelegt wird, Schaltung f. Nachdem durch allmähliches Kurzschließen von AW die reine Parallelschaltung erreicht ist, wird W zur Magnetwicklung von H parallel geschaltet, Schaltung g. Nunmehr wird allmählich durch W das Feld von H und zuletzt das Feld von N durch NW geschwächt, Schaltung h, wodurch die höchste Geschwindigkeit erreicht ist.

Die einzelnen Umschaltungen erfolgen durch eine Steuerwalze, wodurch Irrtümer in der Bedienung der vier Regulatoren ausgeschlossen werden. Die Stromstärken verhalten sich fast genau proportional der Umdrehungszahl, so daß die Anlaßverluste klein ausfallen und der Tandemmotor auch zweckmäßig dort Verwendung finden kann, wo größere Motoren öfter angelassen werden müssen.[1]

c) Compoundmotoren.

Alle für Nebenschlußmotoren geeigneten Regulierungsmethoden lassen sich in sinngemäßer Abänderung auch für Compoundmotoren verwenden.

Es möge jedoch eine von W. H. Powel in Norwood, Ohio, angegebene Schaltung[2] Erwähnung finden, die eine Kombination der Regulierung durch ein Mehrleitersystem und durch Nebenschlußregulierung bezweckt. Die Hauptstromwicklung wird immer nur vorübergehend eingeschaltet, und zwar nur dann, wenn der Anker auf eine höhere Span-

---

[1] E. T. Z. 1903, S. 670.
[2] E. A. 1908, S. 326.

nung umgeschaltet wird, also z. B. in den Stellungen 1*a*,
1*d* und 1*g* bzw. 2*a*, 2*d* und 2*g*. Die Wirkungsweise ist
folgende. Wird die Steuerwalze aus der Nullstellung in Stellung 1*a* gebracht, Fig. 137, 90 V Spannung, so liegt die
Hauptstromwicklung mit dem Anker hintereinander. Die
Spule des Relais *R* ist durch Kontakthammer 9 erregt und
zieht ihren Kern ein, der jedoch durch eine Luftbremse in

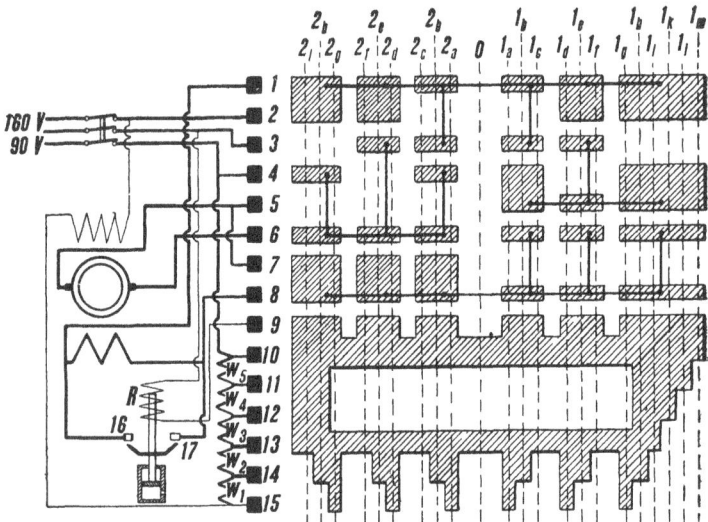

Fig. 137.   Regulierung von Compoundmotoren in Dreileitersystemen.

seiner Bewegung anfangs etwas verzögert wird. Nach einer
gewissen einstellbaren Zeit, die aber zum Anlauf genügt, wird
die Hauptstromwicklung durch Verbindung der Kontakte 16
und 17 kurz geschlossen, so daß der Motor nun als Neben-
schlußmotor weiterläuft und in Stellung 1*b* und 1*c* durch
Vorschaltung der Widerstände w_1 bzw. w_1 und w_2 vor die
Nebenschlußwicklung beschleunigt wird. Beim Übergang auf
Stellung 1*d* — Umschaltung von 90 auf 160 V — wird der
Hammer 9 stromlos, so daß *R* seinen Kern fallen läßt. In
Stellung 1*d* und später 1*g* — Umschaltung auf 250 V —

wiederholt sich das oben beschriebene Spiel. Die Stellungen 1*g*
bis 1*m* dienen lediglich zur Feldschwächung.

Die Hauptstromwicklung dient also nur dazu, bei Erhöhung der Spannung den plötzlichen Stoß durch eine Feldverstärkung, die außerdem noch durch Kurzschließen der
Widerstände w_1 und w_2 eintritt, zu mildern bzw. aufzuheben.

II. Mehrphasenstrom. a) Asynchronmotoren.

1. Hauptstromregulierung.

Im Gegensatz zu der gleichen Regulierung bei Gleichstrommotoren wird durch die Einschaltung von Widerständen
nicht die Betriebsspannung abgedrosselt, sondern es wird der
Schlupf vergrößert. Für Geschwindigkeitsregulierung mittels
Hauptstromwiderständen sind daher nur Motoren mit Schlei-
ringrotor brauchbar (vgl. Fig. 90). Der Stator, hier das Feld,
muß dabei volle Betriebsspannung erhalten. Der Übelstand,
daß sich die eingestellte Geschwindigkeit mit dem jeweils erforderlichen Drehmoment ändert, tritt hier genau so auf wie
bei den Gleichstrommotoren; ebenfalls, daß die erforderliche
Primärenergie bei allen Geschwindigkeiten dieselbe bleibt,
gleiches Drehmoment vorausgesetzt.

2. Reguliersystem Wüst.

Die Firma C. Wüst & Cie. erreicht eine weitgehende
Änderung der Umdrehungszahlen dadurch, daß sie auf ein
und dieselbe Welle Motoren verschiedener Polzahl aufsetzt.
Die »Elemente« können dann entweder einzeln an das
Netz angelegt werden oder auch mehrere gleichzeitig. Im
letzteren Falle ist der Wirkungsgrad nicht befriedigend, und
es tritt eine sehr große Phasenverschiebung ein. Es lassen
sich z. B. mit einem Dreistufenmotor mit vier-, sechs- und
achtpolig gewickelten Elementen[1] folgende Drehzahlen bei
Leerlauf erreichen, bei 100 Polwechseln pro Sekunde:

$n = 1500$ vierpoliges Element allein,

$n = 1060$ vier- und sechspoliges Element parallel,

---

[1] Burkard, E. T. Z. 1903, S. 697.

$n = 1000$ sechspoliges Element allein,

$n = 950$ vier- gegen sechspoliges Element,

$n = 820$ vier-, sechs- und achtpoliges Element parallel,

$n = 790$ sechs- und achtpoliges Element parallel,

$n = 770$ vier- und achtpoliges Element parallel,

$n = 760$ sechs- und achtpoliges Element gegen das vier-
polige,

$n = 750$ achtpoliges Element allein,

$n = 740$ vier- und achtpoliges Element gegen das sechspolige,

$n = 730$ vier- gegen achtpoliges Element,

$n = 720$ sechs- gegen achtpoliges Element.

An der angegebenen Stelle werden Versuchsresultate von einem 3 PS-Stufenmotor mit vier-, sechs- und achtpoligen Elementen mitgeteilt. Es ergab sich:

vier- und sechspoliges Element parallel:
$$N_{max} = 7\ PS; \quad n = 930;$$

vier-, sechs- und achtpoliges Element parallel:
$$N_{max} = 10{,}6\ PS; \quad n = 690;$$

sechs- und achtpoliges Element parallel:
$$N_{max} = 8{,}7\ PS; \quad n = 690;$$

vier- und achtpoliges Element parallel:
$$N_{max} = 6{,}7\ PS; \quad n = 670.$$

Jedes Element allein geschaltet kann 3 PS abgeben.

3. Polumschaltung.

Zur Erzielung von Geschwindigkeitsänderungen, die im Verhältnis 1 : 2 stehen, wird zweckmäßig die Polumschaltung angewendet. Der Motor erhält hierbei eine ganz normale Wicklung, die in jeder Phase in der Mitte geteilt ist oder bei fortlaufender Wicklung einen Anschlußdraht erhält. Soll der Motor mit der Hälfte der Umdrehungen laufen, so wird in der einen Hälfte der Wicklung die Stromrichtung umgekehrt.

Die Phasenverschiebung polumschaltbarer Motoren ist normal und der Wirkungsgrad gut.

In Fig. 138 ist eine Vereinigung der Polumschaltung mit
dem Regulierungssystem Wüst dargestellt. Auf derselben
Achse sitzen z. B. ein achtpoliger Motor, der durch den Umschalter U_2 auf vierpoligen Betrieb umgeschaltet werden kann,
und ein vierpoliger. Haben die »Elemente« z. B. je 3 PS

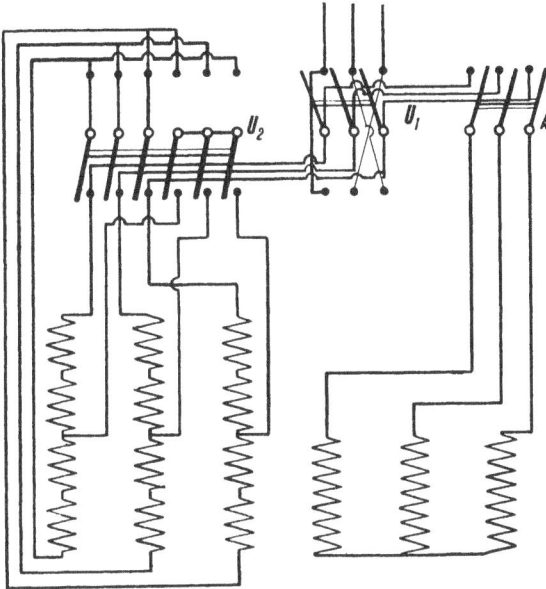

Fig. 138. Regulierungssystem Wüst in Verbindung mit Polumschaltung für
asynchrone Drehstrommotoren.

Leistung, so lassen sich hiermit folgende Leistungen und Geschwindigkeiten erzielen:

Vierpoliges Element allein, Schalter A
    geschlossen . . . . 3 PS, $n = 1500$

achtpoliges Element allein, Umschalter U_2
    nach oben . . . . 3 PS, $n = 750$

achtpoliges Element allein, aber auf vier
    Pole umgeschaltet, Umschalter U_2
    nach unten . . . . 6 PS, $n = 1500$

achtpoliges Element auf vier Pole umgeschaltet, Umschalter U_2 nach unten
und gleichzeitig
vierpoliges Element, Schalter A, geschlossen . . . . 9 PS, $n = 1500$.

Der Umschalter U_1 dient nur zur Änderung der Drehrichtung.

Diese Ausführungsform eignet sich besonders da, wo
gerade bei hohen Geschwindigkeiten ein großes Drehmoment
verlangt wird.

4. Getrennte Wicklungen verschiedener Polzahl.

Liegen die verlangten Geschwindigkeiten nicht sehr weit
auseinander, etwa 30—50 %, so läßt sich die Polumschaltung
nicht anwenden. Es ist jedoch möglich, zwei Wicklungen
verschiedener Polzahl zu benutzen. Durch eine vier- und
sechspolige Wicklung lassen sich z. B. 1500 und 1000 Umdrehungen (100 Polwechsel pro Sekunde) erreichen, durch
eine sechs- und achtpolige 1000 und 750 Umdrehungen usw.

Werden beide Wicklungen oder eine derselben noch um-
schaltbar eingerichtet, so ergeben sich erheblich größere Geschwindigkeitsänderungen, z. B. eine 8 pol. umschaltbare und
eine 12 pol. Wicklung eine Änderung der Geschwindigkeit
von 1 : 1,5 : 3; eine 8 pol. umschaltbare und eine 6 pol. Wicklung
1 : 1,33 : 2; eine 8 pol. und eine 12 pol. Wicklung, beide um-
schaltbar 1 : 1,5 : 2 : 3 usw.

Auch diese Regulierungsmethode besitzt normale Phasenverschiebung und guten Wirkungsgrad.

5. Wechselweise Benutzung eines ein- und dreiphasigen Rotors bei Drehstrommotoren.

Wird bei einem im Betrieb befindlichen Drehstrommotor
mit Schleifringanker eine Bürste abgehoben, bzw. eine Zuleitung
zum Anlasser unterbrochen, so sinkt in bestimmten Fällen die
Umdrehungszahl sofort auf die Hälfte, sobald die Belastung
nicht zu gering ist; beim Anlassen wird nur die halbe Geschwindigkeit erreicht. Da die Phasenverschiebung bei halber
Geschwindigkeit groß ist und der Wirkungsgrad niedrig, aller-

dings immer noch größer als bei Anwendung von Widerständen im Rotorstromkreis, so wird von dieser Methode wenig
Gebrauch gemacht, zumal sie nicht bei allen Motoren anwendbar ist.

6. Kaskadenschaltung mit zwei Asynchronmotoren.

Bei der bekannten Kaskadenschaltung (Görges) wird der
Rotorstrom des einen Motors dem Stator des zweiten zugeführt,
während der Rotor des zweiten auf Widerstände arbeitet bzw.
kurz geschlossen ist, Fig. 139. Sind beide Motoren von gleicher
Größe und Polzahl, so ist die Geschwindigkeit bei Kaskadenschaltung halb so groß, als bei normaler Schaltung, wenn

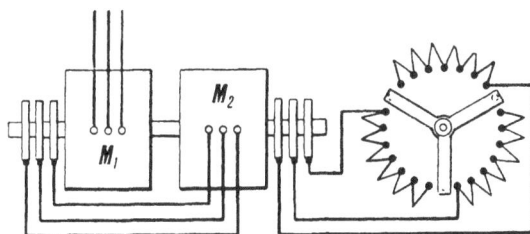

Fig. 139. Regulierung von zwei gleichen asynchronen Drehstrommotoren
durch Kaskadenschaltung.

beide Rotoren kurz geschlossen sind. Die Schaltung kann
auch so ausgeführt werden, daß der Rotor des ersten den
Rotor des zweiten Motors speist und der Stator des letzteren
über Widerstände kurz geschlossen wird. Die Drehzahl in
der Kaskade ist allgemein ausgedrückt, gleich derjenigen, die
ein Motor annehmen würde, der so viel Pole hat als beide
Motoren zusammen; z. B. würde die Kaskadenschaltung eines
6- und eines 4pol. Motors bei 100 Polwechsel pro Sekunde
600 Umdrehungen ergeben.

Durch wechselweise Benutzung verschiedenpoliger Motoren
und Kaskadenschaltung derselben läßt sich die Geschwindigkeitsänderung erweitern. Eine einfache Schaltung hat Danielson
angegeben, Fig. 140. Wird z. B. ein 6- und ein 4pol. Motor
verwendet und liegen beide Umschalter U_1 und U_2 nach oben,
so ist Kaskadenschaltung mit $n = 600$ vorhanden; wird U_2

nach unten gelegt, so arbeitet nur der 6 pol. Motor M_1 mit
$n = 1000$; wird U_1 auch noch nach unten umgeschaltet, so
arbeitet nur der 4 pol. Motor M_2 mit n = 1500.

Durch Gegenschaltung läßt sich eine weitere Regulier-
stufe erreichen, Fig. 141, Stellung 1 der Steuerwalze ist Anlaßstellung. In Stellung 2 ist der Motor M_1 in Kaskade mit M_2

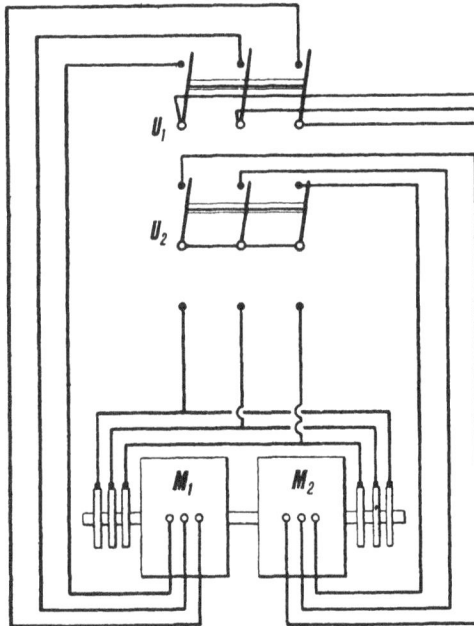

Fig. 140. Regulierung asynchroner Drehstrommotoren durch wechselweise
Benutzung verschiedenpoliger Motoren und Kaskadenschaltnng (Danielson).

geschaltet, in 3 arbeitet M_1 allein, in 4 M_2 gegen M_1 und in
5 M_2 allein. Ist also z. B. M_1 10 polig und M_2 4 polig, so
ergeben sich folgende Umdrehungszahlen (100 Polwechsel):

Stellung 2 der Steuerwalze $n =$ 428
  »   3 »   » $n =$ 600
  »   4 »   » $n = 1000$
  »   5 »   » $n = 1500$.

Alle vorbeschriebenen Schaltungen gestatten nur eine Regulierung in verhältnismäßig großen Sprüngen. Im Gegensatz hierzu ist es mit der von Heyland[1]) angegebenen Kaskade mit gemischter Umformung möglich, jede beliebige Geschwindigkeit einzustellen. In Fig. 142 ist M_1 der Hauptmotor, der mit dem Hintermotor M_2 gekuppelt ist. Ersterer ist ein normaler Asynchronmotor, letzterer ein Drehstrom-Gleichstrom-

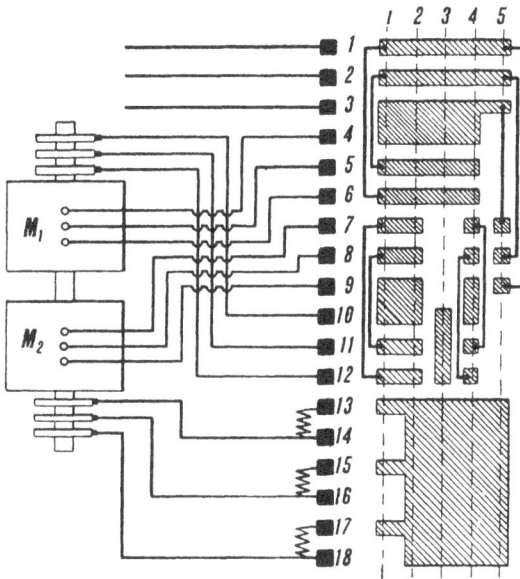

Fig. 141. Regulierung asynchroner Drehstrommotoren verschiedener Polzahl durch Kaskaden- und Gegenschaltung.

motor, ähnlich einem Einankerumformer. Der Hilfsmaschinensatz M_3 M_4 leistet keine mechanische Arbeit, sondern nur elektrische; der Hilfsmotor M_3 ist ebenfalls ein normaler Asynchronmotor und die Hilfsmaschine M_4 eine Gleichstromdynamo. Die Wirkungsweise ist folgende: Zunächst werden die Schalter S_1, U_1 und U_2 geschlossen, und der Hilfsmaschinensatz M_3 M_4 wird dadurch angelassen, daß die Leitungen von M_3 zu M_2

---

[1]) E. T. Z. 1908, S. 386.

unterbrochen und dann über Widerstände kurz geschlossen werden (nicht gezeichnet). Sodann wird diese Verbindung wieder hergestellt und U_3 geschlossen. Der Rotor von M_3 ist dadurch über dem Anker von M_2 kurz geschlossen. Nunmehr wird U_4 geschlossen und durch R_1 die Dynamo M_4 teilweise erregt. Ihr Ankerstrom fließt zum Anker von M_2 und z. T. von dort zum Rotor von M_3. Der Hilfs- motor M_3 läut dann synchron und hebt die Phasen- verschiebung im Netz auf, wenn die sei- nem Rotor zugeführte Stromstärke groß ge- nug ist. Sollen nun M_1 und M_2 angelassen werden, so ist erst der Umschalter U_5 zu schließen und M_2 durch R_2 voll zu erregen und dann mittels R_1 auch noch M_4 voll zu er- regen, bis höchste Ge- schwindigkeit vorhan- den ist. Beim Anlauf von $M_1 M_2$ nimmt die Drehzahl von $M_3 M_4$ ab, da die Polwechsel- zahl des Rotors von M_1 abnimmt. Der Hilfs- motor M_3 gibt einen Teil seiner Leistung elektrisch an M_2 ab, einen Teil mechanisch

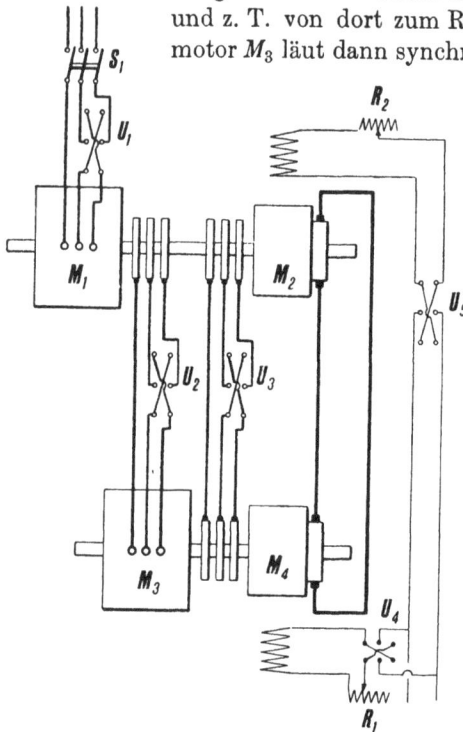

Fig. 142. Regulierung asynchroner Drehstrom- motoren (Heyland).

an M_4. Diese arbeitet ebenfalls auf M_2. Letzterer läuft also gleichzeitig als Drehstrom- und Gleichstrommotor an. Die Einstellung einer beliebigen Geschwindigkeit ist durch Re- gulierung der Gleichstromerregung von M_2 und M_4 möglich. Die Umschalter U_1 bis U_5 dienen zur Änderung der Dreh- richtung. U_1 bis U_4 müssen hierbei gleichzeitig bedient werden, während U_5 erst beim Anlauf geschlossen zu werden braucht.

Eine der vorbeschriebenen ähnliche Schaltung ist von Ch. Krämer[1]) angegeben und der Firma Felten & Guilleaume, Lahmeyerwerke A.-G. durch D. R. P. 177270 geschützt. Der Hilfsmaschinensatz besteht hierbei aus dem Einankerumformer M_3, der Energie in Form von Drehstrom vom Rotor des Asynchronmotors M_1 aufnimmt und als Gleichstrom an den Gleichstrommotor M_2 zurückgibt Fig. 143. Bei voller Geschwindigkeit von M_1 ist die Frequenz und Spannung des Rotorstromes sehr klein und dem entsprechend die Drehzahl von M_3 und die Spannung des abgegebenen Gleichstromes. Da M_2 dieselbe Drehzahl besitzen muß, wie M_1, so muß das Magnetfeld von M_2 der zugeführten geringen Ankerspannung halber, ebenfalls sehr schwach sein. Wird dasselbe durch R_1 verstärkt, so sinkt der Ankerstrom, dadurch auch der M_3 zufließende Rotorstrom und folglich auch der Statorstrom von M_1. Die Drehzahl von M_1 sinkt — gleichbleibendes Drehmoment vorausgesetzt — der Schlupf wird größer, die Drehzahl von M_3 steigt dementsprechend und mit ihr die Gleichstromspannung, so daß M_2 nunmehr eine höhere Stromstärke

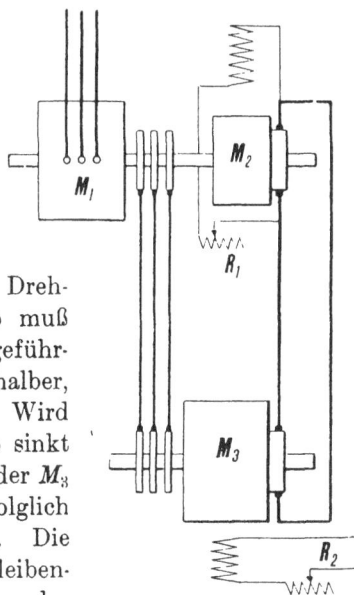

Fig. 143. Regulierung asynchroner Drehstrommotoren (Felten & Guilleaume-Lahmeyerwerke, A.-G).

erhält und höheren Anteil an der Kraftlieferung nimmt. Die Schlupfverluste werden größtenteils vermieden, da die Rotorenergie, abzüglich der unvermeidlichen Verluste in M_3 und M_2, an die Welle zurückgegeben wird. Eine Verstärkung der Erregung von M_2 bewirkt eine Geschwindigkeitsverminderung

---

[1]) E. T. Z. 1908. S. 734.

und umgekehrt, ohne daß große Sprünge in der Geschwindigkeit erfolgen und ohne daß nennenswerte Verluste auftreten.
Durch den Nebenschlußregulator R_2 kann M_3 übererregt und
daher die Phasenverschiebung des Statorstromes von M_1 aufgehoben werden.

Eine weitere Vereinfachung des Regulierungsverfahrens[1])
zeigt Fig. 144. M_1 ist ein asynchroner Drehstrommotor, M_2
ein asynchroner Drehstrom-Kommutatormotor, T ein Regulier-
transformator und Ph ein Phasen-
regler, z. B. ein Asynchronmotor
mit feststehendem von Hand
drehbarem Rotor. Der rotie-
rende Hilfsmaschinensatz ist
durch ruhende Apparate ersetzt.
Ph dient nur dazu, den wattlosen Primärstrom von M_1 zu
kompensieren, während durch T
die Feldstärke von M_2 und hierdurch indirekt die Drehzahl
von M_1 beeinflußt wird. Auch
diese Schaltung ist den Felten-
& Guilleaume-Lahmeyer-Werken,
A.-G., unter Nr. 169 453 geschützt.

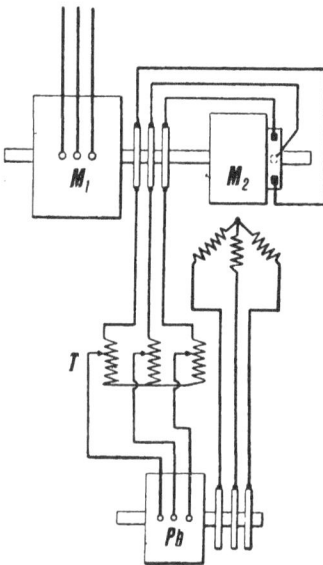

7. Kaskadenschaltung mit einem Asynchron- und einem Synchronmotor.

Fig. 144. Regulierung asynchroner
Drehstrommotoren (Felten & Guilleaume-Lahmeyerwerke, A.-G.).

Diese Schaltung wurde von
Arnold, Bragstad 'und la Cour
angegeben. An Stelle des zweiten Asynchronmotors (Hinter-
motors) tritt hier ein Synchronmotor, der dem ganzen System
einen völlig synchronen Charakter verleiht, indem bei steigender Belastung die Drehzahl nicht abnimmt, sondern konstant
bleibt, bis bei Überlastung die Motoren »außer Tritt« fallen;
dies trifft auch dann zu, wenn die Überlastung stoßweise auf-

---

[1]) E. T. Z. 1906, S. 531.

tritt. Dazu kommt noch die Schwierigkeit, den Synchronmotor hinzuzuschalten, wozu in bekannter Weise Synchronisierapparate benutzt werden. Durch Übererregung des Synchronmotors kann die Phasenverschiebung des zugeführten Stromes z. T. aufgehoben werden.

8. Zwei Asynchronmotoren verschiedener Polzahl mit gegeneinander geschalteten Ankern.

Bei dieser von Jonas[1]) angegebenen Schaltung der Felten & Guilleaume-Lahmeyerwerke, A.-G., werden die Statoren beider Motoren an das Netz angeschlossen und die Rotoren gegeneinander geschaltet. Sobald beim Anlassen die positive Schlüpfung des einen Motors periodengleich ist mit der negativen Schlüpfung des anderen, was durch Phasenlampen festgestellt werden kann, werden die Rotoren so zusammengeschaltet, daß ihre Drehfelder entgegengesetzten Drehsinn haben. Die resultierende Umdrehungszahl ist doppelt so groß, als bei der gewöhnlichen Kaskadenschaltung; ein 6- und 4 pol. Motor laufen daher zusammengeschaltet mit $n = 1200$. Das Verhältnis der beiden Polzahlen muß möglichst verschieden von 1 sein, also entweder $\geq 1,5$ oder $\leq 0,67$. Beide Motoren empfangen Energie vom Netz. Der positiv schlüpfende Motor gibt dieselbe z. T. an die Welle ab, z. T. als elektrische Energie an den Rotor des zweiten Motors; dieser empfängt Energie im Stator und Rotor und setzt beide in mechanische Arbeit um. Der Motor mit der kleineren Polzahl, also der positiv schlüpfende, ist fast vollständig kompensiert.

9. Asynchrone Kommutatormotoren.

Eine von Winter und Eichberg angegebene Schaltung benutzt einen Kommutatormotor, der (bei Drehstrom) mit 3 um 120^0 versetzten Bürstensätzen versehen ist. Von diesen Bürsten kann Drehstrom derselben Frequenz, als der zugeführte hat, abgenommen werden. Die Spannung derselben ist proportional dem Schlupf, also am größten bei stillstehendem Anker und am kleinsten bei normaler Drehzahl. Wird dieser

---

[1]) E. T. Z. 1906, S. 531.

Anker an die Sekundärwicklung eines regulierbaren Transformators gelegt, dessen Primärwicklung vom Netz gespeist wird, so kann durch Regulierung der Sekundärspannung, z. B. dadurch, daß Windungen ab- oder zugeschaltet werden, die Umdrehungszahl des Motors beliebig eingestellt werden, da die Rotorspannung den ihr vom Transformator aufgedrückten Wert annehmen und der Schlupf sich entsprechend der Rotorspannung einstellen muß. Die im Rotor erzeugte Energie, die bei Hauptstromregulierung in den Widerständen vernichtet würde, wird durch den Transformator an das Netz zurückgegeben.

Von diesem Verfahren ist auch bei der zuletzt beschriebenen Kaskadenschaltung, Fig. 144, Gebrauch gemacht.

10. Regulierdynamo.

Große asynchrone Motoren lassen sich mit Vorteil dadurch regulieren, daß sie durch besondere Generatoren gespeist werden, die — im Gegensatz zu der ähnlichen Regulierungsart für Gleichstrommotoren — mit variabler Drehzahl betrieben werden können. Die Geschwindigkeit des Motors ist proportional der jeweiligen Frequenz des zugeführten Stromes, abzüglich Schlupf, vgl. auch Fig. 96.

b) Synchronmotoren.

Die Geschwindigkeitsregulierung von Synchronmotoren ist ebenfalls nur durch Verwendung von Regulierdynamos möglich. Es ist jedoch Bedingung, daß die Gleichstromerregung einer besonderen Kraftquelle entnommen wird und nicht einer mit dem Synchronmotor gekuppelten Gleichstromerregerdynamo, damit bei allen Drehzahlen volle Erregung aufrecht erhalten werden kann.

III. Einphasenstrom.

a) Asynchrone und synchrone Motoren.

Beide Arten von Motoren lassen sich nur durch besondere Regulierdynamos in weitgehender und feinstufiger Weise in ihrer Geschwindigkeit ändern.

Die asynchronen Motoren mit Schleifringanker erlauben unter bestimmten Umständen eine Regulierung der Drehzahl nach unten durch in den Rotorstromkreis eingeschaltete Widerstände. Die Regulierung kann sich jedoch nur innerhalb sehr enger Grenzen bewegen, so daß ihre Anwendbarkeit sich auf Ausnahmefälle beschränkt.

b) Kommutatormotoren.

Die Regulierung der Reihenschlußmotoren erfolgt fast ausschließlich durch Änderung der zugeführten Spannung mittels Reguliertransformators, vgl. Fig. 12.

Bei den Reihenschlußkurzschlußmotoren kann die Änderung der Geschwindigkeit entweder durch Änderung der Ankerstromstärke erfolgen, Fig. 111 oder auch durch Zuführung variabler Spannung und gleichzeitiger Ankerregulierung, Fig. 14. Die letztere Regulierung, allerdings in etwas anderer Schaltung wird nötig, wenn der Motor für konstante Geschwindigkeit geschaltet wird, Fig. 18.

Die Repulsionsmotoren gestatten eine ziemlich weitgehende Regulierung der Geschwindigkeit nicht nur durch Zuführung variabler Spannung, sondern auch dadurch, daß der Anker nicht in sich kurz geschlossen, wie es z. B. die Fig. 15 zeigte, sondern an die Sekundärwicklung eines primär vom Netz erregten Transformators gelegt wird. Durch Regulierung der sekundären Windungszahl läßt sich die Umdrehungszahl bis ca. 150 % über der normalen einstellen. Der Transformator braucht dabei nur etwa $1/3$ der Energie umzuformen.

Bei den Repulsionsmotoren nach System Deri, Fig. 16, erfolgt die Geschwindigkeitsänderung durch Verdrehung des einen Bürstensatzes in weiten Grenzen. Ist es erforderlich, die Regulierung aus der Ferne vorzunehmen, so kann in bestimmten Fällen auch die Schaltung, Fig. 145 [1]) angewendet werden.

Wenn der Motor so geschaltet ist, daß er im Betriebe bei allen Belastungen annähernd konstante Drehzahl besitzt, Fig. 19,

---

[1]) E. A. 1907, S. 811.

so läßt sich eine feinstufige Regulierung durch Änderung des
zwischen den beiden Bürstensätzen liegenden Regulierwider-
standes erreichen.

In ähnlicher Weise — an Stelle des Widerstandes ist
ein Transformator gewählt, wird der für konstante Geschwindigkeit geschaltete Reihenschlußkurzschlußmotor für verschiedene Drehzahlen eingestellt, Fig. 18.

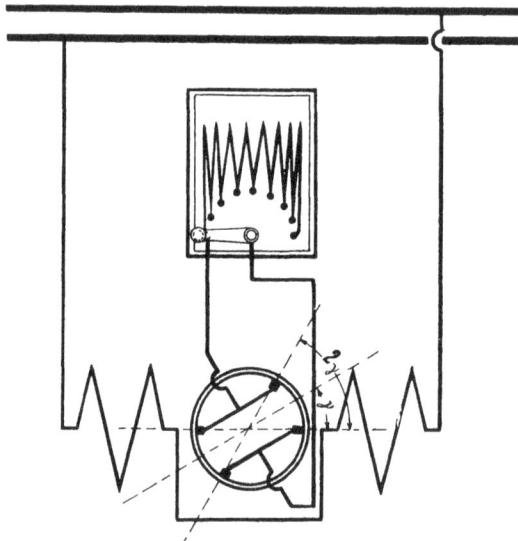

Fig. 145. Regulierung einphasiger Kommutatormotoren, System Deri.

Bei dem Repulsions-Induktionsmotor von Schüler, Fig. 21,
ist eine Regulierung der Drehzahl nach unten bis etwa zur
Hälfte der normalen dadurch möglich, daß Widerstand zwischen
die Schleifringe gelegt wird, wodurch der Ankerstrom teilweise über den zwischen den Bürsten liegenden Widerstand
fließt und der Motor teils als Induktions- und teils als Repulsionsmotor arbeitet.

Nachstehende Tabelle 6 (S. 194—203) gibt eine übersicht-
liche Zusammenstellung aller vorstehend beschriebenen Regulierungsmethoden.

J. Die Konstanthaltung der Umdrehungszahlen.

Die im vorigen Abschnitt angegebenen Mittel, die Umdrehungszahlen zu ändern, eignen sich zum Teil auch dazu, dieselben konstant zu halten. Es sollen daher nur diejenigen Methoden ausführlicher besprochen werden, welche bisher noch nicht beschrieben sind.

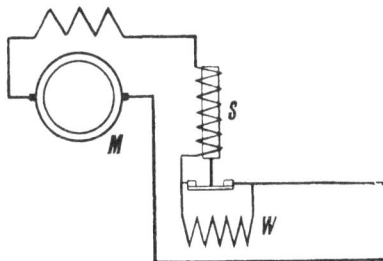

Fig. 146. Verhütung des Durchgehens von Hauptstrommotoren bei völliger Entlastung.

I. Gleichstrom.

a) Hauptstrommotoren.

Die Möglichkeit, bei abnehmendem Drehmoment die durch Feldschwächung entstehende Erhöhung der Umdrehungszahl dadurch zu vermeiden, daß in den Hauptstrom Vorschaltwiderstände zur Vernichtung eines Teiles der Betriebspannung eingeschaltet werden, ergibt sich aus früheren Ausführungen.

Eine ähnliche Einrichtung, allerdings nur zum Zwecke, ein Durchgehen des Motors bei plötzlichen Entlastungen zu vermeiden bzw. nur eine bestimmte obere Grenze der Geschwindigkeit zu gestatten, besteht darin, daß ein Solenoid S, Fig. 146, in den Hauptstromkreis gelegt wird, welches bei einer festgesetzten Minimalstromstärke seinen Kern fallen läßt und dadurch einen Widerstand W vor den Motor legt.

Tabelle 6.

Art der Regulierung	Vorteile	Nachteile	Verwendungsgebiet
I. Gleichstrom. a) Hauptstrommotoren.			
1. Hauptstromregulierung	Normale Motoren; stoßfreie Änderung	Änderung von der Belastung des Motors abhängig. In den Widerständen wird nutzlos Energie verzehrt, daher unwirtschaftlicher Betrieb. Bei Leerlauf oder sehr kleiner Belastung des Motors ist eine Änderung der Drehzahl nur mit außergewöhnlich großen Widerständen zu erreichen und nur nach unten	Für kleine Motoren; für größere dann, wenn es sich nur um geringe Verminderung der Geschwindigkeit handelt oder um kurzzeitige Betriebsdauer mit verminderter Geschwindigkeit; wenn Energie sehr billig ist; wenn es auf größte Einfachheit der Anlage ankommt; wenn die Betriebskosten gegenüber den Anlagekosten zu vernachlässigen sind, z. B. bei provisorischen Anlagen
2. Serien-Parallelschaltung	Normale Motoren; Verluste kleiner als unter 1	Änderung der Geschwindigkeit nur im Verhältnis 1:2 möglich; Notwendigkeit, zwei Motoren an Stelle eines einzigen anzuwenden; Änderung bei beiden (Geschwindigkeiten von der Belastung des Motors abhängig; große Widerstände bei kleinen Belastungen erforderlich; Umschaltung ist nicht stoßfrei	Bahnen; Betriebe, bei denen die Verwendung zweier Motoren von je der halben erforderlichen Leistungsfähigkeit aus anderen Gründen erwünscht bzw. erforderlich ist

	Wirtschaftlich	Anormale, teure Motoren; Stoß beim Umschalten; verhältnismäßig wenig Geschwindigkeitsstufen; Geschwindigkeit von der Belastung abhängig	Bahnen
3. Regulierung des Magnetfeldes durch gruppenweise Änderung der Magnetwindungen	Wirtschaftlich	Anormale, teure Motoren; Stoß beim Umschalten; verhältnismäßig wenig Geschwindigkeitsstufen; Geschwindigkeit von der Belastung abhängig	Bahnen
4. Regulierung des Magnetfeldes durch einen Parallelwiderstand zu der Magnetwicklung	Wirtschaftlich; Möglichkeit, die Geschwindigkeit feinstufig zu andern; normale Motoren	Geschwindigkeitsänderung nur nach oben möglich; Geschwindigkeit von der Belastung abhängig	Bahnen; Betriebe, die sehr feine oder ganz allmähliche Einstellung der Geschwindigkeit verlangen
5. Serien - Kraftübertragung	Wirtschaftlich; Geschwindigkeit bleibt bei allen Belastungen konstant	Teure Anlage, da für jeden Motor besondere Dynamo erforderlich	Größere Motoren; Kraftübertragung nach einem einzigen Punkte, an dem nur ein einziger Motor erforderlich ist

b) Nebenschlußmotoren.

1. Hauptstromregulierung	Wie I a) 1.	Wie I a) 1.	Wie I a) 1.
2. Ankerumschaltung	Wirtschaftlich; eingestellte Umdrehungszahl bleibt bei allen Belastungen konstant. Zwei, drei oder vier Geschwindigkeiten möglich	Anormale, teure Motoren. Wartung von zwei Kollektoren. Beim Stoß tritt ein Stoß ein	Für Betriebe, die nur wenige Geschwindigkeitsstufen brauchen und bei denen ein Stoß, der beim Umschalten von Serien- auf Parallelbetrieb erfolgt, zulässig ist

13*

Tabelle 6. (Fortsetzung.)

Art der Regulierung	Vorteile	Nachteile	Verwendungsgebiet
3. Nebenschlußregulierung	Wirtschaftlich; eingestellte Umdrehungszahl bleibt bei allen Belastungen konstant; stoßfreier sanfter Übergang	Anormale, teure Motoren. Funkenfreier Lauf bei sehr großen Änderungen nur durch Wendepole erreichbar	Für sehr feine Änderung der Umdrehungszahlen bis etwa 1:3. Änderungen von 1:4 bis 1:6 zweckmäßig nur mit Wendepolmotoren
4. Änderung der Erregung auf mechanischem Wege	Wirtschaftlich; gleichmäßige Geschwindigkeitsänderung	Anormale, teure Motoren; Fernbedienung nicht möglich	Für Betriebe, in denen eine Fernbedienung nicht erforderlich ist; für Änderungen bis ca 1:4
5. Änderung der Polzahl	Energievernichtung findet überhaupt nicht statt	Nur bei vier- und mehrpoligen Motoren anwendbar; anormale, teure Motoren; Änderung meist nur im Verhältnis 1:2 möglich	Bei größeren Motoren, die zwei im Verhältnis 1:2 stehende Geschwindigkeiten haben sollen
6. Regulierdynamos	Wirtschaftlich; normale Motoren; eingestellte Umdrehungszahl bleibt bei allen Belastungen konstant; stoßfreier sanfter Übergang; Fortfall des Anlassers	Teure Anlage; ungenügender Wirkungsgrad bei sehr kleinen Geschwindigkeiten	Für Betriebe mit sehr wenigen oder sehr großen Motoren, die weitgehend feinstufig regulierbar sein müssen, z. B. Papiermaschinen

7. Gegenschaltung	Wirtschaftlich; normale Motoren; eingestellte Umdrehungszahl bleibt bei allen Belastungen konstant; stoßfreier sanfter Übergang; Fortfall des Anlassers; Gegenspannungsmaschine wird nur halb so groß als die unter d) beschriebene Regulierdynamo	Teure Anlage; vor jedem neuen Anlassen ist nachzuprüfen, ob die Spannung der Gegenspannungsmaschine gleich und entgegengesetzt der Netzspannung ist	Für Betriebe mit einer beschränkten Anzahl von Motoren, die weitgehend feinstufig regulierbar sein müssen
8. Mehrleitersysteme	Wirtschaftlich; normale Motoren; eingestellte Umdrehungszahl bleibt bei allen Belastungen konstant; Fortfall des Anlassers	Teure Anlage; beim Umschalten tritt ein Stoß auf	Für Betriebe mit vielen Motoren, die alle oder größtenteils eine weitgehende Regulierung erfordern, wobei kleine Stöße beim Umschalten zulässig sind. Die Geschwindigkeitsänderung ist von 1:2 bis 1:33 und noch höher wählbar, je nach Art des Systems und je nachdem die Motoren ohne oder mit Nebenschlußregulierung genommen werden. Im letzteren Falle fällt auch der Stoß beim Umschalten fort, wenn eine entsprechende Einrichtung getroffen wird

Tabelle 6. (Fortsetzung.)

Art der Regulierung	Vorteile	Nachteile	Verwendungsgebiet
9. Das Tandem-Regulierverfahren nach Bergmann	Sehr weitgehende Regulierung	Teure Anlage	Wenn nicht nur weitgehend reguliert sondern auch oft stillgesetzt und angelassen werden muß

c) Compoundmotoren.

Für dieselben werden die Reguliermethoden für Nebenschlußmotoren in sinngemäßer Weise benutzt.

II. Mehrphasenstrom. a) Asynchronmotoren.

1. Hauptstromregulierung	Wie I a) 1	Wie I a) 1	Wie I a) 1
2. Regulierungssystem Wüst	Einfache Schaltung. Dann wirtschaftlich, wenn überwiegend mit Geschwindigkeiten gearbeitet wird, die nicht durch Parallelschaltung zweier Motoren entstehen	Anormale, teure Motoren, die für die Zwischenstufen der Umdrehungszahlen mit schlechtem Wirkungsgrad arbeiten, wobei auch der cos φ sehr klein wird; beim Umschalten tritt Stoß auf	Für Betriebe, die mit wenigen, und zwar den Grunddrehzahlen, meist auskommen und die Zwischenstufen nur ausnahmsweise brauchen.
3. Polumschaltung	EinfacheSchaltung; guter Wirkungsgrad; geringe Phasenverschiebung	Anormale, jedoch nicht teure Motoren. Änderung kann nur im Verhältnis 1:2 stattfinden; beim Umschalten tritt Stoß auf	Für Umdrehungszahlen, die sich wie 1:2 verhalten. Werden zwei umschaltbare Wicklungen genommen, so lassen sich Änderungen von 1:2:3:4 erreichen

4. Getrennte Wicklungen verschiedener Polzahl	Einfache Schaltung; guter Wirkungsgrad; geringe Phasenverschiebung	Anormale, teure Motoren; beim Umschalten tritt Stoß auf	Für Umdrehungszahlen, die etwa im Verhältnis 1 : 1,5 stehen
5. Wechselweise Benutzung eines ein- und mehrphasigen Rotors bei Drehstrommotoren	Große Einfachheit	Nicht bei allen Motoren anwendbar	Für Änderungen im Verhältnis 1 : 2
6. Kaskadenschaltung mit zwei Asynchronmotoren	Einfache Schaltung; normale Motoren	Die Phasenverschiebung nimmt sehr zu; die Überlastungsfähigkeit und die Dauerleistung sinken auf die Hälfte. Änderung nur in großen Sprüngen möglich	Für Geschwindigkeitsänderungen 1 : 2 bei zwei gleichpoligen Motoren; bei zwei verschiedenpoligen Motoren Änderung von 1 : 2,5, 1 : 3,5 u. a. möglich, wenn gleichzeitig Gegenschaltung angewendet wird
6a) Kaskadenschaltung mit einem Asynchron- und einem Kommutatormotor (Felten & Guilleaume-Lahmeyerwerke A.-G.)	Einfache Schaltung; geringe Anlagekosten; normale Motoren; Regulierung in weitgehender, feinstufiger Weise möglich	Besondere Phasenregler, Reguliertransformator nebst Reguliervorrichtung nötig; da diese und der Hintermotor bei großer Geschwindigkeitsänderung sehr groß werden, ist nur mäßige Änderung zweckmäßig	Für Walzwerksmotoren, zum Antrieb von Ilgner-Umformern und für ähnliche Betriebsverhältnisse

Tabelle 6. (Fortsetzung.)

Art der Regulierung	Vorteile	Nachteile	Verwendungsgebiet
6b) Kaskadenschaltung mit einem Hilfsmaschinensatz (Heyland; Felten & Guilleaume-Lahmeyerwerke)	Regulierung erfolgt durch Betätigung des Nebenschlußregulators in feinstufiger Weise	Teure Anlage; zum Betriebe ist noch Gleichstrom zur Erregung erforderlich; da der Hintermotor und der Hilfsmaschinensatz bei großer Geschwindigkeitsänderung sehr groß werden, ist nur mäßige Änderung zweckmäßig	Für Walzwerksmotoren, zum Antrieb von Ilgner-Umformern und für ähnliche Betriebsverhältnisse
7. Kaskadenschaltung mit einem Asynchron- und einem Synchronmotor	Normale Motoren; konstante Umdrehungszahl bei allen Belastungen; guter Wirkungsgrad; Kompensation der Netzphasenverschiebung durch Übererregung	Schwierigkeit der Inbetriebsetzung des Synchronmotors; Überlastungsfähigkeit ist gering; zur Erregung muß noch Gleichstrom vorhanden sein	Für Betriebe, in denen keine Überlastungen und keine starken Stöße vorkommen und denen eine sehr konstante Umdrehungszahl erwünscht ist
8. Zwei Asynchronmotoren verschiedener Polzahl mit gegeneinander geschalteten Ankern	Normale Motoren	Die Geschwindigkeitsänderung ist sehr gering	Für Betriebe, in denen nur zwei nicht sehr weit auseinander liegende Umdrehungszahlen gebraucht werden

9. Asynchrone Kommutatormotoren	Änderung der Umdrehungszahl in weiten Grenzen auf wirtschaftliche Weise möglich	Teure Motoren; besondere Transformator nebst Windungsregler, Regulierung nur nach unten	Für weitgehende Geschwindigkeitsänderung, wenn auf hohe Wirtschaftlichkeit gesehen werden muß. Die Regulierung eignet sich nur für kleinere und mittlere Motoren
10. Regulierdynamo	Wie I b) 6	Wie I b) 6	Wie I b) 6

b) Synchronmotoren.

Regulierdynamo	Wie I b) 6	Wie I b) 6	Wie I b) 6

III. Einphasenstrom.

a) Asynchrone und synchrone Motoren.

1. Regulierdynamo	Wie I b) 6.	Wie I b) 6.	Wie I b) 6.
2. Hauptstromregulierung (nur bei Asynchronmotoren)	Normale Motoren mit Schleifringanker	Kann nicht bei jedem beliebigen Motor angewendet werden	Kleine Änderung der Geschwindigkeit nach unten

Tabelle 6. (Fortsetzung.)

b) Kommutatormotoren.

Art der Regulierung	Vorteile	Nachteile	Verwendungsgebiet
1. Zuführung variabler Spannung durch Reguliertransformatoren (zum Stator bzw. zum Stator und Anker)	Wirtschaftlich; ziemlich feinstufige Regulierung	Bei Hochspannung muß der Regulierung wegen der Motor für Niederspannung gewickelt werden, selbst wenn dies sonst nicht erforderlich ist; eingestellte Umdrehungszahl ändert sich mit der Belastung	Normal für Geschwindigkeitsänderung nach unten; Motoren aller Größen; Niederspannungsmotoren
2. Zuführung variabler Betriebsspannung zum Anker (Repulsionsmotoren)	Wirtschaftlich; ziemlich feinstufige Regulierung; Stator kann für Hochspannung gewickelt werden	Reguliertransformator erforderlich; eingestellte Umdrehungszahl ändert sich mit der Belastung	Für Geschwindigkeitsänderung nach unten und oben; besonders geeignet für sehr hoch erforderliche (über der synchronen) Drehzahlen; Hochspannungsmotoren
3. Bürstenverschiebung bei den Repulsionsmotoren, besonders denen nach System Deri	Wirtschaftlich; sehr feinstufig	Fernbedienung nicht möglich; eingestellte Umdrehungszahl ändert sich mit der Belastung	Für Geschwindigkeitsänderung nach unten und oben, wenn Fernbedienung nicht erforderlich ist; kleinere Motoren; Hochspannungsmotoren

4. Zwischenschaltung von Widerstand zwischen die kurz geschlossenen Bürstensätze bei Derivi-Motoren für konstante Geschwindigkeit	Wirtschaftlich; sehr feinstufig; eingestellte Geschwindigkeit bleibt bei allen Belastungen konstant		Für weitgehende sehr feinstufige Regulierung; für Fernbedienung
5. Zuführung variabler Spannung zum Anker durch die senkrecht zur Feldrichtung stehenden Bürsten bei kompensierten Nebenschlußmotoren und Reihenschluß-Kurzschlußmotoren für konstante Geschwindigkeit	Wirtschaftlich; ziemlich feinstufig; eingestellte Geschwindigkeit bleibt bei allen Belastungen konstant	Reguliertransformator erforderlich	Niederspannungsmotoren
6. Einschaltung von Widerstand zwischen die Schleifringe bei den Repulsions-Induktionsmotoren, System Schüler, für konstante Geschwindigkeit	Wirtschaftlich; feinstufig; bei voller Geschwindigkeit ist der Kommutator fast stromlos	Eingestellte Geschwindigkeit ändert sich unterhalb der normalen etwas mit der Belastung; teure Motoren; Regulierung nur nach unten möglich	Für Betriebe, bei denen nur bei voller Drehzahl konstante Geschwindigkeit verlangt wird; kleinere Motoren; Hochspannungsmotoren

Auch die Parallelschaltung von Widerstand zu der Magnetwicklung kann zum gleichen Zwecke verwendet werden. Wird
die Schaltung so getroffen, daß etwa die Hälfte dieses Widerstandes bei der Drehzahl, die konstant gehalten werden soll,
eingeschaltet ist, so kann sowohl ein Steigen, wie auch ein
Fallen der Drehzahl verhindert werden, indem im ersten Falle
(Entlastung) Widerstand hinzu und im letzten Falle (Belastung)
Widerstand abgeschaltet wird.

Das Vor- oder Parallelschalten von Widerstand kann von
Hand erfolgen, wenn die Schwankungen der Geschwindigkeit
selten und nicht stoßweise auftreten,
oder selbsttätig durch Einrichtungen,
welche von der Geschwindigkeit 'des
Motors direkt oder indirekt beeinflußt
werden. Die Compagnie de l'Industrie
électrique, sowie die Allgemeine Elektrizitäts-Gesellschaft verwenden z. B.
den bekannten, auf dem Zentrifugal-
prinzip beruhenden Thury-Regulator,
der bei dem Gleichstrom-Reihenschal-
tungssystem Thury weitgehende Anwendung gefunden hat.

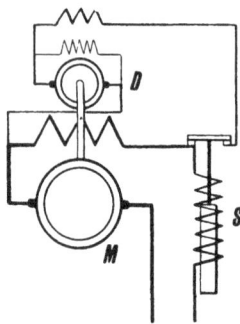

Fig. 147.
Konstanthaltung der Um-
drehungszahl von Haupt-
strommotoren bei Ent-
lastung.

Daß die Speisung eines Hauptstrommotors durch eine besondere
Hauptstromdynamo sehr geeignet ist,
bei allen Belastungen konstante Geschwindigkeit zu erzielen,
sofern nur die Drehzahl der Dynamo konstant bleibt, ist bereits an früherer Stelle ausführlich beschrieben.

Eine vollständig selbsttätige Regulierung der Geschwindigkeit, soweit eine Entlastung in Frage kommt, läßt sich dadurch
erreichen, daß parallel zu der Magnetwicklung eine kleine
Compound-Dynamo geschaltet wird, die ihren Antrieb vom
Motor erhält, Fig. 147. Der in der Magnetwicklung des Motors M
fließende Strom setzt sich zusammen aus dem Ankerstrom i_1
und dem Strom i_2 der Dynamo D. Nimmt die Geschwindigkeit zu, so nimmt auch i_2 zu. Es kann also erreicht werden,
daß die Summe von $i_1 + i_2$ konstant bleibt und folglich auch
die Erregung und Umdrehungszahl von M. Damit bei größerer

Belastung und dadurch erfolgendem Abfall der Drehzahl die Dynamo D nicht ummagnetisiert wird, ist das Solenoid S erforderlich, welches bei einer gewissen Maximalstromstärke die Dynamo D abschaltet.

b) Nebenschlußmotoren.

Der Nebenschlußmotor soll theoretisch seine Geschwindigkeit nur um einige Prozent ändern, und zwar lediglich infolge von Belastungsänderungen. Dies trifft aber in Wirklichkeit nicht ganz zu, da auch ein leer oder mit ganz konstanter Belastung laufender Nebenschlußmotor allmählich rascher läuft. Die Temperaturzunahme der Magnetwicklung bewirkt bekanntlich eine Widerstandszunahme und diese eine Schwächung des Magnetfeldes und Geschwindigkeitssteigerung. Letztere hält so lange an, bis die Temperatur der Magnetwicklung nicht mehr steigt. Sind die Abkühlungsverhältnisse gut, so dauert es ziemlich lange, sind sie schlecht, verhältnismäßig nur kurze Zeit, bis die höchste Geschwindigkeit erreicht ist, immer Dauerbetrieb vorausgesetzt. Die Widerstandszunahme eines Kupferdrahtes beträgt — innerhalb der Grenzen von 0 bis 60^0 C — etwa 0,4 $^0/_0$ bei einer Temperatursteigerung von 1^0 C. Da nach den jetzt gültigen Vorschriften bei ruhenden Magnetwicklungen eine Temperaturzunahme von 60^0 C erlaubt ist, so kann maximal eine Widerstandszunahme von $60 \cdot 0,4 = 24 ^0/_0$ eintreten, der eine Geschwindigkeitssteigerung von ca. 10$^0/_0$ entspricht. Diese läßt sich teilweise vermeiden, wenn die Magnetwicklung derart bemessen wird, daß sie sich weniger erwärmt. Die im Handel erhältlichen Motoren sind mit Rücksicht auf Konkurrenzfähigkeit fast durchweg knapp bemessen und besitzen Magnettemperaturzunahmen, die nicht erheblich unter 60^0 liegen.

Da Motoren mit besonderer Magnetwicklung nicht immer erhältlich und auch meist teurer sind, ist es einfacher, in dem Erregerstromkreis einen Nebenschlußregulator einzuschalten und von Zeit zu Zeit die gesunkene Erregerstromstärke auf ihren alten Betrag zu erhöhen.

Die Änderung der Geschwindigkeit bei Belastungsänderungen kann dadurch klein gehalten werden, daß der Motor

mit stark gesättigten Magneten arbeitet, daß sein Anker geringen
Widerstand und dementsprechend geringen Spannungsabfall
hat und daß die das Magnetfeld schwächende Ankerrückwirkung
klein ist. Letztere Bedingung wird z. B. dadurch erfüllt, daß
der Motor mit Wendepolen versehen wird.

Werden Motoren mit stark schwankender Spannung betrieben, z. B. solche, die an Straßenbahnleitungen angeschlossen
sind, so ist es erforderlich, eine automatisch wirkende Einrichtung zur Konstanthaltung der Geschwindigkeit anzuwenden.
Die Verwendung von selbsttätigen Nebenschlußregulatoren ist
hierbei nicht möglich, da dieselben viel zu träge sind, um
rasch aufeinander folgenden Schwankungen folgen zu können.
Außerdem neigen die meisten zum Überregulieren. Dagegen
behält ein Motor seine Umdrehungszahl bei allen Spannungen
bei, dessen Magnetfeld bei der mittleren Spannung schwach
gesättigt ist, so daß eine Vergrößerung des Magnetisierungs-
stromes auch eine Vergrößerung der Feldstärke zur Folge hat
und umgekehrt. Da Motoren mit schwachem Feld weniger
leisten als solche mit starkem Feld, so müssen, je nach der
Größe der Spannungsschwankungen, größere Typen gewählt
werden.

c) Compoundmotoren.

Wenn bei allen Belastungen, selbst wenn sie stoßweise
auftreten, eine sehr genau gleichbleibende Drehzahl des Motors
verlangt wird, so ist der Compoundmotor mit gegeneinander
geschalteten Magnetwicklungen am Platze. Die magnetischen
Verhältnisse müssen so gewählt werden, daß die Nebenschlußwicklung allein den Motor voll erregt. Die Hauptstromwicklung dagegen, welche der Nebenschlußwicklung entgegenwirkt,
bei normaler Belastung des Motors einen bestimmten, verhältnismäßig kleinen Teil der Magnetisierung aufhebt. Steigt nun
die Belastung, so vergrößert sich die Wirkung der Hauptstromwicklung, und es erfolgt eine weitere Feldschwächung, die
gerade so groß sein muß, daß der bei einem normalen Nebenschlußmotor eintretende Abfall der Drehzahl wieder ausgeglichen wird. Bei einer Entlastung tritt umgekehrt eine Feldverstärkung ein. Durch einen Parallelwiderstand zu der Haupt-

stromwicklung lassen sich die Verhältnisse so abgleichen, daß
die Geschwindigkeit vollkommen konstant bleibt. Beim Anlassen
muß die Hauptstromwicklung abgeschaltet, kurz geschlossen
oder umgekehrt werden, vgl. Fig. 35—38. Soll auch die durch
Erwärmung der Nebenschlußwicklung erfolgende Erhöhung der
Drehzahl vermieden werden, so muß der Parallelwiderstand
regulierbar eingerichtet werden, damit bei zunehmender Erwärmung die Gegenwirkung der Hauptstromwicklung verkleinert wird; es ist also vom Parallelwiderstand von Zeit zu
Zeit Widerstand abzuschalten.

II. Mehrphasenstrom.

a) Asynchronmotoren.

Die Drehzahl der Asynchronmotoren ist hauptsächlich
abhängig von der zugeführten Polwechselzahl pro Sekunde.
Bleibt diese konstant, so ist auch die Geschwindigkeit des
Motors konstant, abgesehen vom Schlupf. Dieser hängt von
der jeweiligen Belastung ab und ist außerdem um so größer,
je höher der Widerstand des Rotors ist. Aus diesem Grunde
haben die Motoren mit Kurzschlußrotoren meist etwas höhere
Drehzahlen als gleich große Motoren mit Schleifringrotoren
und ihr Schlupf ist dementsprechend geringer. Schleifringmotoren mit Kurzschluß- und Bürstenabhebevorrichtung weisen
daher auch etwas geringeren Geschwindigkeitsabfall auf, als
normale Schleifringmotoren.

b) Synchronmotoren.

Bei den Synchronmotoren bleibt die Drehzahl unter allen
Umständen so lange konstant, als es die Polwechselzahl des
zugeführten Stromes bleibt. Bei allen zu großen Überlastungen
fällt der Motor »aus dem Tritt«, läuft aber nicht etwa langsamer.

III. Einphasenstrom.

Das über asynchrone und synchrone Mehrphasenstrommotoren Gesagte gilt in genau derselben Weise auch für Einphasenstrommotoren beider Gattungen.

Die Kommutatormotoren können dagegen, wie aus dem
vorhergehenden Abschnitt hervorgeht, in ihrer Geschwindig-

keit beeinflußt werden. Bei den Motoren mit Hauptstrom-
charakter, also zunehmender Drehzahl bei abnehmendem Drehmoment, spielt die Konstanthaltung der Geschwindigkeit keine
sehr große Rolle, da sie nicht dort verwendet werden, wo es
auf gleichbleibende Geschwindigkeit ankommt. Bei den mit
Nebenschlußcharakteristik arbeitenden Motoren dagegen kann
die Drehzahl durch Regulierung eines Widerstandes (Deri)
oder durch Regulierung eines Transformators (Winter-Eichberg)
konstant gehalten werden.

K. Der Antrieb eines Kraftverbrauchers durch zwei Motoren.

Obwohl es der geringeren Anschaffungskosten sowie des
besseren Wirkungsgrades wegen praktisch ist, die erforderliche Antriebsleistung durch einen Motor zu entwickeln, so
ist es doch nicht selten erwünscht, deren zwei von je der
halben Leistung zu verwenden. Dies ist der Fall, wenn:

a) die Schaffung einer Reserve bei Defektwerden eines
Motors,
b) die Verminderung der Anlaßverluste durch Serien-
Parallelschaltung,
c) die Vereinfachung der mechanischen Kraftübertragung vom Motor zum Kraftverbraucher,
d) konstruktive Gründe
ausschlaggebend sind.

Bei Bahnen spielt hauptsächlich die Schaffung einer
Reserve eine Rolle, außerdem aber auch die Kraftübertragung,
da wegen der Ausnutzung des Adhäsionsgewichtes möglichst
viele Achsen angetrieben werden müssen. Konstruktive
Gründe liegen außerdem noch dann vor, wenn es nicht möglich ist, in dem verfügbaren Raum einen Motor einzubauen,
wie es z. B. bei Schmalspurbahnen oder schweren Lokomotiven häufig vorkommt. Bei Gleichstrombahnen kommt

zu allem noch hinzu, daß bei einer geraden Anzahl von
Motoren durch die Serien-Parallelschaltung eine wesentliche
Verminderung der Anfahrverluste erzielt werden kann. Auch
bei sehr großen Leistungen, z. B. für Fördermaschinen,
Walzwerke usw. ist die Anwendung zweier Motoren allgemein
üblich, und zwar nicht nur der Reserve wegen, sondern auch
weil sehr große Motoren unter Umständen eine Neukonstruk-
tion, nebst neuen Modellen, besondere Werkzeugmaschinen usw.
erforderlich machen und sich daher zwei kleinere Motoren

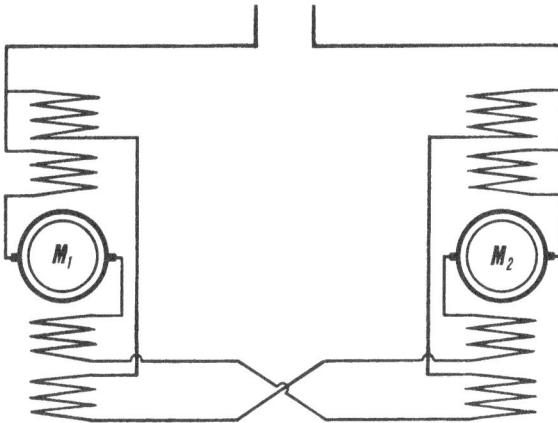

Fig. 148. Gruppenschaltung zweier auf denselben Kraftverbraucher arbeitenden
Hauptstrommotoren.

billiger und rascher bauen lassen. Ein anderer Spezialfall
ist der, daß eine vorhandene bisher in der Mitte angetriebene
Transmission an beiden Enden angetrieben werden soll, da
der Antrieb von einem Ende aus wegen der Wellenab-
messungen nicht zulässig ist. In solchen und ähnlichen Fällen
kommt es nicht etwa darauf an, daß beide Motoren konstante Drehzahlen haben, sondern darauf, das die Drehzahlen
gleichmäßig sind, d. h. daß ev. Änderungen stets bei beiden
Motoren in genau demselben Verhältnis erfolgen.

Bei großen fahrbaren Bockkranen kommt es wegen der
Vereinfachung der mechanischen Kraftübertragung vor, daß
jeder Fuß mit einem besonderen Fahrmotor ausgerüstet wird.

Hierfür, für Hubwerke, die gemeinsam eine Last an-
heben sollen, u. a., ist die Gruppenschaltung[1]), Fig. 148,
brauchbar. Beide Hauptstrommotoren liegen parallel am Netz;
es ist jedoch der Ankerstrom des einen Motors über die
Hälfte der Magnetwindungen des anderen geführt und umgekehrt. Wird also z. B. Motor M_1 höher belastet als M_2,
so wird durch den höheren Ankerstrom von M_1 auch das
Magnetfeld von M_2 verstärkt, so daß auch M_2 im gleichen
Verhältnis langsamer läuft; die Regulierung auf gleichmäßige
Geschwindigkeit erfolgt also vollkommen selbsttätig.

Bei Nebenschlußmotoren ist eine gegenseitige Feldbeein-
flussung ausgeschlossen. Da jedoch der Unterschied zwischen
der Geschwindigkeit bei Vollast und bei Leerlauf verhältnismäßig klein ist, so ist der Übelstand vorhanden, daß, wenn
einmal eine ungleiche Belastung eingetreten ist, diese dauernd
bestehen bleiben kann. Dies kann z. B. vorkommen, wenn
zwei Nebenschlußmotoren mittels Riemen auf eine Transmission arbeiten und der eine Riemen straffer gespannt ist
als der andere. Es ist daher zweckmäßig, beide Motoren mit
Strommessern zu versehen, an denen die Belastungsverteilung
abgelesen werden kann. Haben die Motoren Spannschlitten,
so läßt sich die Riemenspannung so einstellen, daß die Belastung sich entsprechend der Größe der Motoren verteilt;
ist dies nicht der Fall, so empfiehlt es sich, die Einstellung
der Drehzahlen durch einen Nebenschlußregulator N vorzunehmen, Fig. 149. Läuft z. B. Motor M_2 mit zu hoher Belastung, so wird die Kurbel von N nach rechts gedreht und
hierdurch gleichzeitig die Geschwindigkeit von M_2 infolge
Feldverstärkung ermäßigt und die von M_1 aus dem entgegengesetzten Grunde erhöht. Beim Anlassen müssen beide Anlasser unter Beobachtung der Strommesser gleichzeitig bewegt werden, damit ein Motor nicht überlastet wird, oder es
müssen die Anlasser gekuppelt werden, was aber abnormale
Ausführung der Anlasser bedingt. Es könnte die Einrichtung
auch so getroffen werden, daß Motoren von je der Hälfte
der Spannung in Serienschaltung verwendet würden, wo-

---

[1]) Helios 1906, S. 597.

durch nur ein Anlasser erforderlich würde. Hiergegen spricht aber, daß bei Defekten an einem Motor auch der andere unbraubar wird und es dann nicht möglich ist, den Betrieb teilweise aufrechtzuerhalten. Außerdem müssen dann zwei genau gleich große Motoren verwendet werden, während bei Parallelschaltung die Leistungen der Motoren verschieden sein können. Werden die Motoren mit dem Kraftverbraucher so verbunden, daß Verschiedenheiten in der Umlaufzahl nicht

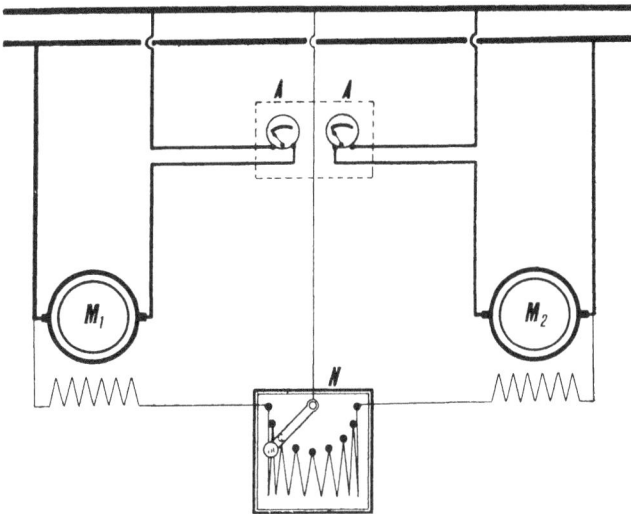

Fig. 149. Schaltung zweier auf denselben Kraftverbraucher arbeitenden Nebenschlußmotoren

eintreten können, z. B. bei direkter Kupplung (Fördermaschine), Zahnrad-Ketten-Schneckenübersetzung, so braucht eine genaue Kraftverteilung durch entsprechende Einstellung der Magneterregung nur einmal bei der Montage vorgenommen zu werden.

Bei den synchronen Ein- und Mehrphasenstrommotoren ist eine Kraftverteilung bei direkter Kupplung usw. nicht erforderlich; bei Riemenübertragung u. dgl. läßt sie sich nur durch Änderung der Riemenspannung erreichen; dasselbe gilt für asynchrone Motoren mit Kurzschlußrotor. Bei solchen

14*

mit Schleifringrotor kann, allerdings auf unwirtschaftliche
Weise, durch Widerstände im Rotorstromkreis eine Belastungsverteilung vorgenommen werden. Die regulierbaren
Kommutatormotoren gestatten dies auf wirtschaftliche Weise,
wie aus den früheren Ausführungen hervorgeht. Allerdings
sind bis jetzt keine Methoden bekannt geworden, welche
selbsttätig wirken.

L. Die Kraftübertragung vom Motor zu der Arbeitsmaschine.

Die Übertragung der Kraft vom Motor auf die Arbeitsmaschine oder eine Transmission kann, je nach den örtlichen
Verhältnissen und der Höhe der Leistung, auf die ver-
schiedenste Weise erfolgen. Die hauptsächlichsten zur Verwendung gelangenden Arten der Übertragung sind:

1. Antrieb mit Leder- oder Kunstriemen,
2. » » Stahlband,
3. » » Hanf- und Baumwollseil,
4. » » Friktionsgetriebe,
5. » » Zentratorkupplung,
6. » » Zahnrad,
7. » » Ketten,
8. » » Schnecke und Schneckenrad,
9. » durch direkte Kupplung.

1. Riementriebe.

a) Lederriemen.

Zur Erzielung eines guten Riementriebes ist ein möglichst
gleichmäßiger, nicht zu dicker Riemen erforderlich. Am
besten bewähren sich die aus den Rückenbahnen der Rinds-
häute hergestellten Kernlederriemen, die erheblich dünner
sind als die aus dem Bauchfell hergestellten, dabei aber weit
größere Belastungen vertragen.

Die Verbindung der Riemenenden sollte allgemein nur durch Leimen bewerkstelligt werden, da hierdurch nicht nur ruhiger Lauf erzielt wird, sondern auch die Lager und Riemenscheiben geschont werden. Riemenkrallen, Schraub- verbindungen usw. sind nur bei kleinen Geschwindigkeiten und geringen Kräften zulässig, bei Holz- und Papierscheiben jedoch unbedingt zu vermeiden. Das Auflegen der Riemen soll zur Schonung des Riemens bei Riemenbreiten über 100 mm nur mittels Riemenspanner erfolgen.

Zur Erreichung einer möglichst großen Adhäsion muß die Riemendicke im Verhältnis zur Scheibe stehen. Es ist selbstverständlich, daß ein dicker Riemen beim Lauf über eine sehr kleine Scheibe ungünstig beansprucht wird. Unter normalen Verhältnissen wird die Riemendicke nicht größer als $1/_{60}$ des Durchmessers der treibenden und $1/_{100}$ des Durch- messers der getriebenen Scheibe genommen. Die im Handel erhältlichen Riemen haben 3—8 mm Dicke, Kernlederriemen 3—5 mm.

Die früher allgemein als höchste Grenze angegebene Riemengeschwindigkeit von $v = 30$ m/sek kann wesentlich gesteigert werden. Die Erfahrung hat gelehrt, daß Riemen mit 50 m und mehr Geschwindigkeit laufen können, ohne daß sich Unzuträglichkeiten herausstellen. Durch Erhöhung der Riemengeschwindigkeit ergeben sich Vorteile. Wird z. B. die Riemengeschwindigkeit verdoppelt, so werden zunächst die Anlagekosten vermindert. Die doppelt so großen Riemen- scheiben, die dann nur halb so breit zu sein brauchen, kosten, wenigstens bis zu Durchmessern von etwa 2 m, das- selbe wie die halb so großen, aber doppelt so breiten. Der Riemen wird aber halb so teuer. Da ferner auch die Auf- legespannung halb so groß ist, werden auch die Lager ge- schont, und die Transmission wird leichter und billiger. Der Riemenverschleiß wird ebenfalls bedeutend geringer, selbst wenn die Lebensdauer sehr rasch laufender Riemen geringer angenommen wird als diejenige langsam laufender Riemen. Es ergibt sich also nicht nur ein Ersparnis an Anlagekosten, sondern auch an dauernden Betriebskosten. Die normalen Scheiben der Elektromotoren sind so bemessen, daß die

Riemengeschwindigkeit bei den kleinsten Typen etwa 5 m und bei den größten etwa 25 m beträgt. Diese Beschränkung in der Geschwindigkeit ist dadurch begründet, daß bei der überwiegenden Mehrzahl der elektromotorischen Antriebe eine Übersetzung ins Langsame erfolgen muß. Bei sehr großen Riemengeschwindigkeiten, also großen Motorscheiben, wird die Gegenscheibe unhandlich groß, so daß ihre Anbringung auf normalen Transmissionen und in niedrigen Räumen Schwierigkeiten macht. Es sollte jedoch stets versucht werden, größere Riemengeschwindigkeiten anzuwenden, was bei Neuanlagen wohl immer ausführbar ist. Ganz besonders einfach ist dies beim Antrieb raschlaufender Maschinen, bei denen die Vergrößerung der Riemengeschwindigkeit noch den weiteren Vorteil hat, daß durch die Vergrößerung der Riemenscheibe die sehr ungünstige Beanspruchung der Riemen verbessert und die Lebensdauer erhöht wird. Wenn irgend möglich, ist daher mit Riemengeschwindigkeiten von 20—40 m zu rechnen.

Die Breite der Riemen ergibt sich unter Berücksichtigung der Dicke nach der Berechnung. Einfache Riemen werden bis 1 m (neuerdings vereinzelt sogar bis 2 m), doppelte bis 2 m Breite ausgeführt.

Die Riemenlänge ist nach der Näherungsformel zu berechnen:

$$l_1 = \pi\,(r_1 + r_2) + 2\,A + \frac{(r_1 - r_2)^2}{A}$$

für offene Riemen,

$$l_1 = (r_1 + r_2) + 2\,A + \frac{(r_1 + r_2)^2}{A}$$

für gekreuzte Riemen.

Hierin bedeutet A den Achsenabstand in m, r_1 den Radius der großen und r_2 den der kleinen Riemenscheibe. Da der Riemen aber mit einer gewissen Spannung aufgelegt werden muß, so ist die wirkliche Riemenlänge kürzer, und zwar um die Strecklänge $l_2 = \dfrac{S\,l_1}{q\,E}$, wobei S die Auflegespannung, q den Riemenquerschnitt in qcm und E den Elastizitätsmodul bedeutet.

Tabelle 7.
Widerstandskoeffizient x.

Verhältnis des umspannten Bogens	Lederriemen auf Scheiben aus:				Hanfseile				Stahlbänder auf eisernen Scheiben
	Holz	Gußeisen			auf Eisentrommeln	auf Holztrommeln	auf rauhem Holz	auf poliertem Holz	
	etwas gefettet	Zustand des Riemens							
		sehr gefettet	etwas gefettet	feucht					
$\frac{a}{2\pi} = n$	$\mu_0 =$				$\mu_0 =$				$\mu_0 =$
	0,47	1,12	0,28	0,38	0,25	0,4	0,5	0,33	0,18
0,1	1,34	1,01	1,19	1,27	1,17	1,29	1,37	1,23	1,12
0,2	1,81	1,16	1,42	1,61	1,37	1,65	1,87	1,51	1,25
0,3	2,43	1,25	1,69	2,05	1,60	2,13	2,57	1,86	1,40
0,4	3,26	1,35	2,02	2,60	1,87	2,73	3,51	2,29	1,57
0,425	3,51	1,38	2,11	2,76	1,95	2,91	3,80	2,41	1,62
0,45	3,78	1,40	2,21	2,93	2,03	3,10	4,11	2,54	1,66
0,475	4,07	1,43	2,31	3,11	2,11	3,30	4,45	2,68	1,71
0,5	4,38	1,46	2,41	3,30	2,19	3,51	4,81	2,82	1,76
0,525	4,71	1,49	2,52	3,50	2,28	3,74	5,20	2,97	1,81
0,55	5,63	1,51	2,63	3,72	2,37	3,98	5,63	3,13	1,86
0,6	5,88	1,57	2,81	4,19	2,57	4,52	6,59	3,47	1,97
0,7	7,90	1,66	3,43	5,32	3,00	5,81	9,00	4,27	2,21
0,8	10,60	1,83	4,09	6,75	3,51	7,47	12,34	5,25	2,47

Neuere Versuche von Prof. Kammerer, Charlottenburg, haben ergeben, daß

$$\mu_0 = 0,16—0,28$$

für Doppelriemen und

$$\mu_0 = 0,24—0,46$$

für einfache Riemen ist, wenn unmittelbare Reibungsverluste angestellt werden. Beim Riemenbetrieb trat dagegen erst Gleitschlupf bei $\mu = 0,6—0,8$ ein. Die größeren Werte ergaben sich bei großen Scheibendurchmessern und großen Riemengeschwindigkeiten.

Die Werte obiger Tabelle unterschreiten das zulässige Maß nicht unerheblich und bieten daher die Gewähr, daß der Riemen nicht zu hoch beansprucht wird. Für Seiltriebe ist $\mu = 0,6$ festgestellt, ohne daß Gleitschlupf eintrat.

Für E kann gesetzt werden:

$E = 1250$ kg/qcm für neue Lederriemen,

$ = 2250$ » » alte Lederriemen und ferner:

$ = 6000 - 15\,000$ im Mittel 7500 für neue Manila- und Schleißhanfseile.[1])

Die wirkliche Riemenlänge ohne Berücksichtigung des Zuschlages für das Leimen ist folglich:

$$l = l_1 - l_2 = l_1 \left(1 - \frac{S}{qE} \right).$$

Die Auflegespannung S ist:

$$S = \frac{P}{x - 1} \text{ kg.}$$

Der Widerstandskoeffizient x ist nachstehender Tabelle zu entnehmen[2]); derselbe ist berechnet aus der Berührungsfläche und dem Reibungskoeffizienten der Ruhe. Die Umfangskraft P berechnet sich nach der Formel $P = \dfrac{N \cdot 75}{v}$.

Die Gesamtspannung im ziehenden Trumm ist:

$$Z = P + S = x\,S.$$

Für offenen Riemen kann für das ziehende Trumm sehr angenähert $Z = 2\,P$ gesetzt werden.

Hierfür ist der Riemenquerschnitt zu bestimmen. Bei größeren Riemengeschwindigkeiten ist Z kleiner, als die Rechnung ergibt, so daß also ein rasch laufender Riemen schwächer beansprucht wird, als ein langsam laufender. Die bei größeren Geschwindigkeiten auftretende zusätzliche Beanspruchung durch die Fliehkraft kann vernachlässigt werden, da durch Versuche festgestellt ist, daß die Dehnung des Riemens um so mehr hinter dem rechnungsmäßigen Betrage zurückbleibt, je größer die Geschwindigkeit des Riemens ist.

Der auf die Achsen der Riemenscheibe wirkende Zug ist

$$Z_a = P \cdot \frac{X + 1}{X - 1}$$

ohne Rücksicht auf das eigene Gewicht des Riemens. Für normale Verhältnisse kann als Näherungswert $Z_a = 3\,P$ gesetzt werden. Da aber erfahrungsgemäß neue Riemen erheblich mehr gespannt werden — wenn Spannvorrichtungen nicht

[1]) Hütte 1908, S. 403.
[2]) Hütte 1908, S. 247.

vorhanden sind — als alte eingelaufene, so empfiehlt es sich, bei der Bemessung der Wellendurchmesser mit höheren Beträgen zu rechnen.

Die A c h s e n e n t f e r n u n g muß reichlich gewählt werden, damit der Riemen zur Erhaltung der nötigen Spannung nicht unnötig angespannt zu werden braucht. Als untere Grenze ist zu empfehlen:

$$A_{\min} = 2,5 \; (d_1 - d_2) \text{ bei Kräften über 1 PS}_e$$
$$A_{\min} = 1,2 \; (d_1 - d_2) \quad \text{»} \quad \text{»} \quad \text{bis} \quad 1 \text{ PS}_e$$

Als obere Grenze wird

$$A_{\max} = 20 \; (b + 20)$$

gewählt; eine weitere Vergrößerung hat unruhigen Lauf des Riemens zur Folge. b = Riemenbreite in cm.

Bei senkrechten Trieben sind die unteren Grenzen unter keinen Umständen zu unterschreiten.

Das Ü b e r s e t z u n g s v e r h ä l t n i s wird zweckmäßig nicht größer als 1 : 6 gewählt. Bei langen, horizontalen oder etwa unter 45⁰ liegenden Riemenzügen lassen sich jedoch auch Übersetzungen bis 1 : 10, sogar 1 : 12 ausführen. Sind die Achsenentfernungen zu klein, so ist der vom Riemen umspannte Bogen zu klein und daher die Adhäsion zu gering. Es läßt sich dann durch Benutzung einer Spannrolle ein glatter Betrieb erreichen.

Der G e s c h w i n d i g k e i t s v e r l u s t kann gleich 2—5 % gesetzt werden. Es ist daher der berechnete Durchmesser der Motorscheibe um 2—5 % zu vergrößern oder derjenige der Gegenscheibe um 2—5 % zu verkleinern.

Die Z u g f e s t i g k e i t K_z beträgt für gewöhnliche Lederriemen 250—450 kg/qcm, Dauerlederriemen ca. 400 kg/qcm, Chromlederriemen ca. 600—900 kg/qcm.

Bei 10 facher Sicherheit kann demnach die spezifische Beanspruchung gesetzt werden

$p = 0,25 - 0,45$ kg/qmm für gewöhnliche Lederriemen

$p = 0,4$ kg/qmm für Dauerlederriemen

$p = 0,6 - 0,9$ kg/qmm für Chromlederriemen.

Der günstigste Antrieb ergibt sich, wenn beide Wellen in derselben Höhe liegen. Auch bei Riemenlagen unter 40—60⁰ ist die Übersetzung gut. Bei noch steileren oder

senkrechten Trieben muß der Riemen in sehr starker Spannung
gehalten werden, da er sich sonst von der unteren Scheibe
leicht abhebt. Liegt die kleine treibende Scheibe oben, so
ist zwar die Gefahr des Abhebens nicht so groß, doch muß
auch in diesem Falle eine reichliche Spannung im Riemen
gehalten werden.

Zur Ausgleichung der im Betriebe eintretenden
Streckung ist ein Riemenspannschlitten vorzusehen. Derselbe

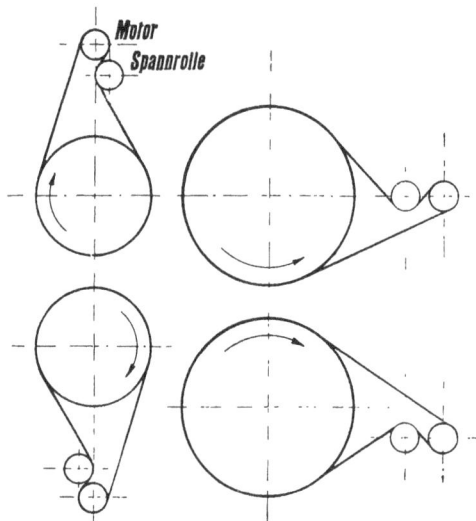

Fig. 150. Anordnung der Spannrollen (Lenix-Getriebe) bei Riemenübertragungen.

gestattet stets die richtige Spannung innezuhalten, so daß
weder nach einem Kürzen des Riemens anfangs die Lager
übermäßig beansprucht werden noch nach längerem Betriebe
infolge der Streckung ein Gleiten und dadurch Kraft- und
Geschwindigkeitsverlust eintritt.

Bei sehr steilen oder senkrechten Antrieben oder solchen
mit hoher Übersetzung wird zweckmäßig eine Spannrolle an
Stelle des Spannschlittens verwendet, da hierdurch gleichzeitig
der vom Riemen berührte Umfang beider Scheiben vergrößert
wird.

Der Durchmesser der Spannrollen ist möglichst 2 mal so groß zu nehmen als diejenige der kleinen Scheibe.   Einstellbare, aber im Betriebe feststehende Spannrollen sind nicht so gut als solche, bei denen ein einstellbares Gewicht die Spannrolle andrückt.   Die Spannrolle muß auf das gezogene Trumm wirken.   Mit Spannrollen — Lenix-Getriebe — sind Übersetzungen bis 20 : 1 ausführbar.   Der Wirkungsgrad leidet bis zu Geschwindigkeiten von 30 m/Sekunde nicht erheblich. Lenix-Getriebe sind von der Berlin-Anhaltischen Maschinenbau-Aktien-Gesellschaft für 0,5—400 PS$_e$ Leistung und die verschiedensten Arbeitsmaschinen ausgeführt.   Die vielseitige

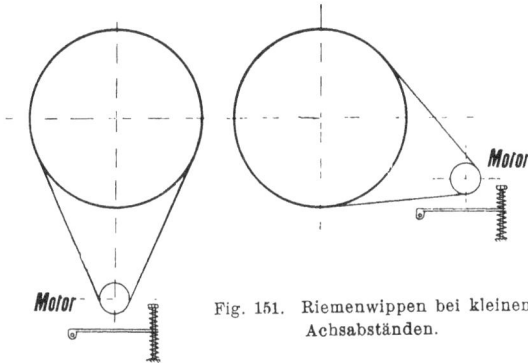

Fig. 151.   Riemenwippen bei kleinen Achsabständen.

Anwendungsmöglichkeit der Lenix-Getriebe geht aus beistehenden Skizzen Fig. 150 hervor.

Bei ganz kurzen Trieben, z. B. für Webstühle, Druckerpressen usw., und bei senkrechten Trieben sind auch sog. Riemenwippen im Gebrauch, die durch das Gewicht des Motors die erforderliche Riemenspannung herbeiführen.   Ein Teil des Motorgewichts ist gewöhnlich durch einstellbare Federn ausgeglichen, Fig. 151.

Offene Riemen sind sowohl bei großen Geschwindigkeiten und großen Kräften als auch bei den kleinsten anwendbar.   Sie laufen am ruhigsten, haben die geringste Abnutzung und lassen sich bis zu Breiten von ca 200 mm verschieben.   Die Riemenrichtung kann beliebig gewählt werden.

Gekreuzte Riemen werden bei kleineren Kräften und geringeren Geschwindigkeiten dann angewendet, wenn die Auflegespannung möglichst klein sein muß. Der vom Riemen umspannte Umfang wird größer und x dadurch ebenfalls. Die Haltbarkeit ist jedoch geringer als diejenige offener Riemen. Die Riemenrichtung ist beliebig wählbar.

Ein Halbkreuz-Riemen zum Antriebe einer um 90⁰ gegen die Motorwelle versetzten Welle läuft nur dann gut, wenn die an der Mitte der Riemenscheiben gedachten Tangenten, und zwar an der Seite, an welcher der Riemen abläuft, in einer Geraden liegen. Die Riemenrichtung kann nicht gewechselt und der Riemen nicht verschoben werden, Fig. 152.

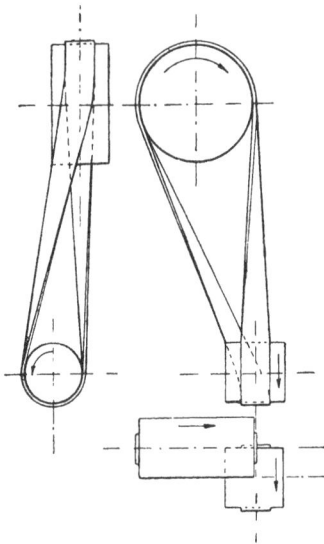

Von der Riemenfabrik C. Otto Gehrkens, Hamburg, wird für Halbkreuztriebe ein treppenförmiger Doppelriemen verwendet. Zwei gleich breite Riemen werden so aufeinander genäht oder geleimt, daß sie sich gegenseitig etwa um $1/4$ ihrer Breite überragen. Der Riemen muß so aufgelegt werden, daß die überstehende Kante des unteren Riemens den kürzesten Weg zurücklegt. Bewährt hat sich auch die Anordnung, daß der Riemen auf der kleinen treibenden Scheibe mit der Fleischseite und auf der großen getriebenen mit der Haarseite läuft. Hierdurch wird erreicht, daß die Wege für beide Riemenkanten annähernd gleich werden, Fig. 153.

Für den Viertelkreuzriemen gilt das gleiche wie für den Halbkreuzriemen.

Übereinander laufende Riemen haben sich gut bewährt und sind in vielen Fällen an Stelle der Doppelriemen verwendbar. Sie müssen jedoch stets geleimt werden, Fig. 154.

Fig. 152.
Halbkreuz-Riementrieb.

Doppelriemen sind stets als Notbehelf zu betrachten und lassen sich fast immer vermeiden. Sie erfordern wegen ihrer großen Steifigkeit große Riemenscheibendurchmesser und übertragen bei kleinen Scheiben nur etwa 50% mehr als ein gleich breiter einfacher Riemen, im günstigsten Falle nur 70%. Sie werden zweckmäßig ersetzt entweder durch entsprechend breite einfache Riemen oder durch mehrere einfache Riemen von 100—500 mm Breite, die nebeneinander laufen, oder durch zwei einfache übereinander laufende Riemen. Besonders die letzteren, die eine geringe Scheibenbreite verlangen und trotzdem 100% mehr über-tragen als einfache Riemen, sollten bevorzugt werden

Es werden verwendet:

1. In trockenen Räumen gewöhnliche und Kern-lederriemen.

2. Im Freien und in Räu-men mit Dämpfen Dau-erlederriemen.

3. Im Freien, im nassen, heißen oder säurehal-tigen Räumen Chrom-lederriemen.

Mineralschmieröl greift Leder an und ist daher vom Riemen fern zu halten. Läßt sich dies

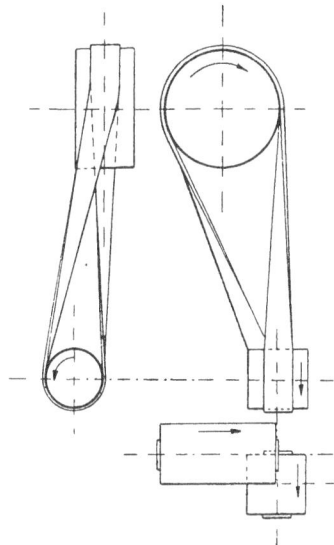

Fig. 153.
Halbkreuz-Riementrieb.

jedoch nicht vermeiden, so sind Chromlederriemen, die hier-gegen unempfindlich sind, zu verwenden. Letztere werden auch dann mit Vorteil gewählt, wenn sehr kleine Scheiben-durchmesser in Frage kommen, da sie erheblich geschmeidiger sind als Kernlederriemen.

Die Riemenscheiben werden für Motoren und kurze Wellenstränge ungeteilt, für längere Transmissionen geteilt hergestellt, sofern es sich um gußeiserne handelt; Scheiben aus Schmiedeeisen, Stahlblech, Holz und Papier werden dagegen stets geteilt ausgeführt. Zur Verminderung des Gewichts werden neuerdings schmiedeeiserne Scheiben auch mit Stahl-Tangentspeichen ausgeführt. Diese Scheiben sind besonders bei großen Durchmessern nicht schwerer als Holzscheiben.

Die treibende Scheibe ist bis $v = 30$ m/Sekunde flach, die getriebene schwach ballig zu wählen. Bei $v > 30$ m/Sekunde ist es jedoch vorzuziehen, auch die treibende Scheibe schwach ballig zu nehmen. Bei Halbkreuz- und Viertelkreuz-Trieben sind alle Scheiben stets flach auszuführen, die getriebene etwa 50 % breiter als die treibende.

Die Wölbungshöhe der Scheibe kann gering sein, es genügt $h = 0,2 \sqrt{B}$; $B =$ Scheibenbreite.

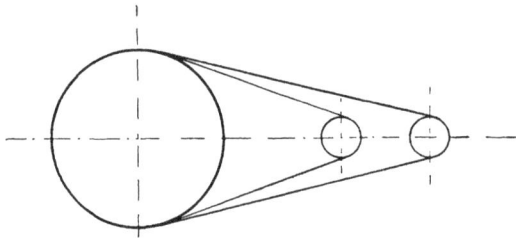

Fig 154.   Riementrieb mit übereinander laufenden Riemen

Die an Stelle der Stufenscheiben zur Verwendung gelangenden Kegelscheiben dürfen nicht mehr als 10 % Steigung haben. Damit die Riemen auf Kegelscheiben gut laufen, ist es erforderlich, die Riemengeschwindigkeit möglichst groß zu nehmen. Gehrkens verwendet hier für Riemen, die in der Mitte, aber nicht auf ihre ganzen Breite, durch einen zweiten Riemen verstärkt sind, Fig. 155 rechts. Der Riemen muß hier zur Vermeidung des Aufkletterns am auflaufenden Trumm beider Scheiben geführt werden. Gekreuzte Riemen haben sich bei derartigen Trieben besser bewährt als offene.

Gekreuzte Kegelscheibenriemen werden von Gehrkens, ähnlich wie Halbkreuzriemen, treppenförmig ausgeführt, und zwar je nach der Steigung der Scheibe mit zwei oder mehr übereinander liegende Riemen. Der unten liegende Riemen muß dabei nach dem kleinen Durchmesser der Scheibe überragen. Kann ein gekreuzter Riemen nicht verwendet werden,

so ist der offene Riemen zwischen den Scheiben einmal um
180⁰ zu verdrehen, so daß er auf der einen Scheibe mit seiner
Fleischseite und auf der anderen mit seiner Haarseite läuft,
Fig. 155 links. Bei Umfangsgeschwindigkeiten über 30 m/Se-
kunde dürfen nur schmiedeeiserne- oder Stahlblechscheiben
verwendet werden. Bei Übersetzungsverhältnissen größer als
1 : 6 empfiehlt es sich wegen des größeren μ_0 die kleinere
Scheibe von Holz oder Papier zu nehmen. Sind diese wegen
zu großer Umfangsgeschwindigkeit nicht anwendbar, so wird
zweckmäßig die schmiedeeiserne oder Stahlblechscheibe mit
einer Leder-Bandage versehen. Die Riemenscheibenbreite
wähle man $B = 1,1\ b + 10$ mm; $b =$ Riemenbreite in mm.

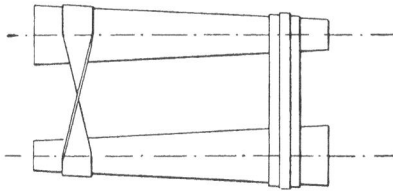

Fig. 155. Kegelscheiben-Riementrieb

Mit wachsendem Scheibendurchmesser nimmt auch μ_0 zu,
so daß es sich empfiehlt, stets große Scheiben und große
Riemengeschwindigkeiten anzuwenden. Da das spezifische
Gewicht von Riemenleder durchschnittlich $\sigma = 1,02$ ist, so
ergibt sich das Gewicht pro laufendes m Riemen zu:

$$G = \frac{1,02\ b\ d}{10}\ \text{kg}.$$

$b =$ Riemenbreite in cm, $d =$ Riemendicke in cm.

Die Berechnung eines Riementriebes soll an einigen
einfachen Beispielen gezeigt werden.

1. Eine Haupttransmission mit $n = 250$ soll von einem
Motor von 20 PS_e angetrieben werden. Die Drehzahl des
Motors sei $n = 1250$ und die normalen Riemenscheiben-
abmessungen 250 mm Durchmesser, 170 mm Breite.

Das Übersetzungsverhältnis ist
$$250 : 1250 = 1 : 5.$$

Der Durchmesser der Gegenscheibe ist

$$D = \frac{250 \cdot 1250 \cdot 0,97}{250} = 1210 \text{ mm}.$$

Der Faktor 0,97 (3 % Riemenrutsch) ist bei der getriebenen Scheibe als Multiplikator oder bei der treibenden als Divisor zu setzen.

Die Riemengeschwindigkeit

$$v = \frac{0,25 \cdot \pi \cdot 1250}{60} = 16,35 \text{ m/sek}.$$

Die Umfangskraft

$$P = \frac{20 \cdot 75}{16,35} = 92 \text{ kg}.$$

Soll die Gegenscheibe aus Gußeisen sein, so ist der Widerstandskoeffizient nach Tabelle 7]

$$x = 2,21,$$

wenn 0,45 der Motorscheibe vom Riemen umspannt wird.

Der Achsenabstand soll mit $A = 6$ m gegeben sein.

Die Auflegespannung ist

$$S = \frac{92}{2,21 - 1} = 76 \text{ kg}.$$

Das ziehende Trumm des Riemens muß daher übertragen

$$Z = 92 + 76 = 168 \text{ kg}.$$

Zur Verwendung soll ein Kernlederriemen von 5 mm Dicke und $p = 0,25$ kg/qmm gelangen.

Der Riemenquerschnitt ist dann

$$q = \frac{168}{0,25} = 672 \text{ qmm}$$

und die Breite desselben

$$b = \frac{672}{5} = 135 \text{ mm}.$$

Die Riemenlänge

$$l_1 = \pi \, (0,605 + 0,125) + 2 \cdot 6 + \frac{(0,605 - 0,125)^2}{6} = 2,3 + 12$$
$$+ \, 0,038 \cong 14,34 \text{ m}.$$

Die Strecklänge ist

$$l_2 = \frac{76 \cdot 14,34}{6,72 \cdot 1250} = 0,13 \text{ m}.$$

Zu beschaffende Riemenlänge $= 14{,}34 - 0{,}13 + 2 \cdot 0{,}25$
$= 14{,}71$ m ($2 \cdot 0{,}25 = 0{,}5$ m sind für das Verleimen zuzuschlagen).

Erheblich anders gestaltet sich die Rechnung, wenn z. B. Holzriemenscheiben genommen werden.

Es ist dann $x = 3{,}78$ und

$$S = \frac{92}{3{,}78 - 1} = 33 \text{ kg.}$$

Ferner

$$Z = 92 + 33 = 125 \text{ kg}$$

$$q = \frac{125}{0{,}25} = 500 \text{ qmm.}$$

$$b = \frac{500}{5} = 100 \text{ mm.}$$

Es kann demnach der Riemen bei Holzscheiben 35 mm schmäler sein und beide Riemenscheiben ebenfalls.

Sind örtliche Rücksichten nicht zu nehmen, kann also eine erheblich größere Gegenscheibe untergebracht werden, so empfiehlt sich stets eine Vergrößerung der Riemengeschwindigkeit vorzunehmen. Wird $v \cong 28$ m/sek gewählt, so ergibt sich

Durchmesser der Motorscheibe   425 mm,
»   »   Gegenscheibe 2060 mm.

Die Umfangskraft ist dann

$$P = \frac{20 \cdot 75}{28} = 53{,}5 \text{ kg.}$$

Für Gußeisenscheiben ist

$$S = \frac{53{,}5}{2{,}21 - 1} = 44{,}2 \text{ kg.}$$

und $Z = 53{,}5 + 44{,}2 = 97{,}7$ kg.

Der Riemenquerschnitt ist

$$q = \frac{97{,}7}{0{,}25} = 390 \text{ qmm.}$$

Die Riemenbreite

$$b = \frac{390}{5} = 78 \text{ mm.}$$

Es ist also durch Vergrößerung 'der Riemengeschwindigkeit nur ein Riemen von 78 mm Breite erforderlich und Riemenscheiben von 100 mm Breite.

Würden Holzscheiben bei $v \cong 28$ m genommen, was bei guter Qualität noch zulässig ist, so ergibt sich eine weitere Riemenersparnis.

Es ist nämlich für Holzscheiben

$$S = \frac{53,5}{3,78 - 1} = 19,25 \text{ kg,}$$

daher $Z = 53,5 + 19,25 = 72,75$ kg

und $q = \frac{72,75}{0,25} \cong 290$ qmm,

folglich

$$b = \frac{290}{5} = 58 \text{ mm.}$$

2. Ein Hochdruckventilator von $n = 1000$, Kraftbedarf 100 PS$_e$, normale Riemenscheibenabmessungen 500 m Durchmesser und 250 mm Breite sei durch einen normalen Motor anzutreiben.

Die Drehzahl des Motors ist $n = 800$. Riemenscheibenabmessungen 560 mm Durchmesser, 350 mm Breite. Da sich die Scheibe des Ventilators kaum noch verkleinern läßt, sei sie als gegeben betrachtet und der Durchmesser der Motorscheibe als gesucht. Dieser ist

$$d_1 = \frac{500 \cdot 1000}{800 \cdot 0,97} = 645 \text{ mm}$$

$$v = \frac{0,645 \cdot \pi \cdot 800}{60} = 27 \text{ m}$$

$$P = \frac{100 \cdot 75}{27} = 278 \text{ kg}$$

$$S = \frac{278}{2,21 - 1} = 230 \text{ kg}$$

$$Z = 278 + 230 = 508 \text{ kg.}$$

Der Riemenquerschnitt ist

$$q = \frac{508}{0,25} = 2030 \text{ qmm}$$

$$b = \frac{2030}{6} \cong 340 \text{ mm.}$$

Die normale Scheibenbreite des Ventilators ist also zu gering und muß auf 375 mm gebracht werden. Nehmen wir

nun an, daß die Riemengeschwindigkeit zu $v = 44$ m/sek gewählt wird, so ist:

$v =$ 44 m

$d_2 =$ 825 mm Durchmesser der Ventilatorscheibe

$d_1 = 1050$ »   »   »   Motorscheibe.

Die Umfangskraft ist

$$P = \frac{100 \cdot 75}{44} = 170 \text{ kg}$$

und

$$S = \frac{170}{1{,}21} = 140 \text{ kg.}$$

Die Riemenspannung

$$Z = 170 + 140 = 310 \text{ kg.}$$

Riemenquerschnitt

$$q = \frac{310}{0{,}25} = 1240 \text{ qmm}$$

$$b = \frac{1240}{6} \cong 210 \text{ mm.}$$

In diesem Falle ist also nur ein Riemen von 210 mm
Breite und eine Riemenscheibe von 240 mm Breite erforderlich.

b) Kunstriemen.

Da gute Kernlederriemen teuer sind, wurde schon früh
nach einem billigen, aber gleichwertigen Ersatz für Kernlederriemen gesucht. Es entstanden im Laufe der Zeit eine ganze
Reihe von Kunstriemen, die zwar in vielen Fällen den
Lederriemen ersetzen können und ihn sogar übertreffen, aber
trotzdem nicht vermocht haben, den Lederriemen zu ver-
drängen. Gegenüber Lederriemen haben alle Kunstriemen
den Vorzug, daß sie in beliebiger Länge von einer großen
Gleichmäßigkeit in der Dicke herstellbar sind und die Dicke
beliebig wählbar ist. Sie können ferner endlos hergestellt
werden, wodurch die Verbindungsstelle fortfällt. Außerdem
sind sie billiger als Lederriemen.

Die Gliederriemen, nach Art der Gallschen Gelenk-
ketten aus schmalen Lederstreifen zusammengesetzt, eignen
sich nur für größere Kräfte und größere Riemenscheibendurchmesser. Die auf der Seitenkante laufenden Lederstücke

werden meist 13 und 17 mm breit ausgeführt. Wegen des
großen Gewichts und des großen Durchhanges muß stets das
untere Trumm das ziehende sein. Neuerdings kommen auch
Gliederriemen aus gewebten Gliedern in den Handel.

Die Baumwollriemen sind sehr schmiegsam und
daher für kleinere Scheibendurchmesser besonders geeignet.
Im Betriebe strecken sie sich durchschnittlich etwas mehr
als Lederriemen, was bei der Projektierung berücksichtigt
werden muß. Da sie nicht unerheblich hygroskopisch sind,
ändern sie ihre Länge nach dem Feuchtigkeitszustand der
Luft und sind daher im Freien und auch in Räumen, in denen
Dämpfe auftreten können, nicht zu empfehlen. Zur Verminderung der Längenänderung empfiehlt es sich, dieselben
nach dem Auflegen gut mit Fett zu tränken und dies im
Betriebe öfter zu wiederholen. Die Baumwollriemen werden
normal vier-, sechs-, acht- und zehnfach gewebt. Es entspricht ein

vierfacher etwa einem dünnen Lederriemen von 4—5 mm Dicke,
sechsfacher »   »   dicken   »   » 6—8 »   »
achtfacher »   »   dünnen Doppellederriemen,
zehnfacher »   »   dicken   »

Bei guter Qualität kann der Baumwollriemen genau so
hoch belastet werden als der Lederriemen. Mit Rücksicht
auf geringere Ware empfiehlt es sich jedoch $p \leqq 0,16$ kg/qmm
zu setzen.

Für Kamelhaarriemen gilt im großen und ganzen
das für Baumwollriemen Gesagte. Sie sind jedoch nicht ganz
so empfindlich gegen feuchte Luft und strecken sich weniger
als Baumwollriemen. Auch ihre Zugfestigkeit ist größer und
es kann daher $p = 0,25$ kg/qmm gesetzt werden. Sie eignen
sich u. a. in Räumen mit Säuredämpfen und dort, wo der
Riemen unter Öl zu leiden hat.

Die Balatariemen bestehen aus 3—6 Lagen Baum-
woll- oder Hanfgewebe, die mit Balata getränkt und dann
zusammengekittet sind. Sie sind völlig unempfindlich gegen
Feuchtigkeit, Dämpfe und Säuren, dehnen sich sehr wenig
und besitzen dieselbe Festigkeit wie Lederriemen. Es kann

daher $p = 0{,}25$ kg/qmm eingesetzt werden. Es entspricht ungefähr ein Balatariemen mit

3 Lagen einem dünnen Lederriemen von 4—5 mm Dicke,
4 » » dicken » » 6—8 » »
5 » » dünnen Doppelriemen,
6 » » dicken » .

Für die Kautschuk- und sonstigen Gummiriemen gilt das für Balatariemen Gesagte.

Die in vorstehenden Ausführungen angegebene spezifische Beanspruchung p in kg/qmm gilt unter der Voraussetzung, daß bei der Berechnung nicht nur die zu übertragende Kraft, sondern auch die erforderliche Auflegespannung berücksichtigt wird. Für Überschlagsrechnungen, bei denen die gesamte Spannung im ziehenden Trumm $Z \cong 2\,P$ angenommen wird, ist es daher erforderlich, p halb so groß zu wählen, wenn der Riemen nur nach den zu übertragenden PS_e berechnet wird. Sollen also, z. B. 10 PS_e bei $v = 25$ m/sek übertragen werden, so ist

$$P = \frac{10 \cdot 75}{25} = 30 \text{ kg},$$

hieraus der Riemenquerschnitt

$$q = \frac{30}{0{,}125} = 240 \text{ qmm},$$

und die Riemenbreite bei 5 mm Dicke

$$b = \frac{240}{5} \cong 50 \text{ mm}.$$

2. Stahlbandtriebe.

Bei den von der Eloesser-Kraftband-Gesellschaft m. b. H. in den Handel gebrachten Stahlbandtrieben wird an Stelle des Riemens ein dünnes Stahlband verwendet. Der Vorteil dieser Triebe liegt darin, daß eine Dehnung der Bänder nicht eintritt, folglich auch kein Nachspannen erforderlich wird und wegen der hohen spezifischen Belastungsfähigkeit des Stahles die Breite der Scheibe sehr klein ausfällt. Außerdem soll der Schlupf sehr gering sein und unter $1/2\,\%$ bleiben. Die Bandgeschwindigkeit kann noch höher gewählt werden als bei Lederriemen. Bei $v = 60$ m/sek sollen die Bänder noch vollständig ruhig laufen; $v = 100$ m/sek gibt die Firma als höchst zulässig an. Da bester Stahl mit Zugfestigkeiten K_z bis 25000 hergestellt wird, so läßt sich bei vierfacher Sicherheit das Stahlband mit 62,5 kg/qmm belasten. Die Bandstärke richtet sich nach der zu übertragenden Kraft und dem Scheibendurchmesser, sie wird meist zu 0,2—0,5 mm ausgeführt.

Sollen 100 PS$_e$ bei $v = 42$ m/sek übertragen werden, so ist

$$P = \frac{100 \cdot 75}{42} = 179 \text{ kg}$$

und die Auflegespannung

$$S = \frac{179}{1,66 - 1} = 272 \text{ kg}$$

bei 0,45 umspannter Scheibe. Im ziehenden Trumm ist

$$Z = 179 + 272 = 451 \text{ kg.}$$

Der Bandquerschnitt ergibt sich zu

$$q = \frac{451}{62,5} = 7,2 \text{ qmm.}$$

Die Breite ist daher

$$b = \frac{7,2}{0,5} \cong 15 \text{ mm.}$$

Die Verbindung der Enden ¦erfolgt durch ein Schloß, welches auch die Anwendung kleinster Scheibendurchmesser gestatten soll. In nebenstehender Fig. 156 ist dasselbe in Seitenansicht und Grundriß für ein Band von 10 mm Breite und 0,2 mm Dicke gezeichnet.

Da ein Nachspannen nicht erforderlich wird, dürfte sich Stahlband besonders eignen für: Ganz kurze Triebe, senkrechte Triebe, Triebe, bei denen sich ein Spannschlitten schlecht anbringen läßt¦, z. B. bei Deckenaufhängung des Motors und Triebe, bei denen der Motor schwer zugänglich ist und daher das Nachspannen Schwierigkeiten macht.

Anlagen, die mit Stahlbandantrieben ausgerüstet sind, sind zurzeit noch nicht lange genug im Betriebe, so daß umfassende Betriebserfahrungen noch nicht vorliegen.

3. Hanf- und Baumwollseile.

Seiltriebe werden hauptsächlich bei der Übertragung größerer Kräfte verwendet und besonders dann, wenn von

einer Stelle aus die Kraft nach verschiedenen Stellen übertragen werden soll. Es ist dann entweder der mehrfache
Seiltrieb anwendbar, wobei jede anzutreibende Transmission
ein besonderes Seil erhält, (ev. auch mehrere) oder der Kreis-
seiltrieb, wobei ein Seil nacheinander über sämtliche Seilscheiben läuft und zuletzt über eine schräg stehende Spannrolle wieder zu der ersten Seilrille der Triebscheibe zurück-
geleitet wird. Letztere Anordnung ist insofern praktisch, als
die Seilspannung stets gleichgehalten wird, während bei dem
mehrfachen Seiltrieb die Spannungen in den einzelnen Seilen
stets verschieden sind.

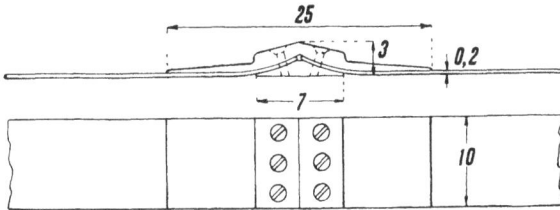

Fig. 156. Verbindungsschloß für Stahlbänder.

Bei kleinen Übersetzungsverhältnissen und reichlichen
Achsenabständen kann das Seil ohne Spannung aufgelegt werden.

Die Verbindung der Seile geschieht zweckmäßig nur
durch Spleißung, da Seilschlösser sich in vielen Fällen nicht
bewährt haben. Für das Spleißen sind 3 m zuzuschlagen. Eine
gute Spleißung kann nur durch eingeübte Arbeiter ausgeführt
werden und dauert etwa drei Stunden. Die Verwendung von
Seilschlössern bietet jedoch bei Parallelseilbetrieb nicht unerhebliche Vorteile, und zwar deshalb, weil nur durch ihre
Vermittlung die unvermeidlichen Verschiedenheiten in der
Länge ausgeglichen werden können und dadurch alle Seile
gleichmäßig zur Kraftübertragung gebracht werden. Auch
die Auflegespannung kann dann mit Rücksicht auf die bequeme
Kürzung geringer bemessen und hierdurch die Lagerkonstruk-
tion geschont werden.

Die Seildicke soll etwa sein $= \frac{1}{50}$ Seilscheibendurchmesser. Bei Übersetzungen ins Schnelle und kleinen Scheiben

Tabelle 8.
Hanf- und Baumwollrundseile.

			25	30	35	40	45	50	55	60
Seildurchmesser in mm			25	30	35	40	45	50	55	60
Seilquerschnitt in qcm			4,91	7,07	9,62	12,57	15,91	19,64	23,76	28,27
Seilgewicht in kg/m	Schleißhanf		0,55	0,8	1,2	1,4	1,7	2,1	2,7	2,9
	Manilahanf		0,5	0,7	1,1	1,3	1,6	1,9	2,4	2,8
	Baumwolle		0,55	0,8	1,1	1,3	1,5	1,8	2,2	2,4
Ein Seil überträgt PSe bei einer Beanspruchung von:	6 kg pro qcm	Kleinster Scheibendurchm. in mm	800	950	1050	1200	1360	1550	1700	1850
			500	600	650	750	850	950	1050	1150
		Seilgeschwindigkeit v in m/sek 15	6	9	12	15	18	25	30	35
		20	7,5	11	16	20	24	32	40	46
		25	10	14	19	25	32	39	47	57
	7 kg pro qcm	Kleinster Scheibendurchm. in mm	850	950	1100	1250	1400	1600	1750	1900
			550	600	700	800	900	1000	1100	1200
		Seilgeschwindigkeit v in m/sek 15	7	10	13,5	17,5	22	27,5	33,5	40
		20	9,5	14	18	24	28	36	44	52
		25	11,5	16,5	22	29	37	46	55	66
	8 kg pro qcm	Kleinster Scheibendurchm. in mm	850	1000	1150	1300	1450	1650	1800	1950
			550	650	750	850	950	1050	1150	1250
		Seilgeschwindigkeit v in m/sek 15	8,5	12	15	20	25	31	37	45
		20	11	16	20	26	34	40	50	60
		25	13	19	26	33	42	52	63	75
	9 kg pro qcm	Kleinster Scheibendurchm. in mm	900	1050	1200	1350	1500	1700	1850	2000
			600	700	800	900	1000	1100	1200	1300
		Seilgeschwindigkeit v in m/sek 15	8,5	12	16,5	21	28,5	36	42	51
		20	11	16	22	28	38	48	56	68
		25	18	21,5	29	38	48	59	71	85

Die oberen Werte der Scheibendurchmesser gelten für Hanfseile, die unteren für Baumwollseile. Muß die untere Zahl auch für Hanfseile verwendet werden, so ist die Lebensdauer der Hanfseile sehr gering.

Tabelle 9.
Quadrathanfseile Patent Bek.

Seildurchmesser in mm	25	30	35	40	45	50	55	60
Seilquerschnitt in qcm	6,25	9	12	16	20,25	25	30,25	36
Seilgewicht in kg/m	0,6	0,85	1,1	1,45	1,65	2,0	2,4	2,8

Ein Seil überträgt PSe bei einer Beanspruchung von:

6 kg pro qcm

	25	30	35	40	45	50	55	60
Kleinster Scheibendurchm. in mm	500	550	600	700	800	900	1000	1100
Seilgeschwindigkeit v in m/sek 15	7	10	14,5	19	24	30	36	43
20	9,5	14	19	25	31	39	47	56
25	12	18	24	31	39	49	59	70

7 kg pro qcm

	25	30	35	40	45	50	55	60
Kleinster Scheibendurchm. in mm	550	600	700	800	900	1000	1100	1200
Seilgeschwindigkeit v in m/sek 15	8,5	12,5	17	22	28	35	42,5	50,5
20	11,5	16,5	22,5	29	37	46,5	56	67
25	14,5	20,5	28	36	46	58	70	84

8 kg pro qcm

	25	30	35	40	45	50	55	60
Kleinster Scheibendurchm. in mm	600	700	800	900	1000	1100	1200	1300
Seilgeschwindigkeit v in m/sek 15	9,5	14	19,5	25	32	40	48,5	57,5
20	12	17,5	26	33	42	53	64	76
25	15	22	33	41	53	66	80	95

9 kg pro qcm

	25	30	35	40	45	50	55	60
Kleinster Scheibendurchm. in mm	600	700	800	900	1000	1100	1200	1300
Seilgeschwindigkeit v in m/sek 15	11	16	21,5	29	36	45	54	65
20	15	21,5	29	38	48	60	73	86
25	19	27	36	48	61	75	91	108

geht man bis $1/20$ Seilscheibendurchmesser. Es ist aber bei
kleineren Scheiben unter 1 m Durchmesser das schmiegsame
Baumwollseil oder das Quadrathanfseil, Patent Bek, stets
vorzuziehen, zumal die Belastungsfähigkeit beider ebenso groß
ist, wie diejenige von guten Hanfrundseilen. Die üblichen
Seildurchmesser sind 25, 30, 35, 40, 45, 50, 55 und 60 mm.
Wegen der großen Steifigkeit und dem damit verbundenen
Kraftverlust werden die dicken Seile nur ausnahmsweise bei
sehr großen Scheibendurchmessern angewendet. Am meisten

dürfte das Seil von 40 und 45 mm zur Verwendung gelangen. In Tabelle 8 sind alle in Betracht kommenden Angaben über Hanf- und Baumwollseile zusammengestellt und in Tabelle 9 diejenigen über die Quadrathanfseile Patent Bek.

Die Seilgeschwindigkeit wird meist zu $v = 15-$ 25 m/Sekunde gewählt. Bei richtig gewählten Verhältnissen kann jedoch v bis zu 30 m/Sekunde gesteigert werden. Jedenfalls sollten Geschwindigkeiten unter $v = 15$ m/Sekunde nicht angewendet werden, schon aus dem Grunde nicht, weil die Scheibendurchmesser bei kleinen Geschwindigkeiten meist sehr gering ausfallen und dadurch die Kraftverluste infolge Seilsteifigkeit erheblich zunehmen. Bei Geschwindigkeiten über 20 m/sek. bleibt die Dehnung hinter dem rechnungsmäßigen Betrage zurück. Es kann daher die gesamte Spannung Z bei großen Geschwindigkeiten höher gewählt werden, als bei geringeren.

Die Anzahl der Seile ergibt sich aus der Berechnung. Überschläglich kann sie den Tabellen entnommen werden. Es möge jedoch hier darauf aufmerksam gemacht werden, daß bei mehrseiligen Trieben die unvermeidlichen Verschiedenheiten in dem Durchmesser und in der Spannung bzw. im Durchhang der Seile erhebliche Mehrbeanspruchung der stärker gespannten Seile bedingt, so daß in solchen Fällen die spezifische Beanspruchung besser etwas geringer gewählt bzw. eine größere Seilzahl genommen wird.

Die Seillänge ergibt sich aus der oben angeführten Formel für Riemen. Für Spleißen sind 3 m zuzuschlagen.

Die Strecklänge ist $l_2 = 3-5\%$ des Achsenabstandes.

Die Auflegespannung ist $S = 8\,d^2$ für Seiltrieb mit Spannvorrichtung und $S = 16\,d^2$ für Seiltrieb ohne Spannvorrichtung, $d = $ Seildurchmesser in cm.

Die Gesamtspannung im ziehenden Trumm ist dann $Z \cong P + S$. Nach Bach kann gesetzt werden:

$$P = 3\,d^2 - 4\,d^2, \text{ wenn } D \geq 30\,d \left|\begin{array}{l} \text{für} \\ \text{Hanf-} \\ \text{seile} \end{array}\right. \quad \geq 20\,d \left|\begin{array}{l} \text{für} \\ \text{Baumwoll-} \\ \text{seile} \end{array}\right.$$
$$= 5\,d^2 - 6\,d^2, \text{ wenn } D \geq 50\,d \qquad\qquad \geq 30\,d$$

ist. D ist hierbei der Seilscheibendurchmesser.

Der Achsendruck ist $Za = Z + S$ ohne Rücksicht auf das eigene Gewicht des Seiles. Bei neuen Seilen ohne Spannvorrichtung kommt öfter $Za = 40\,d^2$ vor.

Die Achsenentfernung muß reichlich sein, damit die Seile ohne Auflegespannung aufgelegt werden können. Zu empfehlen ist

$$A_{min} = 2\,(D_1 + D) > 8\ \text{m}$$
$$A_{max} \leq 25\ \text{m}.$$

Das Übersetzungsverhältnis soll möglichst kleiner als $1:2$ sein. Größere Übersetzungen arbeiten gut, wenn der Durchmesser der kleinen Scheibe reichlich gewählt ist. Das ziehende Trumm soll möglichst unten liegen, damit der vom Seil umspannte Bogen der Scheibe groß wird. Der Wirkungsgrad wird durch das Übersetzungsverhältnis und die Lage des ziehenden Trumms nur unwesentlich beeinflußt.

Der Seildurchhang des gezogenen Trumms kann bis $7\,\%$ der Achsenentfernung betragen, der des ziehenden Trumms bis $3\,\%$ der Achsenentfernung.

Der Geschwindigkeitsverlust ist durchschnittlich sehr gering und bleibt fast immer unter $1\,\%$. Bei mehrseiligen Trieben kommen jedoch auch höhere Geschwindigkeitsverluste vor.

Die Zugfestigkeit beträgt:

$Kz \cong 900$ kg/qcm für Manila-Hanfseile und
$\cong 1200$ »   »   » Hanfseile aus badischem oder russischem Hanf und für Baumwollseile. Bei zehnfacher Sicherheit kann demnach die spezifische Beanspruchung gesetzt werden zu $p = 90$ kg/qcm.

Wenn die Anzahl der Seile und der Seilquerschnitt lediglich aus der zu übertragenden Kraft P unter Vernachlässigung der Auflegespannung und der Fliehkraft berechnet werden, ist es üblich

$p = 6$—9 kg/qcm zu setzen.

Der günstigste Antrieb ist der horizontale oder schräge. Senkrechte Triebe lassen sich bei Anwendung des Kreisseiles durchführen; bei mehrseiligen Trieben sind sie jedoch unzulässig, da hierbei ein Ausgleich der Seildehnung nicht stattfinden kann.

Spannschlitten am Motor sind bei allen Seiltrieben nicht gebräuchlich. Bei normalen ein- und mehrseiligen Trieben sind sie jedoch von großem Vorteil, weil das Kürzen der Seile

dann nicht erforderlich wird und die richtige Spannung auch
im Betriebe innegehalten werden kann. Da sich die Seile
verschieden längen, so ist jedoch stets darauf zu achten, daß
eine mittlere Spannung eingestellt wird, da sonst die kurzen
Seile fast die Gesamtkraft übertragen müßten, wodurch wieder
der Wirkungsgrad leidet. Bei Kreisseiltrieben ist doch eine
besondere Spannrolle erforderlich und daher ein Spannschlitten
unnötig.

Es werden verwendet:

1. Bei großen Scheibendurchmessern Manila- oder Schleißhanfseile.
2. Bei kleinen Scheibendurchmessern (unter 1 m) Quadratseile Patent Bek oder Baumwollseile.

Die Quadratseile können sich in ihren Rillen nicht drehen,
sondern klemmen sich fest. Wenn nach längerer Betriebszeit
die zwei Kanten verschlissen sind, kann das Seil um 90° gedreht eingelegt werden, wodurch eine gleichmäßige Abnutzung
erreicht wird. In feuchten Räumen und im Freien sind Faser-
seile nicht gut anwendbar. Hier werden mit Vorteil Gummi-
seile mit Fasereinlage angewendet, die selbst im Wasser an-
standslos laufen sollen.

Die Durchmesser der Seilscheiben sind möglichst
groß zu wählen, damit der Kraftverlust gering bleibt. Sie
sollen nicht kleiner sein als 20 × Seildurchmesser für Baumwollseile und 30 × Durchmesser für Hanfseile und möglichst 50 ×
Seildurchmesser betragen. Bei einem einzigen Seil ist zwar
der Wirkungsgrad bei verschiedenem Scheibendurchmesser
annähernd gleich, jedoch wird er bei großen Durchmessern
schon bei geringerer Nutzspannung groß. Bei Parallelschaltung der Seile sinkt der Wirkungsgrad bei kleinen Seilscheiben-
durchmessern erheblich. Die Scheiben müssen gut ausbalan-
ziert werden und genau übereinstimmende glatte, keilformige
Rillen besitzen. Als Material für die Scheiben kommt überwiegend Gußeisen, neuerdings auch Holz zur Verwendung.

Die Seilgewichte sind den Tabellen zu entnehmen.
Das Manila-Hanfseil wiegt etwa dasselbe wie das Baumwollseil

4. Friktionsgetriebe.

Antriebe, bei denen auf möglichste Geräuschlosigkeit großer
Wert gelegt wird, werden öfter als Friktionsgetriebe ausgeführt, wenn es sich um kleinere Kräfte handelt, während man
bei größeren Kräften in einem solchen Falle der Schnecke
den Vorzug gibt. Das Übersetzungsverhältnis kann ziemlich
groß genommen werden, wenn dafür gesorgt wird, daß der
richtige Reibungsdruck auch im Betriebe erhalten bleibt.
Antriebe mit Übersetzungen von 15 : 1 sind nichts Seltenes.
Zur Erzielung des richtigen Reibungsdruckes ist eine Spannvorrichtung erforderlich. Die Verwendung gewöhnlicher Spannschlitten ist nicht empfehlenswert, weil die genaue Einstel
lung hierdurch sehr erschwert und durchweg ein zu hoher
Druck angewendet wird, der nicht nur den Wirkungsgrad
vermindert, sondern auch unnötigen Verschleiß herbeiführt.
Besser sind Anordnungen, die den Riemenwippen ähnlich
sind. Das Triebrad wird meist aus Rothaut ausgeführt, doch
findet man auch solche, aus Pockholz. Die Rohhautscheiben
müssen bester Qualität sein und sind zweckmäßig nicht zu
leimen, sondern nur durch kräftige Flanschen zusammenzu-
halten. Das getriebene Rad, welches fast durchweg aus Gußeisen hergestellt wird, ist ebenso wie das Rohhautrad zylindrisch zu drehen; beide müssen sehr genau rund sein und
dürfen unter keinen Umständen schlagen. Auch gußeiserne
Triebscheiben sind mit Erfolg verwendet. Es ist jedoch dann
erforderlich, zwischen den beiden Gußscheiben einen Lederriemen zur Erhöhung der Ädhäsion und Verminderung der
Abnutzung laufen zu lassen. Die Länge dieses Leder
riemens ist etwa gleich dem doppelten Umfang der kleinen
Scheibe zu bemessen Die Dicke des Riemens muß möglichst gleichmäßig sein, was besonders beim Zusammenleimen
zu beachten ist. Auch darf der Riemen nicht zu dünn
sein und muß aus Kernleder hergestellt werden. Riemen
aus dem Bauchfell sind zu weich und verschleißen daher zu
rasch. Um das Abspringen des Riemens zu verhindern, ist
es zweckmäßig, die kleine Scheibe mit hohen Rändern zu
versehen.

Der Reibungskoeffizient ist:

$\mu_0 = 0,16$ für Gußeisen auf Gußeisen und

$= 0,28$ für Gußeisen auf Leder oder Holz;

$P \leqq Q \cdot \mu_0$, wobei $Q =$ Druck in kg mit dem die beiden Räder gegeneinander liegen und $P =$ Umfangskraft in kg.

Angewendet sind derartige Triebe in ausgedehntem Maße für kleinere Druckerpressen; aber auch für Fallhämmer, Transportschnecken u. a. m. haben sie sich bewährt. Der Wirkungsgrad beträgt $\eta = 0,5 - 0,75$.

5. Zentrator-Getriebe.

Eine eigenartige Ausbildung des Friktionsgetriebes stellt das Zentratorgetriebe der Firma W. H. Hilgers & Co. dar. Auf der Motorachse ist eine Rolle angeordnet, die auf drei bzw. vier mit der anzutreibenden Scheibe verbundene Rollen arbeitet. Der Druck wird durch einen außen um die Rollen liegenden nachstellbaren Klemmring eingestellt. Das Getriebe arbeitet geräuschlos und besitzt 82—90 % Wirkungsgrad. Es ist mit ihm eine Übersetzung von 4 : 1 bis 12 : 1 ausführbar. Als besonderer Vorteil ist anzuführen, daß die treibende und Triebwelle in einer geraden Linie liegen. Infolge der sehr gedrängten Bauart eignet sich das Zentratorgetriebe ganz vorzüglich zum Zusammenbau mit dem Elektromotor. Es haben daher fast alle namhaften deutschen und mehrere ausländische Elektrizitätsfirmen Lizenzen auf die Getriebe genommen, so daß Motoren zusammengebaut mit Zentratorgetrieben von den meisten Firmen bezogen werden können. Hergestellt werden die Zentratormotoren für Leistungen von $1/12$—$7^1/2$ PS$_e$ und 20—300 Umdrehungen der langsam laufenden Welle.

6. Zahnräder.

Eines der am meisten angewendeten Übersetzungsmittel sind die Zahnräder. Obwohl dieselben im allgemeinen nur für geringe Geschwindigkeiten als geeignet gelten, so sind dieselben doch auch für größere Geschwindigkeiten zu gebrauchen, wenn ihre Abmessungen, Teilung usw. richtig gewählt werden. Selbst bei hohen Umlaufzahlen laufen Zahnradgetriebe ruhig, wenn das kleine treibende Zahnrad aus

Rohhaut hergestellt wird. Wesentlich trägt zur Erzielung eines ruhigen Ganges auch die Konstruktion des großen Zahnrades bei. Dasselbe muß zur Vermeidung von Schwingungen sehr kräftig gehalten werden. Als besonders ruhig laufend haben sich Hohlgußräder, die mit Sägespänen gefüllt werden, erwiesen. Ferner sind möglichst dicht schließende, mit Filz gefütterte, aufklappbare Schutzkasten bei Rohhautgetrieben anzuwenden, während bei Metall keine Filzfütterung nötig ist, dafür aber eine Tropföl- oder Öldruckschmierung im Zahneingriff. In beiden Fällen darf der Schutzkasten weder mit dem Lager noch einem sonstigen Teil des Motors oder Vorgeleges in metallischer Verbindung stehen, damit die Erschütterung nicht übertragen und durch den Kasten verstärkt werden.

Nicht unwesentlich hängt das Geräusch von der Zahnbreite und der Anzahl der Zähne ab. Je größer die Zähnezahl und ihre Breite wird, um so ruhiger läuft ein Trieb. Zur Vermeidung zu großer Umfangsgeschwindigkeiten ist also die Teilung möglichst klein zu halten. Die Bedenken gegen große Zahnbreite, daß die Zähne nicht in ganzer Breite aufliegen und daher die spezifische Beanspruchung sehr hoch ausfällt, treffen für gefräste und gehobelte Zähne nicht zu, wenn die Montage eine genaue ist und die Durchbiegung der Motorwelle verschwindend klein bleibt.

Die Umfangsgeschwindigkeit v kann bei Metall auf Metall und vorzüglicher Ausführung bis 9 m/Sekunde gesteigert werden, doch sollte normal 4—5 m nicht überschritten werden.

Bei Rohhaut oder Vulkanfibertrieben ist v bis 13/m Sekunde bei allerbester Ausführung erreichbar.

Das günstigste Übersetzungsverhältnis ist 1 : 1, dann 2 : 1, 3 : 1 usw. Bei gleichmäßig wiederkehrender Druckerhöhung ist es praktisch, ein Verhältnis 3 : 2 oder dergleichen zu nehmen, damit nicht immer dieselben Zähne mit einem höheren Druck belastet werden.

Übersetzungen von 10 : 1 sind nicht selten; für kleinere Kräfte kommt sogar oft 12 : 1 vor.

Die für Elektromotoren hauptsächlich in Anwendung stehenden Rohhauträder bestehen aus Rohhautscheiben, die durch seitlichen Metallscheiben unter großem Druck zusammen gehalten werden. Sie müssen gefräst sein und dürfen nicht auf unbearbeiteten Gegenrädern laufen. Ihre Festigkeit entspricht der des Gußeisens.

Mit Rücksicht auf das Spiel des Ankers sind die Rohhauträder breiter zu nehmen, als die Gegenräder. Schmierung mit Mineralöl ist unzulässig; dagegen hat sich eine Schmiere aus Graphit und Talg bewährt. In heißen oder nassen Räumen können Rohhautgetriebe nicht verwendet werden, da die Rohhaut in ersterer austrocknet und in letzteren aufquillt. Bei längerem Stillstand werden die Rohhauträder am besten in Leinöl aufbewahrt.

Der Wirkungsgrad gut ausgeführter Zahnradgetriebe erreicht 97 %.

Ist es erwünscht, die getriebene Welle in der Verlängerung der treibenden zu haben, so ist dies durch Verwendung der Reduktionskupplung von P. Heuer zu erreichen. Diese Kupplung besteht aus Stahl-Zahnrädern mit sehr kleiner Teilung, die vollständig in Öl laufen. Das Übersetzungsverhältnis kann zwischen 4 : 1 und 50 : 1 beliebig gewählt werden. Die Kupplungen werden für Leistungen von 1—200 PS_e gebaut, normal von 1—20 PS_e. Der Wirkungsgrad beträgt etwa 96 %.

Als Abart der Zahnradübersetzung sind die Grisson Getriebe zu bezeichnen. Diese, von der Maschinenfabrik E. Becker hergestellten Triebwerke bestehen aus einem gußeisernen Rollenrad mit zwei Rillen, in denen Stahlrollen auf Stahlbolzen angebracht sind. Auf diesen Rollen arbeitet ein Daumenrad aus Bronze mit zwei um 180° versetzten herzförmigen Daumen. Die gleitende Reibung der Zahnräder ist hier durch die rollende Reibung ersetzt. Mit Vorteil werden diese Triebe für große Geschwindigkeiten, große Übersetzungen und große Kräfte verwendet. Der Wirkungsgrad beträgt etwa 95 %.

Im Gegensatz zu Zahnrädern ist der Wirkungsgrad bei großer Übersetzung höher als bei kleiner. Normal werden die Triebe für Übersetzungen 1 : 5 bis 1 : 30 geliefert. Die Schmierung erfolgt am besten durch Eintauchen des Rollenrades in Öl. Auch für Übersetzungen vom Langsamen ins Schnelle sind die Triebe zu gebrauchen.

7. Ketten.

Die Verwendung der Ketten als Kraftübertragungsmittel ist bei uns noch verhältnismäßig neu. In Amerika dagegen wird die Kette in ausgedehntem Maße zur Kraftübertragung verwendet, und zwar auch für sehr große Kräfte.

Voraussetzung für jeden gut laufenden Kettentrieb ist eine ganz genau ausgeführte Verzahnung des Kettenrades und eine ebenso genaue gleiche Kettenteilung. Sind diese beiden Bedingungen erfüllt, so läuft der Kettenantrieb selbst bei großen Umfangsgeschwindigkeiten ruhig. Da im Zahneingriff keine gleitende Reibung auftritt, ist der Verschleiß außerordentlich gering und der Wirkungsgrad hoch. Bei guter Ausführung soll $\eta = 98—99\,^0/_0$ sein. Die Platzbeanspruchung ist ebenfalls sehr gering. Große Achsabstände zwischen treibender und getriebener Welle sind nicht zu empfehlen wegen des großen Durchhanges und der starken Achsbelastung infolge des Kettengewichts. Dagegen sind ganz kurze Achsabstände und senkrechte Triebe besser ausführbar als mit Riemen ohne Spannrolle. Spannschlitten für die Motoren sind nicht unbedingt erforderlich, erleichtern aber die richtige Einstellung der Kettenspannung. Das ziehende Trumm soll, wie auch beim Riementrieb, möglichst unten liegen, jedoch nicht aus Gründen der Adhäsion, sondern wegen der Platzbeanspruchung unterhalb der Ketten.

Bewährt haben sich die von Fr. Stolzenberg & Co. fabrizierten Renold-Ketten, die Morse-Rollengelenkketten der Westinghouse-Gesellschaft, die Zobel-Treibketten von Zobel, Neubert & Co.

Kettentriebe werden bis zu mehreren 100 PS ausgeführt; die Geschwindigkeit kann bis zu $v = 15$ m gesetzt werden, gute Ausführung vorausgesetzt; meist geht man nicht über 7 m/sek.

8. Schnecke und Schneckenrad.

Bei größeren Übersetzungsverhältnissen, bei denen etwa zwei und mehr Zahnradübertragungen oder dergleichen hinter einander angewendet werden müßten, wird vielfach das Schneckengetriebe vorgezogen. Es eignet sich seiner Art nach nur für Übersetzungen vom Schnellen ins Langsame und gestattet, Übersetzungen von 6 : 1 bis etwa 100 : 1 auszuführen. Der Hauptvorteil liegt in der außerordentlich gedrängten Bauart, die aber für viele Antriebe unbedingt erforderlich ist. Der Wirkungsgrad ist dagegen durchschnittlich nicht sehr hoch. Er ist verschieden je nach der Größe der Getriebe, der Schneckensteigung usw. und kann zu 40—85% angenommen werden. Die höheren Wirkungsgrade werden bei Verwendung von steilgängigen Schnecken erreicht.

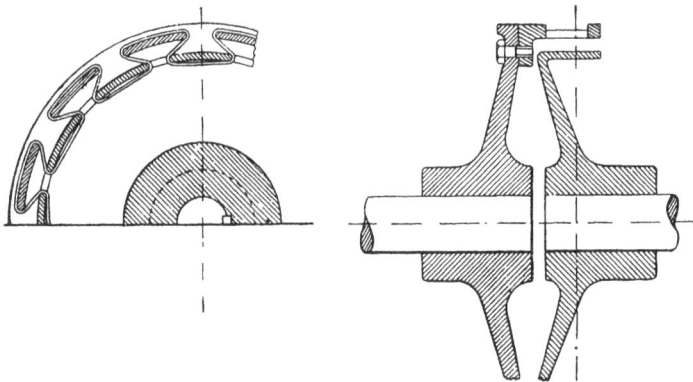

Fig. 157.   Lederbandkupplung (Zodel).

Mit Rücksicht auf die gerade bei Schneckengetrieben erforderliche Präzisionsarbeit und Erfahrung über die zweckmäßigste Ausführungsform ist es vorteilhaft, derartige Triebe fertig zusammengebaut von einer Spezialfirma zu beziehen.

Wo es darauf ankommt, daß die treibende und getriebene Welle in einer Ebene liegen, kann mit Vorteil das Stirnrad-Schneckengetriebe der Firma J. Renk angewendet werden. Diese Getriebe besitzen außer geringer Raumbeanspruchung einen sehr hohen Wirkungsgrad, der im Mittel 93% beträgt.

Als eine Abart der Schneckengetriebe sind die von der Maschinenfabrik Pekrun hergestellten Globoidrollengetriebe zu bezeichnen. Dieselben ermöglichen Übersetzungen von 1 : 2 bis 1 : 30 und werden für 750—1500 Motorumdrehungen ge-

liefert. Je nach der Umdrehungszahl und dem Übersetzungsverhältnis schwankt der Wirkungsgrad zwischen 90—94%.
Dieser hohe Nutzeffekt wird zum größten Teil dadurch erreicht,
daß an Stelle der gleitenden Reibung des Schneckengetriebes
die rollende Reibung tritt. Geliefert werden derartige Getriebe in acht Größen bis zu Leistungen von 140 PS$_e$.

Eine Mittelstellung zwischen Schnecken- und Zahnrad-
getrieben bilden die Schraubenräder. Sie werden hauptsächlich
angewendet, wenn die treibende und getriebene Achse einen
Winkel bilden, der kleiner oder größer als 90° ist, doch können
sie auch bei parallelen Achsen Verwendung finden. In diesem
Falle muß das eine Rad rechtsgängige und das andere linksgängige Schraubenwindung besitzen, während bei rechtwinkelig
oder in beliebigem Winkel gelagerten Achsen beide Räder
gleiche Schraubenwindung erhalten müssen, entweder rechtsgängige oder linksgängige.

9. Direkte Kupplung.

Die technisch beste Kraftübertragung wird durch direkte
Kupplung des Motors mit der anzutreibenden Maschine erreicht. Den verschiedenartigen Anforderungen entsprechend
gibt es eine sehr große Anzahl von Konstruktionen, die sich
einteilen lassen in:

 a) Starre Kupplung.
 b) Nachgiebige Kupplung,
 c) Ausrückbare Kupplung,
 d) Magnetische Kupplung.

Aus der außerordentlich großen Anzahl von verschiedenen
Konstruktionen sollen nachstehend einige der bekanntesten
angeführt werden.

a) Starre Kupplung.

Dieselbe wird als Hülsen-, Schalen- und Sellers-Kupplung
für kleinere Kräfte und als Scheiben- bzw. Flanschkupplung
für größere Kräfte benutzt, aber nur selten angewendet.

b) Nachgiebige Kupplung.

1. Die Lederbandkupplung, Patent Zodel, der Firma
J. M. Voith, Fig. 157, gleicht nicht nur kleine Ungenauigkeiten

16*

in der Wellenlage aus, sondern läßt den Wellen auch horizontalen Spielraum. Sie besteht aus zwei ineinander fassende,
riemenscheibenartige Kupplungshälften, die mit Schlitzen versehen sind, durch welche ein oder mehrere parallel geschaltete Riemen gezogen werden. Außer der ausgleichenden
Wirkung besitzt diese Kupplung noch den Vorteil, bei Motoren
eine Isolation des Motors vom Getriebe herbeizuführen.

2. Die Lederscheibenkupplung der Siemens-Schuckertwerke, Fig. 158, eignet sich der Hauptsache nach für kleinere
und mittlere Kräfte. Sie besteht aus einer Anzahl aufeinander
gelegter, ringförmiger Lederscheiben, welche durchbohrt sind
und abwechselnd von einem Bolzen der einen und der anderen

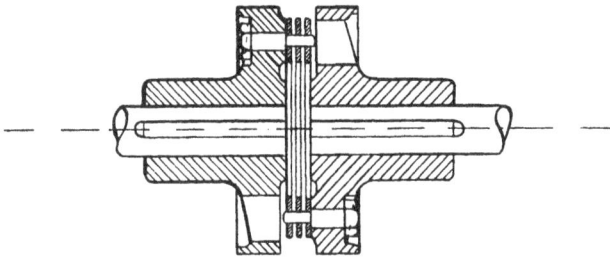

Fig 158. Lederscheibenkupplung (Siemens-Schuckertwerke).

Kuppelscheibe getragen werden. Diese Kupplung kann starke
Belastungsstöse vertragen und ist für beide Drehrichtungen
geeignet, kann daher auch für umsteuerbare Motoren Verwendung finden. Auch diese Kupplung ist isolierend.

3. Die von der Berlin-Anhaltischen Maschinenbau-Aktien-
gesellschaft hergestellte elastische Bolzenkupplung benutzt
ebenfalls Leder als elastisches Material. Im Gegensatz zu
der vorstehend beschriebenen Kupplung sind jedoch hier die
Bolzen aus Leder. Die Kupplung wird auch mit Gummi
bolzen ausgeführt.

4. Die elastische Kupplung von G. Polysius, Dessau, ist
eine Klauenkupplung mit zwischen den Klauen liegenden.
abwechselnd geschichteten Gummi- und Holzklötzen. Bei der
Montage ist darauf zu achten, daß bei wechselnder Dreh-

richtung die Klauen genau gleichweit voneinander sind. Bei
einer Drehrichtung dagegen ist es besser, wenn die aufeinander
arbeitenden Klauen möglichst weit voneinander entfernt sind,
weil dann die Elastizität eine größere ist. Zwischen jeder
Klaue und der rückwärtigen der anderen Scheibe muß jedoch,
um ruhigen Gang zu erzielen, mindestens noch ein Gummi-
klotz liegen.

c) Ausrückbare Kupplungen.

1. Die Reibungskupplung von Dohmen-Leblanc der Bamag
benutzt zum Anpressen der zylindrischen oder keilförmigen
Schleifsegmente exzentrisch gelagerte Druckbolzen. Bei dieser
Kupplung muß die äußere Kupplungshälfte auf der treibenden
Welle sitzen, damit nicht ev. durch die Zentrifugalkraft ein
Kuppeln stattfindet. Vom Eisenwerk Wülfel und Grob & Co.
werden ganz ähnlich durchgebildete Kupplungen gebaut.

2. Bei der Benn-Kupplung der Maschinenfabrik Vogel
& Schlegel findet die Anpressung nicht radial, sondern axial
statt. Der Vorteil dieser Konstruktion liegt darin, daß ein
Kuppeln durch die Zentrifugalkraft nicht stattfinden kann,
wenn die beiden Wellen beliebig laufen.

Dieser Kupplung sehr ähnlich ist die Reibscheibenkupp-
lung von Lohmann & Stotterfoth und die Reibungskupplung,
System Haeberlin, der Maschinenbau-Aktiengesellschaft vor-
mals J. Losenhausen.

3) Bei der Reibungskupplung »Triumph« der Firma
L. Schwarz & Co., Dortmund, wird eine Spiralfeder aus Quadrat-
stahl um eine Hartgußmuffe gespannt. Das freie Ende der
Feder wird zunächst durch einen Hebel, der durch die ver-
schiebbare Muffe betätigt wird, zum Schleifen gebracht, dann
wird durch die Reibung die Feder allmählich gespannt, kommt
immer mehr zum Anliegen und nimmt in gleichem Maße die
anzutreibende Welle mit. Die Feder sitzt an der anzutreibenden, die Muffe an der treibenden Welle oder umgekehrt.

4. Eine sehr weite Verbreitung haben die Hill-Kupplungen
des Eisenwerkes Wülfel und die ähnlichen Konstruktionen
der Maschinenfabrik von P. Troester und die Wießner-Kupp-

lung der Maschinenfabrik von Theodor Wiede gefunden. Ihr Vorzug liegt darin, daß keinerlei axiale oder adiale Drücker auftreten können und daß die dem Verschleiße unterworfenen Teile aus leicht ersetzlichen, billigen Holzstücken bestehen. Eine andere ähnliche Konstruktion, bei der nur die Hebelwirkung durch Schraubwirkung ersetzt wird, ist die von der Peniger Maschinenfabrik hergestellte Gnomkupplung.

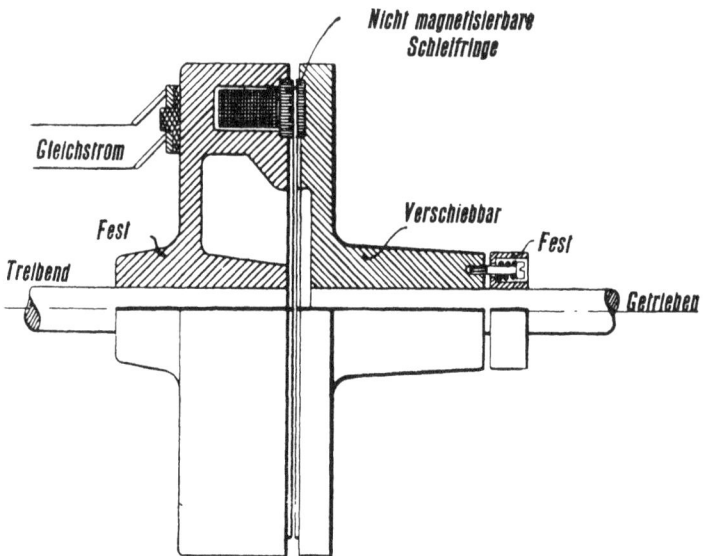

Fig 159. Elektromagnetische Reibungskupplung (Vulkan).

5) Die elektromagnetische Friktionskupplung Patent Vulkan, Fig. 159, benutzt als anpressende Kraft den elektrischen Strom. Die Kupplung ist dann mit Vorteil anzuwenden, wenn ein Ausrücken von vielen Stellen oder von einer weit entfernten Stelle erfolgen soll.

6. Während alle beschriebenen Kupplungen von Hand bedient werden müssen, ist die sog. Kraftmaschinenkupplung von Uhlhorn eine selbsttätige. Sie wird angewendet, wenn zwei Wellen normal je von einem besonderen Motor ange-

trieben werden und diese beiden Wellen dann gekuppelt werden sollen, wenn der eine Antriebsmotor überlastet wird und wieder entkuppelt, wenn die normale Belastung wieder hergestellt ist. Dieser Zweck wird durch die Uhlhornsche Kupplung erreicht. Der äußere Teil der Kupplung ist mit dem zu unterstützenden Wellenstrang zu verbinden. An dem inneren Teil sitzen zwei Mitnehmerklinken, die durch Federn in entsprechende Aussparung des äußeren Teiles gebracht werden, wenn der äußere Teil gegenüber dem inneren zurück-

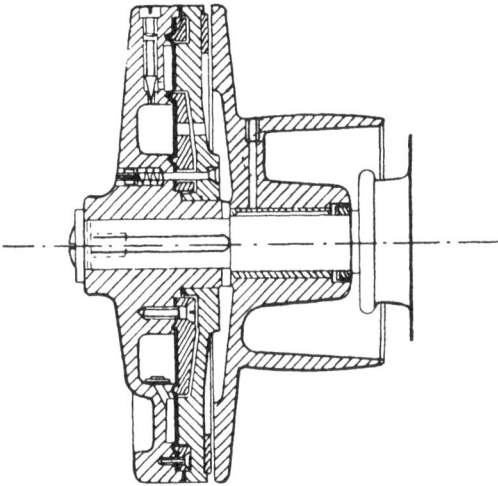

Fig. 160. Hydraulische Reibungskupplung (Siemens-Schuckertwerke).

bleibt, was bei Überlastungen eintritt. Bei Entlastung werden die Klinken durch den voreilenden äußeren Teil wieder in die Aussparung des inneren Teiles zurückgedrückt.

Denselben Zweck erreicht die Kupplung Ohnesorge der Bamag. Dieselbe besitzt jedoch keine Klinken, sondern einen Bremszaun, der durch die Zentrifugalkraft angezogen wird. Das Kuppeln erfolgt daher vollkommen stoßfrei.

7. Ebenfalls selbsttätig ist die hydraulische Kupplung der Siemens-Schuckertwerke. Sie dient hauptsächlich dazu, die nur unbelastete anlaufenden Einphasen-Induktionsmotoren

erst dann mit dem Triebwerk zu kuppeln, wenn sie ihre normale Umdrehungszahl erreicht haben. Erreicht wird dies dadurch, daß durch die Zentrifugalkraft aus einem inneren Hohlraum Glyzerin durch vermittelst Schrauben regulierbar gemachte Öffnungen nach außen strömt und unter Vermittlung einer Membran eine Preßscheibe andrückt. Die Zeit, welche verstreichen muß, bevor die Kupplung vollendet ist, läßt sich durch Stellschrauben bequem einregulieren, Fig. 160.

8. Demselben Zwecke dienend, aber billiger ist die Riemenkupplung von Fischer-Hinnen, hergestellt von der

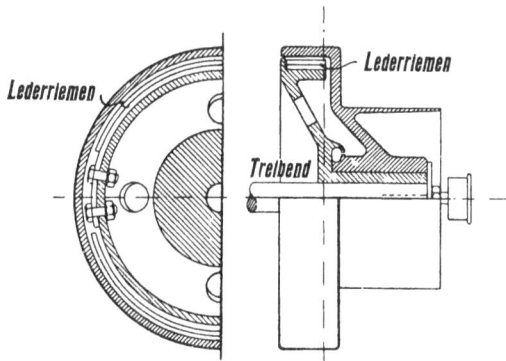

Fig. 161. Zentrifugalriemenkupplung (Oerlikon).

Maschinenfabrik Örlikon[1]). Wie aus Fig. 161 hervorgeht, wird die Riemenscheibe durch den infolge der Zentrifugalkraft nach außen gedrückten Lederriemen mitgenommen. Bei größeren Motoren und dementsprechend größeren Scheiben läßt sich die Kupplung vollkommen innerhalb der Riemenscheibe anordnen, so daß durch sie keine Vergrößerung der axialen Motorabmessung erforderlich wird.

Bei Übertragung großer Kräfte oder kleinerer Kräfte bei kleinen Umdrehungszahlen nimmt die Kupplung ziemlich große Dimensionen an. Sie wird daher in diesen Fällen nach Fig. 162 ausgeführt. Zur Erhöhung der Zentrifugalkraft werden Metallringe, die in Segmente zerschnitten sind und

---

[1]) E. T. Z. 1909, S. 304—305.

durch Zapfen mitgenommen werden, benutzt; außerdem sind
zwei konzentrische Kupplungen angewendet. Die treibende
Kupplungshälfte (links) nimmt zunächst durch die Metallsegmente m_1 und den Riemen r_1 die getriebene Kupplungshälfte (rechts) mit. Sobald sich die Geschwindigkeit letzterer
steigert, drücken auch die Metallsegmente m_2 den Riemen r_2
an die treibende Kupplungshälfte, wodurch die Reibung vergrößert und der Schlupf verkleinert wird. Bei entsprechender Bemessung der anpressenden Metallsegmente läßt sich

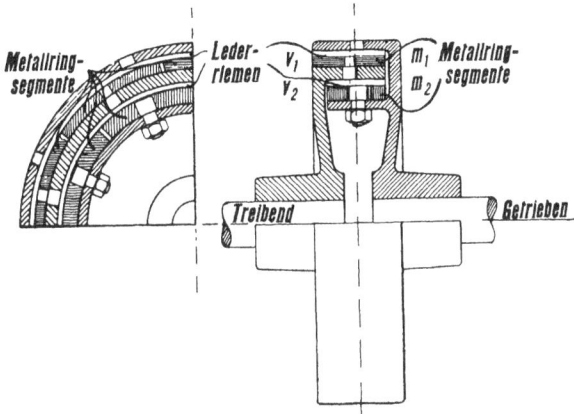

Fig. 162. Zentrifugalriemenkupplung (Oerlikon).

ein fast beliebig kleiner Schlupf im Betriebe erreichen. Es
ist selbstverständlich, daß die Kupplung nach Fig. 162 auch
für Motoren nach Art der Fig. 161 gebaut werden kann.

Die unter 7. und 8. beschriebenen Kupplungen sind
nicht nur bei Einphasen-Induktionsmotoren am Platze, sondern
auch bei Drehstrommotoren mit Kurzschlußanker, wenn beim
Anlauf das normale oder ev. noch ein größeres Drehmoment
erforderlich ist. Der höhere Nutzeffekt der Kurzschlußankermotoren, die geringeren Anschaffungskosten und die Einfachheit der Konstruktion wiegen die Kupplung reichlich auf.

M. Beispiele von Berechnungen.

Obwohl der Kraftbedarf einer anzutreibenden Maschine in den meisten Fällen von den Fabrikanten mit genügender Genauigkeit angegeben wird, so ist es doch oft zweckmäßig, hauptsächlich, wenn es sich um ältere Maschinen handelt, eine Nachprüfung vorzunehmen, bevor ein Antriebsmotor in Auftrag gegeben wird. Solange der Transmissionsantrieb die Regel bildete, wurde der Kraftbedarf, wohl meist aus Gründen kaufmännischer Natur, fast durchweg zu knapp, oft auch erheblich zu niedrig angegeben, da Abnahmeversuche bei Arbeitsmaschinen nicht üblich waren und im Betriebe niemand merkte, wie hoch sich der Kraftverbrauch stellte. Bald nach Einführung des elektromotorischen Einzelantriebes mußten die Lieferanten von Arbeitsmaschinen ihre Listen einer genauen Revision unterziehen, da die Streitigkeiten wegen zu schwach bezogener Motoren sich mehrten. Heute ist in dieser Beziehung ein vollständiger Wandel eingetreten, da jede Firma weiß, daß der Einzelantrieb durch einen Elektromotor immer mehr Anwendung findet und daher die Feststellung des Kraftbedarfes sozusagen von selbst erfolgt. Es können daher bei neuen Maschinen die Angaben des Kraftbedarfes seitens des Lieferanten als richtig angenommen werden. Ältere Kraftanlagen sollten daher stets nachgeprüft werden, neuere dann, wenn irgendwelche Veränderungen vorgenommen wurden. Letzteres ist nicht so selten, wie gewöhnlich angenommen wird. Daß z. B. ein für eine bestimmte Windpressung und eine bestimmte Drehzahl bestellter Ventilator nach Inbetriebsetzung mit einer höheren Drehzahl betrieben wird, weil infolge zu langer oder unzweckmäßig angelegter Druckrohrleitung die Windpressung zu gering ist, kommt öfter vor. Der vom Fabrikanten angegebene Kraftbedarf hat sich jedoch trotz verhältnismäßig geringer Steigerung der Umdrehungszahl ganz erheblich erhöht, da er sich proportional der dritten Potenz der Umlaufzahl ändert. Oft werden z. B. auf Werkzeugmaschinen größere Stücke als ursprünglich vorgesehen waren, bearbeitet,

oder der Vorschub wird vergrößert u. a. m. Die sicherste
Feststellung des Kraftbedarfes besteht darin, die betreffende
Maschine durch einen Motor mit bekanntem Wirkungsgrad
anzutreiben und die Stromstärke zu messen. Ist dies nicht
möglich oder zu umständlich, so kann nur eine genaue Nach-
rechnung den gewünschten Aufschluß geben. Für die Bestimmung der Motorgröße ist aber der Kraftbedarf der anzutreibenden Maschine allein nicht maßgebend, sondern auch
die Zeitdauer und — bei intermittierenden Betrieben bzw.
bei periodisch wiederkehrenden Be- und Entlastungen — die
Häufigkeit desselben. Abgesehen hiervon, ist es für die Pro-

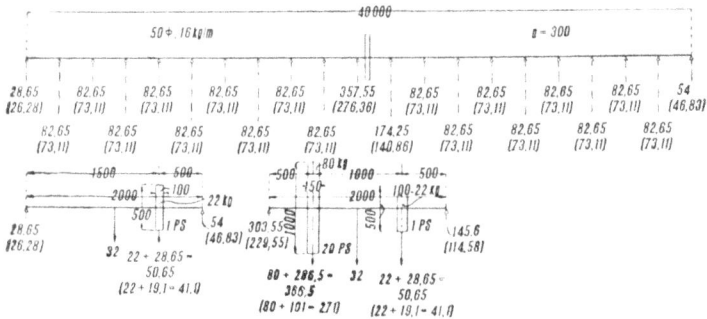

Fig. 163.

jektierung hauptsächlich noch von Wert, den Kraftbedarf
während des Anlassens zu wissen, einmal der Motorgröße
bzw. des erforderlichen Drehmomentes halber, anderseits
wegen der Bemessung und Ausführungsart des Anlassers,
sofern die gewöhnliche Anlaßart mit Vorschaltwiderständen
zur Anwendung gelangt.

Als Anhalt für derartige Berechnungen sollen eine beschränkte Anzahl, zum Teil der Praxis entnommener Bei-
spiele durchgerechnet werden, wobei »Rechenschiebergenauig-
keit« bei der Ausrechnung der Zahlenwerte hinreichend ist.

Beispiel 1. Von einer 40 m langen Transmission mit
$n = 300$, welche in Abständen von 2 m Lager hat, werden
20 senkrecht darunter stehende rasch laufende Maschinen
mit $n = 1200$. die je 1 PS$_e$ Kraftbedarf erfordern, angetrieben,

Fig. 163. Die Maschinen arbeiten in einer 10 stündigen Schicht mit Unterbrechungen ca. 1 Stunde. Der Antrieb der Transmission erfolgt in der Mitte, und zwar senkrecht von unten. Es ist zu untersuchen, ob ev. Einzelantrieb der Maschinen vorzuziehen ist.

Die maximale auf die Transmission vom Motor zu übertragende Kraft ist:

$$20 \cdot 1 = 20 \text{ PS}_e \text{ oder } 20 \cdot 75 = 1500 \text{ mkg.}$$

Der Antriebsriemen hat bei 1 m Durchmesser der Scheibe eine Geschwindigkeit von

$$v = \frac{1 \cdot \pi \cdot 300}{60} = 15,7 \text{ m/sek.}$$

Er muß daher übertragen

$$\frac{1500}{15,7} = 95,5 \text{ kg} = P.$$

Die durch den Riemenzug hervorgerufene zusätzliche Lagerbelastung ist ca. $3P = 3 \cdot 95,5 = 286,5$ kg.

Die zu den Arbeitsmaschinen führenden Riemen haben eine Geschwindigkeit von

$$v = \frac{0,5 \cdot \pi \cdot 300}{60} = 7,85 \text{ m/sek.}$$

Es ist daher für jeden dieser Riemen

$$P = \frac{1 \cdot 75}{7,85} = 9,55 \text{ kg}$$

und die Lagerbelastung pro Riemen

$$3P = 3 \cdot 9,55 = 28,65 \text{ kg.}$$

Hieraus ergeben sich die in der Fig. 213 angegebenen Lagerdrücke.

Die Summe derselben ist:

$$P_a = 28,65 + 9 \cdot 82,65 + 357,55 + 174,25 + 8 \cdot 82,65 + 54$$
$$= 2019,5 \text{ kg.}$$

Der Reibungswiderstand berechnet sich zu

$$R = P_a \, \mu_1 = 2019,5 \cdot 0,05 \cong 101 \text{ kg,}$$

wenn der Reibungskoeffizient $\mu_1 = 0,05$ angenommen wird.

Die Zapfenumfangsgeschwindigkeit ist bei 50 mm Wellendurchmesser

$$v = \frac{0,05 \cdot \pi \cdot 300}{60} = 0,785 \text{ m/sek,}$$

folglich die sekundliche Reibungsarbeit in allen Lagern zusammen

$$R_a = 101 \cdot 0{,}785 = 79{,}3 \text{ mkg/sek.}$$

Diese ist täglich 1 Stunde lang zu leisten; sie ist also pro Tag

$$79{,}3 \cdot 3600 = 285\,480 \text{ mkg/sek.}$$

In den übrigen 9 Stunden sind die Maschinen unbelastet. Es ist daher auch der Lagerdruck, hervorgerufen durch Riemenzug, nicht 3 P, sondern nur 2 P. Wird der Leerlauf vernachlässigt, was mit Rücksicht auf die sehr kleinen Beträge zulässig erscheint, so ist für die 1 m-Antriebsscheibe

$$2\,P = 191 \text{ kg} = \text{Lagerbelastung bei Leerlauf,}$$

für die 0,5 m-Abtriebsscheiben

$$2\,P = 19{,}1 \text{ kg} = \text{Lagerbelastung bei Leerlauf.}$$

Es ergeben sich jetzt die in der Fig. 163 eingeklammerten Belastungen und Lagerdrücke.

Die Summe dieser ist:

$$P_a = 26{,}28 + 9 \cdot 73{,}11 + 276{,}36 + 140{,}86 + 8 \cdot 73{,}11 + 46{,}83$$
$$= 1733{,}2 \text{ kg}$$

und die Reibung

$$R = 1733{,}2 \cdot 0{,}05 = 86{,}66 \text{ kg};$$

die sekundliche Reibungsarbeit

$$R_a = 86{,}66 \cdot 0{,}785 \cong 68 \text{ mkg/sek,}$$

welche täglich 9 Stunden zu leisten ist, also

$$68 \cdot 9 \cdot 3600 = 2\,203\,200 \text{ mkg/sek pro Tag beträgt.}$$

Die nutzbare Arbeit pro Tag ist

$$20 \cdot 1 \cdot 75 \cdot 3600 = 5\,400\,000 \text{ mkg/sek oder}$$
$$\frac{5\,400\,000}{0{,}102 \cdot 1000 \cdot 3600} = 14{,}7 \text{ KW/Std.}$$

Die Summe der täglichen nutzlosen Reibungsarbeit ist

$$285\,480 + 2\,203\,200 = 2\,488\,680 \text{ mkg/sek,}$$

oder in KW/Std. ausgedrückt

$$\frac{2\,488\,680}{0{,}102 \cdot 1000 \cdot 3600} = 6{,}77 \text{ KW/Std.}$$

Der Nutzeffekt der Transmission im Tagesdurchschnitt ist folglich

$$\frac{6{,}77}{14{,}7} = 0{,}46 = 46 \text{ %.}$$

Für 300 jährliche Arbeitstage sind nutzlos zu liefern:
$$300 \cdot 6,77 = 2031 \text{ KW/Std.},$$
die der Motor abgeben muß.

Da er nur in Ausnahmefällen voll belastet ist, meist geringer, etwa zur Hälfte, so ist auch der Wirkungsgrad entsprechend schlechter.

Bei Vollast sei $\eta = 86\%$; es soll daher im Durchschnitt $\eta = 0,78$ angenommen werden.

Dem Motor müssen pro Jahr für den Leerlauf der Transmission zugeführt werden
$$\frac{2031}{0,78} \cong 2600 \text{ KW/Std.}$$

Ist der Preis pro KW/Std. 0,18 M., so beträgt der jährliche Preis für den Leerlauf der Transmission $0,18 \cdot 2600 = 468$ M.

Würden die 20 Maschinen mit je einem besonderen Motor von 1 PS direkt gekuppelt, so ist während der Ruhezeit kein Strombedarf erforderlich und der Motor arbeitet stets mit dem besten Nutzeffekt.

Der Wirkungsgrad guter 1 PS-Motoren ist mindestens $\eta = 0,78$.

Die Nutzarbeit von 14,7 KW/Std. erfordert, ob 1 oder 20 Motoren angewendet werden, stets
$$\frac{14,7 \cdot 300}{0,78} = 5650 \text{ KW/Std. pro Jahr.}$$

Da 20 Motoren à 1 PS_e mit Anlassern usw. etwa 6000 M. kosten, die Transmission mit einem 20 PS_e - Motor aber ca. 3500 M., so kommen zuungunsten des Einzelantriebes die Zinsen von $6000 - 3500 = 2500$ M. zur Verrechnung. Dies sind bei 4% Zinsfuß 100 M.

Wird ferner noch der Mehrpreis von 2500 mit 8% amortisiert = 200 M., so sind die indirekten Unkosten bei Einzelantrieb
$$100 + 200 = 300 \text{ M.}$$

Die Ersparnis gegen Gruppenantrieb beträgt aber immer noch $468 - 300 = 168$ M. pro Jahr, wobei zuungunsten des Einzelantriebes der nicht unerhebliche Riemenverschleiß bei Transmissionsbetrieb noch nicht einmal berücksichtigt ist.

Beispiel 2. Ein Hochbehälter soll durch eine ohne ständige Aufsicht laufende Pumpe mit Wasser versorgt werden. Da der mittlere stündliche Verbrauch ca. 25 cbm beträgt, soll der Sicherheit halber eine Pumpe für 40 cbm/Std. Leistung aufgestellt werden. Es ist eine doppelt wirkende Riemenpumpe (Riemenscheibe auf der Kurbelachse) mit 40 cbm Stundenleistung, $n = 70$, 150 mm Plungerdurchmesser, 300 mm Hub, 125 mm Saug- und Druckstutzendurchmesser und Saug- und Druckwindkessel in Aussicht genommen. Die mittlere Förderhöhe (Höhendifferenz zwischen Ober- und Unterwasserspiegel) beträgt 70 m, hiervon sind 4 m Saughöhe. Die Länge der Saugleitung ist 20 m, die der Druckleitung 1500 m. Saug- und Druckleitung haben 125 mm lichten Durchmesser. Zur Verfügung steht Gleichstrom von 220 V. Es ist Größe und Art des Motors zu bestimmen.

Die Stundenleistung beträgt

$$Q = 40 \text{ cbm},$$

folglich die Leistung pro Sekunde

$$Q = \frac{40\,000}{3600} = 11{,}1 \text{ l.}$$

Der lichte Querschnitt der Rohrleitung ist

$$\frac{1{,}25^2 \cdot \pi}{4} = 1{,}23 \text{ qdm.}$$

Die Wassergeschwindigkeit ist also

$$v = \frac{11{,}1}{1{,}23} \cong 9 \text{ dcm} = 0{,}9 \text{ m/sek.}$$

Die Reibung des Wassers in der Rohrleitung verursacht einen Druckverlust, der von der Pumpe zusätzlich zu leisten ist. Diese »Widerstandshöhe« beträgt nach der »Hütte« für $d = 0{,}125$ m Rohrdurchmesser und $v = 0{,}9$ m/sek,

$$w = 0{,}8378 \text{ m pro 100 m Rohrlänge.}$$

Da die gesamte Rohrlänge $1500 + 20 = 1520$ m beträgt, so ist

$$w = 0{,}8378 \cdot 15{,}2 = 12{,}73 \text{ m.}$$

Da die Förderhöhe 70 m beträgt, so muß die Pumpe für

$$h = 70 + 12{,}73 = 82{,}73 \text{ m}$$

Förderhöhe eingerichtet werden.

Der Kraftbedarf der Pumpe ist

$$N = \frac{Q \cdot h}{75 \cdot \eta} = \frac{11,1 \cdot 82,73}{75 \cdot 0,85} = 14,4 \text{ PS}_e,$$

wobei der Wirkungsgrad η zwischen 0,75 und 0,93 je nach Ausführung der Pumpe schwankt. Es werde $\eta = 0,85$ gesetzt. $Q = $ Wassermenge in l/sek.

Ein Motor von ca. 15 PS$_e$ Leistung wird durchschnittlich in 30 Sekunden seine normale Umdrehungszahl erreichen.

Da die normale Wassergeschwindigkeit $v = 0,9$ m beträgt, so wird die dem Wasser zu erteilende Beschleunigung beim Anlauf der Pumpe betragen

$$p = \frac{v}{t} = \frac{0,9}{30} = 0,03 \text{ m/sek.}$$

Die Wassermasse berechnet sich zu

$$\frac{0,125^2 \cdot \pi \cdot 1520}{4} = 18,70 \text{ cbm oder } 18700 \text{ l} = 18700 \text{ kg.}$$

Die beschleunigende Kraft ist

$$P = m \cdot p = \frac{G}{g}\, p = \frac{18\,700}{9,81} \cdot 0,03 \cong 57 \text{ kg.}$$

Das erforderliche Drehmoment für den |Motor ist also (zunächst unter Vernachlässigung der Massen der Pumpe und Ventile)

$$M_d = P \cdot r = 57 \cdot 0,2 = 11,4 \text{ mkg,}$$

$$r = 0,2 \text{ m Kurbelradius.}$$

Ein 15 PS-Motor hat ein normales Drehmoment von

$$M_d = 716,197 \cdot \frac{N}{n} = 716,197 \cdot \frac{15}{700} = 15,35 \text{ mkg.}$$

$$n = \text{Umdrehungen/Minute} = 700.$$

Da das Gewicht der beweglichen Massen der Pumpe und Ventile nur einige hundert Kilogramm beträgt, gegenüber dem Wassergewicht also verschwindend klein ist, und andererseits der Motor beim Anlauf ein weit größeres Drehmoment (bis zum Dreifachen) entwickeln kann, so genügt für den Antrieb ein Motor von 15 PS$_e$ Leistung.

Als Motortyp kann nur der Nebenschluß- oder Compoundmotor in Frage kommen. Da ev. ein häufiger Anlauf eintreten wird, ist der Compoundmotor wegen des besseren Anzuges vorzuziehen.

Die Drehzahl eines 15 PS-Motors ist ca. $n = 700$. Für eine direkte Übersetzung normaler Ausführung ist sie zu hoch, da die Pumpe $n = 70$ Umdrehungen macht, das Übersetzungsverhältnis also $1:10$ würde. Wird ein Lenix-Getriebe verwendet, so läßt sich noch der direkte Riemenantrieb ausführen. Es werde daher letztere Ausführung gewählt.

Da die Motorscheibe $d = 260$ mm Durchmesser hat, wird der Durchmesser der Pumpenscheibe

$$d = \frac{260 \cdot 700}{70} = 2600 \text{ mm.}$$

Dieses Maß ist jedoch mit Rücksicht auf den Riemenrutsch zu verkleinern. Der großen Übersetzung wegen kann letztere mit 4 $^0/_0$ eingeschätzt werden; die Gegenscheibe ist also $2600 \cdot 0,96 = 2500$ mm auszuführen.

Die Riemengeschwindigkeit ist

$$v = \frac{0,26 \cdot \pi \cdot 700}{60} \approx 9,55 \text{ m/sek.}$$

Die vom Riemen zu übertragende Kraft

$$P = \frac{75 \cdot 14,4}{9,55} = 113 \text{ kg.}$$

Riemenquerschnitt:

$$\frac{113}{0,125} = 905 \text{ qmm.}$$

Riemenbreite bei 4,5 mm Dicke:

$$\frac{905}{4,5} = 200 \text{ mm.}$$

Scheibenbreite $= 1,1\ B + 10 = 1,1 \cdot 200 + 10 = 230.$

Als Anlasser wird zweckmäßig mit Rücksicht auf die geringe Aufsicht ein Selbstanlasser mit Hilfsmotor, versehen mit selbsttätigem Ausschalter bei Rückgang der Spannung wirkend und mit Funkenentziehvorrichtung, gewählt.

Das Betätigen des Anlassers ist durch einen Kontaktapparat zu bewirken, der von einem im Hochbehälter angebrachten Schwimmer betätigt wird.

Beispiel 3. Ein Gleichstrom-Aufzugmotor von 20 PS wird täglich 400 mal mit doppeltem Drehmoment angelassen.

Jedes Anlassen dauert 5 Sekunden. Es ist festzustellen, wie hoch der jährliche Verlust durch das Anlassen mittels Vorschaltwiderstand bei 16 Pf. pro KW/St Strompreis ist und ferner, ob ein anderes Anlaßverfahren nicht billiger durchzuführen ist. Die durchschnittliche Hubzeit beträgt 45 Sekunden. Nach dem Anlassen, also während 40 Sekunden, ist der Motor mit 20 PS_e belastet.

Ein 20 PS-Motor verbraucht durchschnittlich 17 KW bei voller Beanspruchung. Während der Anlaufzeit verbraucht er bei doppeltem Drehmoment daher $2 \times 17 = 34$ KW. Hiervon wird etwa die Hälfte im Anlasser vernichtet. Es werden daher bei jedem Anlassen im Anlasser in Wärme umgesetzt

$$\frac{34 \cdot 5}{2} = 85 \text{ KW/sek}.$$

Der jährliche Anlasserverlust ist daher

$$85 \cdot 400 \cdot 365 = 12\,410\,000 \text{ KW/sek oder}$$

$$\frac{12\,410\,000}{3\,600} = 3450 \text{ KW/St}.$$

Die Ausgaben hierfür sind $3450 \cdot 16 = 55200$ Pf. $= 552$ M.

Würde an Stelle der Wiederstandsschaltung die Leonard-Schaltung gewählt (ständig laufende Anlaßdynamo gekuppelt mit Motor), so würden sich die Kosten dieser Anlaßmethode, wie folgt, stellen.

Die Anlagekosten für eine 17 KW-Anlaßdynamo mit Wendepolen und einen damit gekuppelten 20 PS-Motor nebst Anlasser und Kupplung betragen etwa M. 2500, 4 % Verzinsung und 6 % Amortisation beanspruchen daher M. 250.

Die durchschnittliche tägliche Betriebsdauer betrage 15 Stunden und die Leerlaufenergie des Umformermotors ca. 12 % der normalen $= 17 \cdot 0,12 = 2,04$ KW. Pro Jahr sind demnach für den Leerlauf aufzuwenden:

$$2,04 \cdot \left(15 \frac{400 \cdot 45}{3600}\right) \cdot 365 = 7446 \text{ KW/St.},$$

deren Kosten $7446 \cdot 0,16 \cong 1191$ M. betragen.

Der zum Betrieb des Aufzugmotors erforderliche Strom wird jedoch zweimal umgeformt, nämlich erst in dem Umformermotor in mechanische Energie und dann in der Anlaßdynamo wieder in elektrische Energie. Der Wirkungsgrad beider Maschinen beträgt bei voller Belastung mindestens 88%, so daß der Gesamtwirkungsgrad $= 0{,}88 \cdot 0{,}88 = 0{,}774$ beträgt.

Der jährliche Energieverbrauch für den Aufzugmotor berechnet sich zu:

$$\frac{[5 \cdot (2 \cdot 17) + 40 \cdot 17]}{3600} \cdot 400 \cdot 365 = 34456 \text{ KW/St.}$$

Die Kosten hierfür betragen $34456 \cdot 0{,}16 \cong 5513$ M., es sind jedoch infolge der Verluste im Umformer dafür zu zahlen

$$\frac{5513}{0{,}774} \cong 7123 \text{ M.}$$

Die Umformungskosten sind demnach $7123 - 5513 = 1610$ M.

Die Gesamtkosten bei einer Anlaßmaschine sind demnach

$$250 + 1191 + 1610 = 3051 \text{ M.}$$

Es ist daher die reine Widerstands-Anlaßschaltung pro Jahr um $3051 - 552 \cong 2500$ M. billiger.

Etwas günstiger würden sich die Verhältnisse gestalten, wenn statt der Anlaßmaschine die Gegenschaltung angewendet würde, weil dann nicht die gesamte erforderliche Energie umgeformt zu werden braucht, sondern nur ein Teil derselben beim Anlassen. Da jedoch die hohen Leerlaufverluste, obwohl das Aggregat kleiner ausfällt, immerhin nicht unter 600 M. sinken werden, so ist auch diese Art des Anlassens in diesem besonderen Falle teurer.

Beispiel 4. Ein Riemen-Friktionshammer älterer Bauart hat folgende Konstruktionsdaten:

Fallhöhe (größte) . .	$h =$	1,8 m
Bärgewicht	$G =$	375 kg
Hubzahl pro Minute (größte) . . .		24
Durchmesser der Friktionsscheibe .		630 mm
Breite » » .		135 »
Gewicht » ,		40 kg
Durchmesser der Antriebsscheibe		
(gleichzeitig Schwungrad)		1000 mm

17*

Breite der Antriebsscheibe . . . . .   110 mm
Gewicht der   »   . . . . .   250 kg
Gewicht des Schwungringes der An-
    triebsscheibe . . . . $G =$ 200 »
Durchmesser des Trägheitskreises der
    Antriebsscheibe . . . .   900 mm
Länge der Welle . . . .   1200 »
Durchmesser der Welle . . . . . .   80 »
Umdrehungszahl der Welle pro Minute $n =$ 120

Gesucht wird die mittlere und maximale Betriebskraft.
Umfangsgeschwindigkeit der Friktionsscheibe gleichzeitig größte Hubgeschwindigkeit:

$$v = \frac{0{,}63 \cdot \pi \cdot 120}{60} = 3{,}96 \text{ m/sek.}$$

Größte Fallgeschwindigkeit

$$v = \sqrt{2\,gh} = \sqrt{2 \cdot 9{,}81 \cdot 1{,}8} \cong 6 \text{ m/sek.}$$

$$\text{Fallzeit } t = \frac{v}{g} = \frac{6}{9{,}81} = 0{,}61 \text{ sek.}$$

Die Hubzeit würde, wenn keine Massen beschleunigt zu werden brauchten, betragen $\frac{1{,}8}{3{,}96} = 0{,}455$ sek.

Da die Beschleunigung abhängig ist von der Größe des Zuges, der vom Bedienungsmann am Hubriemen ausgeübt wird, und daher sehr variabel ist, so kann sie nur annähernd geschätzt werden. Sie soll zu $p = 4$ m/sek angenommen werden.
Die wirkliche Hubzeit ergibt sich also zu

$$t = \sqrt{\frac{2\,h}{p}} = \sqrt{\frac{2 \cdot 1{,}8}{4}} = 0{,}95 \text{ sek.}$$

Die Hubgeschwindigkeit wird

$$v = p \cdot t = 4 \cdot 0{,}95 = 3{,}8 \text{ m/sek.}$$

Zeit eines vollen Spiels (Fall + Pause + Hub)

$$\frac{60}{24} = 2{,}5 \text{ sek.}$$

Pause $= 2{,}5 - (0{,}61 + 0{,}95) = 0{,}94$ sek.
Hubarbeit $= G \cdot h = 375 \cdot 1{,}8 = 675$ m/kg.

Beschleunigungsarbeit $\dfrac{G \cdot v^2}{g \cdot 2} = \dfrac{375 \cdot 3{,}8^2}{9{,}81 \cdot 2} = 276$ m/kg.

Der maximal am Riemen ausgeübte Zug durch den Bedienungsmann kann zu 60 kg angenommen werden.

Gewicht der Welle $\dfrac{0{,}8^2 \cdot \pi \cdot 12 \cdot 7{,}8}{4} \cong 47$ kg.

Zug im ziehenden Riementrum:

$$\frac{\text{Hubarbeit} + \text{Beschleunigungsarbeit}}{\text{Hubhöhe}} = \frac{675 + 276}{1{,}8} = 528 \text{ kg}$$

Lagerbelastung während des Hubes:

Welle + Riemenscheibe + Friktionsscheibe + Zug im ziehenden Riementrum (NB: Der horizontale Riemenzug soll vernachlässigt werden!) + Zug durch den Bedienungsmann:

$$47 + 250 + 40 + 528 + 60 = 925 \text{ kg.}$$

Lagerreibung während des Hubes:

$$925 \cdot 0{,}06 = 55{,}5 \text{ kg.} \quad \mu_1 = 0{,}06$$

Zapfenweg =

$$\frac{d \cdot \pi \cdot n \cdot t}{60} = \frac{0{,}08 \cdot \pi \cdot 120 \cdot 0{,}95}{60} = 0{,}477 \text{ m.} \quad t = 0{,}95 \text{ sek.}$$

Reibungsarbeit während des Hubes

$$R_a = 55{,}5 \cdot 0{,}477 \cong 26{,}5 \text{ m/kg.}$$

Maximale Momentanbelastung $= \dfrac{P\,l}{t} = \dfrac{\text{Arbeit}}{\text{Zeit}}$

$$\frac{675 + 276 + 26{,}5}{0{,}95} = 1030 \text{ m/kg oder } \frac{1030}{75} = 13{,}75 \text{ PS}_e.$$

Dieser Kraftbedarf ist jedoch nicht in voller Höhe erforderlich, weil die lebendige Kraft der Riemenscheibe usw. teilweise zur Geltung kommt.

Zeit für Fall + Pause $= 0{,}61 + 0{,}94 = 1{,}55$ sek.

Lagerbelastung während dieser Zeit:

Welle + Riemenscheibe + Friktionsscheibe =

$$47 + 250 + 40 = 337 \text{ kg.}$$

Lagerreibung hierfür: $337 \cdot 0{,}06 = 20{,}22$ kg.

Zapfenweg während 1,55 sek:

$$\frac{d \cdot \pi \cdot n \cdot t}{60} = \frac{0{,}08 \cdot \pi \cdot 120 \cdot 1{,}55}{60} = 0{,}78 \text{ m.}$$

Reibungsarbeit während 1,55 sek:
$$R_a = 20,22 \cdot 0,78 \cong 16 \text{ m/kg}.$$

Mittlerer Kraftbedarf bezogen auf eine Sekunde
$$\frac{[(675 + 276 + 26,5) + 16] \cdot 24}{60} = 397,4 \text{ mkg/sek oder}$$

$$\frac{397,4}{75} = 5,3 \text{ PS}_e.$$

Beispiel 5. Es soll der Kraftbedarf einer zweiseitig gelagerten Schmirgelscheibe berechnet werden. Scheibe und Motor sollen direkt gekuppelt werden. Die Abmessungen der Scheibe sind: Durchmesser 0,4 m, Breite 0,10 m Umdrehungszahl $n = 1250$. Auf der Scheibe sollen schmiedeeiserne Lineale von ca. 1 m Länge, 80 mm Breite und 15 mm Dicke blank geschliffen werden.

Die Umfangsgeschwindigkeit der Scheibe ist
$$v = \frac{0,4 \cdot \pi \cdot 1250}{60} = 26,2 \text{ m/sek}.$$

Das Gewicht derselben
$$G = \left(\frac{4^2 \pi}{4} - \frac{0,4^2 \pi}{4}\right) 1 \cdot 4 \cong 50 \text{ kg}.$$

Spez. Gewicht des Schmirgels $\sigma = 4$.

Das Gewicht der Welle von 1 m Länge, 40 mm Durchmesser ist ca. 10 kg.

Der maximale Anpressungsdruck für die Lineale soll 100 kg betragen und etwa in horizontaler Richtung erfolgen.

Der resultierende Lagerdruck während der Schleifperiode ist daher
$$D_l = \sqrt{100^2 + (50 + 10)^2} = 116,7 \text{ kg}.$$

Lagerreibung $R = 116,7 \cdot 0,08 = 9,3$ kg.

Reibungskoeffizient $\mu_1 = 0,08$ (hoch wegen Schmirgelstaub).

Zapfenumfangsgeschwindigkeit bei einem Wellendurchmesser von 40 mm
$$v_1 = \frac{0,04 \cdot \pi \cdot 1250}{60} = 2,62 \text{ m/sek}.$$

Folglich sekundliche Reibungsarbeit in den Lagern

$$R_a = 9,3 \cdot 2,62 \cong 24,37 \text{ mkg/sek.}$$

Wird der Reibungskoeffizient für grobkörnigen Sandstein und Schmiedeeisen $\mu_1 = 0,44$ zugrunde gelegt, so ist die Reibung beim Schmirgeln

$$100 \cdot 0,44 = 44 \text{ kg}$$

und die Reibungsarbeit hierbei

$$R_a = 44 \cdot 26,2 = 1152,8 \text{ mkg/sek.}$$

Die gesamte erforderliche Arbeit ist

$$A = 24,37 + 1152,8 \cong 1177 \text{ mkg/sek.}$$

Der Motor muß also abgeben können

$$\frac{1177}{75} = 15,7 \text{ PS}_e.$$

Besitzt der Motor einen Wirkungsgrad von $\eta = 86\,\%$, so muß ihm zugeführt werden

$$\frac{15,7 \cdot 736}{0,86} = 13450 \text{ Watt} = 13,45 \text{ KW.}$$

Beispiel 6. Es soll zur Entwässerung einer Niederung eine Zentrifugalpumpe aufgestellt und elektrisch betrieben werden. Das Förderquantum beträgt 5 cbm/sek; die Hub-höhe maximal bei Hochwasser 8 m, normal 4 m. Während der Zeit, in der mit großer Hubhöhe gefördert werden ́muß, ist es zulässig, die Förderleistung auf die Hälfte zu ermäßigen, also auf 2,5 cbm/sek. Es sollen daher normal (bei 4 m Förder-höhe) zwei Pumpen parallel arbeiten und bei größer werden-der Förderhöhe) hintereinander geschaltet werden. Der An-trieb soll durch Drehstrommotoren erfolgen, die ohne Auf-sicht laufen sollen und von der Zentrale aus angelassen werden. Die Spannung beträgt 2000 V.

Der Kraftbedarf einer Zentrifugalpumpe ist

$$N = \frac{1000 \cdot Q \cdot h}{75 \cdot \eta}.$$

Q = Wasser in cbm/sek.

h = gesamte Förderhöhe in m.

$\eta =$ mechanischer Wirkungsgrad. Derselbe liegt bei Zentrifugalpumpen zwischen 0,3—0,80, je nach Qualität und Größe der Pumpen. Es soll hier 0,7 gesetzt werden.

Gesamter Kraftbedarf bei 4 m Förderhöhe ist

$$N = \frac{1000 \cdot 5 \cdot 4}{75 \cdot 0,7} \cong 381 \text{ PS}_e$$

für beide Pumpen zusammen. Der Kraftbedarf bleibt derselbe, wenn auf 8 m gefördert wird, da dann das Förderquantum auf 2,5 cbm vermindert wird.

Zur sicheren Durchführung des Betriebes, der ein ununterbrochener ist, werden zweckmäßig zwei Pumpensätze aufgestellt, und zwar je ein Motor mit zwei Pumpen für je 4 m Förderhöhe gekuppelt. Normal arbeiten alle vier Pumpen in Parallelschaltung, bei Hochwasser werden die Pumpen eines Satzes hintereinander geschaltet. Ob es erforderlich ist, einen dritten Pumpensatz aufzustellen, hängt davon ab, ob jede Unterbrechung, auch wenn sie nur sehr kurz ist, unbedingt vermieden werden muß. Jede der vier Pumpen muß also liefern $\frac{5}{4} = 1,25$ cbm/sek bei 4 m Förderhöhe.

Der Kraftbedarf eines Antriebsmotors ist daher

$$N = \frac{1000 \cdot 1,25 \cdot 2 \cdot 4}{75 \cdot 0,7} = 190,5 \text{ PS}_e$$

(für zwei damit gekuppelte Pumpen).

Die Motoren sollen als Kurzschlußankermotoren ausgeführt und von der in ca. 1000 m Entfernung liegenden Zentrale aus angelassen werden. Zu diesem Zwecke soll eine Reservemaschine benutzt werden, die durch einen Umschalter mit der Motorenfernleitung verbunden werden kann und voll erregt anläuft, wobei die Motoren mit anlaufen. Nachdem die normale Polwechselzahl des Generators erreicht ist, wird er mit den im Betrieb befindlichen parallel geschaltet, die Motorenleitungen werden auf die Sammelschiene umgeschaltet und darauf die Reservemaschine wieder stillgesetzt. Da das Anlassen nur selten erfolgt, im allgemeinen aber die

Pumpen dauernd durchlaufen sollen, so dürfte diese Methode im vorliegenden Falle die einfachste sein.

Auch bei steigender Förderhöhe kann die Reservemaschine dazu benutzt werden, durch Erzeugung einer höheren Polwechselzahl die Umdrehungszahl der Pumpenmotoren entsprechend zu erhöhen. Der Betrieb der Pumpenmotoren muß dann allerdings dauernd durch die Reservemaschine erfolgen, d. h. so lange die größere Förderhöhe vorhanden ist.

Wird Seewasser oder eine andere Flüssigkeit als Wasser gepumpt, so muß Q stets mit dem spezifischen Gewicht der betreffenden Flüssigkeit multipliziert werden, z. B. bei Seewasser mit $\sigma = 1,025$.

Bei der erwähnten Benutzung mit höherer Drehzahl ist für die Bemessung zu berücksichtigen, daß sich Förderquantum und Förderhöhe nach der Gleichung verhalten

$$\frac{Q}{\sqrt{h_t}} = \frac{Q_1}{\sqrt{h_{t_1}}}.$$

$Q = $ Förderquantum bei der ursprünglichen Drehzahl.

$Q_1 = $ Förderquantum bei der neuen Drehzahl.

$h_t = $ Theoretische Druckhöhe bei der alten Drehzahl. In den meisten Fällen ist dieselbe $= 1,5\ h$.

$h_{t_1} = $ Theoretische Druckhöhe bei der neuen Drehzahl. Ebenfalls $= 1,5\ h_1$.

Wenn im vorliegenden Falle angenommen wird, daß die Förderhöhe von 4 auf 5 gestiegen ist, so ist für eine Pumpe

$$\frac{1,25}{\sqrt{1,5 \cdot 4}} = \frac{Q_1}{\sqrt{1,5 \cdot 5}}$$

oder

$$Q_1 = \frac{1,25 \cdot \sqrt{7,5}}{\sqrt{6}} = \frac{1,25 \cdot 2,74}{2,45} \cong 1,4 \text{ cbm}$$

bei 5 m Förderhöhe.

Die Drehzahl ist eine Funktion der Förderhöhe, und zwar ist:

$$n = k \cdot \sqrt{h}.$$

$k =$ eine für das betreffende Pumpenmodell gültige Konstante.

$h =$ wirkliche Förderhöhe in m.

Im obigen Falle würde, wenn die Drehzahl bei 4 m Förderhöhe $n = 150$ pro Minute beträgt, die Konstante sein

$$k = \frac{n}{\sqrt{h}} = \frac{150}{\sqrt{4}} = 75.$$

Bei 5 m Förderhöhe ist folglich eine Drehzahl erforderlich von

$$n = 75 \cdot \sqrt{5} = 167,5 \text{ pro Minute.}$$

Der Kraftbedarf für 5 m Förderhöhe ist für eine Pumpe

$$N = \frac{1000 \cdot 1,4 \cdot 5}{75 \cdot 0,7} = 133,5 \text{ PS}_e.$$

Da der Motor zwei Pumpen antreibt, muß er also bei 5 m Förderhöhe

$$2 \cdot 133,5 = 267 \text{ PS}_e$$

leisten.

Es möge noch festgestellt werden, wie sich Kraftbedarf, Drehzahl und Förderquantum bei 6 m Förderhöhe stellt, wenn von hier ab zwei Pumpen hintereinander geschaltet würden.

Die Förderhöhe pro Pumpe beträgt

$$\frac{6}{2} = 3 \text{ m.}$$

Das Förderquantum bei dieser Förderhöhe ist

$$Q_1 = \frac{1,25 \cdot \sqrt{1,5 \cdot 3}}{\sqrt{1,5 \cdot 4}} = \frac{1,25 \cdot 2,12}{2,45} = 1,08 \text{ cbm/sek.}$$

Die Drehzahl ist

$$n = 75 \cdot \sqrt{3} \cong 130 \text{ pro Minute.}$$

Der Kraftbedarf ist

$$N = \frac{1000 \cdot 1,08 \cdot 3}{75 \cdot 0,7} = 61,8 \text{ PS pro Pumpe.}$$

Motorleistung, da zwei Pumpen an einem Motor hängen,

$$2 \cdot 61,8 = 123,6 \text{ PS}_e.$$

Beispiel 7. Für einen Kupolofen von etwa 20 t Schmelzleistung pro Stunde soll ein Ventilatorgebläse mit $n = 800$, ca. 400 mm Wassersäule Druck und ca. 5,5 cbm Luft pro Sekunde elektrisch angetrieben werden. Zur besseren Ausnutzung des Ventilators soll derselbe in den Zwischenzeiten zum Betrieb von Schmiedefeuern verwendet werden. Während des Kupolofenbetriebes werden diese durch einen Reserveventilator, der an einen überlasteten Motor angehängt ist, betrieben. Zum Betrieb der Schmiedefeuer ist eine Pressung von ca. 200 mm Wassersäule erforderlich und eine Luftmenge von 3 cbm/sek.

Der Kraftbedarf von Ventilatoren berechnet sich nach der Formel

$$N = \frac{V\,h}{75 \cdot \eta}.$$

$N = \mathrm{PS_e}$.
$V = $ Luftmenge in cbm/sek.
$h = $ Pressung in mm Wassersäule.
$\eta = $ dynamischer Wirkungsgrad.

Der dynamische Wirkungsgrad ist verhältnismäßig gering, und um so besser, je reichlicher ein Ventilator für eine bestimmte Luftmenge bemessen wird. Große Grubenventilatoren erreichen Wirkungsgrade bis zu $\eta = 0,83$. Bei mittleren und kleineren Ventilatoren liegen die Wirkungsgrade meist in der Nähe von $\eta = 0,5$. Werden die Ventilatoren knapp bemessen, so sinkt der Wirkungsgrad bis auf geringe Werte; $\eta = 0,3$ ist nichts Seltenes.

Der Kraftbedarf wächst etwa mit der dritten Potenz der Umlaufzahl. Wenn also z. B. ein Ventilator für $n = 800$ und 50 $\mathrm{PS_e}$ Kraftbedarf mit $n = 900$ betrieben wird, so entspricht dieser Steigerung der Geschwindigkeit von $12^{1}/_{2}$ %, nicht auch eine Kraftsteigerung von $12^{1}/_{2}$ %, also von 50 $\mathrm{PS_e}$ auf 56,25 $\mathrm{PS_e}$, sondern der Kraftbedarf steigert sich im Verhältnis

$800^3 : 900^3 = 512\,000\,000 : 729\,000\,000$

und wird folglich etwa 42,5 % höher sein, also 71,25 $\mathrm{PS_e}$ betragen.

Der Kraftbedarf für Kupolofenbetrieb ist demnach für unsere Aufgabe:

$$N = \frac{5,5 \cdot 400}{75 \cdot 0,5} = 58,7 \text{ PS.}$$

Die Pressung h nimmt mit dem Quadrat der Drehzahl zu. Ist also die Pressung bei $n = 800$ 400 mm Wassersäule, so ist sie z. B. bei $n = 900$ im Verhältnis

$$800^2 : 900^2 = 640\,000 : 810\,000 = 100 : 126,5$$

gestiegen und daher (26,5 % höher als 400 mm) 506 mm.

Die gelieferte Luftmenge Q nimmt proportional mit $\sqrt{h}$ zu oder, was dasselbe ist, proportional der Drehzahl n. In dem gewählten Beispiel soll die Luftmenge bei $n = 800$ ca. 5,5 cbm sein.

Bei $n = 900$ würde demnach die Luftmenge steigen im Verhältnis

$$\sqrt{400} : \sqrt{506} = 20 : 22,49 \cong 12,50 \%$$

oder im Verhältnis

$$800 : 900 = 8 : 9 = 12,50 \%$$

und ca. 6,2 cbm betragen.

Zur Verfügung steht Gleichstrom von 220 V Spannung. Es soll direkte Kupplung zwischen Motor und Ventilator angewendet werden.

Die Drehzahl bei Verwendung des Motors zum Betriebe von Schmiedefeuern berechnet sich nach der Gleichung:

$$n^2_{\text{schmiede}} : 800^2 = 200 : 400 \quad \text{oder}$$

$$n_{\text{schmiede}} = \sqrt{\frac{200 \cdot 800^2}{400}} = \sqrt{\frac{200 \cdot 640\,000}{400}} \cong 566 \quad \text{pro Minute.}$$

Die bei der Pressung von $h = 200$ gelieferte Luftmenge bestimmt sich nach der Gleichung:

$$Q_{200} : 5,5 = \sqrt{200} : \sqrt{400}$$

oder

$$Q_{200} : 5,5 = 566 : 800$$

und folglich

$$Q_{200} = \frac{566 \cdot 5,5}{800} = 3,89 \text{ cbm.}$$

Da nur 3 cbm erforderlich sind, reicht die Leistung vollkommen aus.

Der Kraftbedarf bei $n = 566$ und $h = 200$ stellt sich auf

$$N = \frac{3,89 \cdot 200}{75 \cdot 0,5} \cong 20,7 \text{ PS.}$$

Die zum Betrieb der Schmiedefeuer verwendete Zeit beträgt etwa 25 % der gesamten Betriebszeit oder bei 3000
jährlichen Arbeitsstunden 750 Stunden pro Jahr.

Die im eigenen Betrieb erzeugte elektrische Energie soll
im vorliegenden Falle 0,06 M. pro KW/Std. kosten.

Es ist festzustellen, ob es vorteilhaft ist, einen regulierbaren Nebenschlußmotor (Regulierung 1 : 1,5) anzuwenden,
oder die Drehzahl von $n = 566$ durch Hauptstromregulierung
zu erreichen.

Die Anschaffungskosten eines ca 60 PS_e-Motors für n
= 566—800 stellen sich auf ca. 4500 M.

Für 4 % Verzinsung und 6 % Amortisation sind demnach jährlich aufzuwenden 450 M.

Eine 750 stündige Belastung mit 20,7 PS kostet bei 18 KW
    pro Arbeitsstunde $18 \cdot 750 \cdot 0,06$ . . =   810,— M.
der Anteil an Verzinsung und Armortisation

beträgt $\dfrac{450 \cdot 750}{3000} =$ . . . . 112,50 »

Kosten für 750 stündigen Betrieb der Schmiede-
    feuer mit regulierbarem Nebenschlußmotor   922,50 M.

Wird Hauptstromregulierung angewendet, so ist ein normaler Motor von 60 PS erforderlich. Derselbe kostet ca.
3000 M. Für 4 % Verzinsung und 6 % Amortisation sind
demnach jährlich aufzuwenden 300 M.

Eine Belastung mit 20,7 PS erfordert eine Reduzierung
der Drehzahl von 800 auf 566 oder, was etwa dasselbe ist,
eine Reduzierung der Spannung von 220 V auf 155 V. Die
Energie für 20,7 PS bei $n = 566$ ist genau so hoch, wie diejenige für 29,32 PS bei der normalen Drehzahl von $n = 800$,
wenn Vorschaltwiderstände benutzt werden. 29,32 PS verbrauchen ca. 24 KW bei normaler Umlaufzahl; folglich 20,7 PS
ebenfalls 24 KW bei $n = 566$.

Eine 750 stündige Belastung mit 20,7 PS kostet bei
24 KW pro Arbeitsstunde 24 · 750 · 0,06 =   1080 M.

Anteil an Verzinsung und Amortisation
$$\frac{300 \cdot 750}{3000} \quad \cdot \quad \cdot \quad \cdot \quad \cdot \quad \cdot \quad \cdot \quad \cdot \quad \cdot \quad \cdot \quad \cdot \quad \cdot \quad 75 \;»$$

Verzinsung und Amortisation (zusammen 10 %)
des erforderlichen Vorschaltwiderstandes
(300 M.) . . . .   30 »

Kosten für 750 stündigen Betrieb der Schmiedefeuer mit normalem Motor und Vorschaltwiderstand . . . .   1185 M.

Es ist daher trotz der höheren Anschaffungskosten wirtschaftlicher, den teueren regulierbaren Nebenschlußmotor aufzustellen, da hierdurch eine jährliche Ersparnis von ca. 260 M.
erzielt wird.

Wenn ein normaler Motor für $n = 700$ und ca. 60 PS$_e$
gewählt wird und die Drehzahl $n = 800$ durch Schwächung
des Magnetfeldes erzielt wird, während die Drehzahl von
$n = 566$ durch Hauptstromregulierung erreicht wird, so stellt
sich das Verhältnis etwas anders.

Ein Motor von 60 PS und $n = 700$ kostet ebenfalls ca.
3000 M.

Für 4 % Verzinsung und 6 % Amortisation sind demnach 300 M. aufzuwenden. Da die Reduzierung der Drehzahl jetzt nur von $n = 700$ auf $n = 566$ erforderlich ist, entsprechend einer Spannungsreduzierung von 220 V auf 178 V,
so ist auch der Verlust geringer geworden. 20,7 PS bei
$n = 566$ verbrauchen dieselbe Energie wie 25,6 PS bei $n = 700$,
also ca. 22 KW.

Eine 750 stündige Belastung mit 20,7 PS bei 22 KW
pro Arbeitsstunde kostet 22 · 750 · 0,06 =   990 M.

Anteil an Verzinsung und Amortisation . .   75 »

Verzinsung und Armortisation des Vorschaltwiderstandes (200 M.) . . . . . .   20 »

Kosten für 750 stündigen Betrieb der Schmiedefeuer . . . .   1085 M.

Also auch bei dieser Modifikation ergibt sich eine Ersparnis zugunsten der Nebenschlußregulierung von ca. 160 M., so daß die Änderung der Drehzahl durch reine Nebenschlußregulierung auf alle Fälle am billigsten kommt.

Wenn an Stelle eines Ventilators ein Rootsches, Enkesches oder sonstiges Kapselgebläse verwendet wird, so ändert dies an der Rechnung im Prinzip nichts. Es ist nur zu berücksichtigen, daß sowohl die volumetrischen als auch dynamischen Wirkungsgrade in viel weiteren Grenzen schwanken als bei Ventilatoren, und zwar kommt dies von der mehr oder weniger guten Abdichtung. Der volumetrische Wirkungsgrad nimmt außerdem noch mit zunehmender Pressung ab. Für gute Ausführung können für Kapselgebläse volumetrische Wirkungsgrade von $\eta = 0{,}7\text{---}0{,}95$ (je nach der Pressung) und dynamische von $\eta = 0{,}50\text{---}0{,}80$ angenommen werden.

Beispiel 8. Für den Betrieb von Werkzeugmaschinen aller Art soll ein Kompressor aufgestellt werden, der mit $n = 50\text{---}100$ pro Minute arbeitet und bei $n = 100$ nicht weniger als 0,75 cbm/sek Luft auf ca. 6 Atm. Überdruck verdichtet. Antrieb durch Gleichstrommotor, wenn möglich direkt gekuppelt.

Der von einer Spezialfabrik offerierte doppelwirkende zweistufige Kompressor mit Zylinder- und Deckelkühlung sowie einem Zwischenkühler hatte folgende Abmessungen:

	Hochdruck	Niederdruck
Zylinderdurchmesser	430 mm	680 mm
Kolbenfläche	1452,20 qcm	3631,70 qcm
Kolbenstangendurchmesser (durchgeführt)	75 mm	75 mm
Kolbenstangenquerschnitt . . .	44,18 qcm	44,18 qcm
Wirksame Kolbenflächen vorn und hinten	1408,02 qcm	3587,52 qcm
Hub $h = $	700 mm	700 mm.

Ferner sind von der Fabrik die voraussichtlichen Mitteldrücke aus den Kompressordiagrammen angegeben zu

$p_m = 3{,}3$ kg/qcm für den Hochdruckzylinder,
$p_m = 1{,}3$ » » » Niederdruckzylinder.

Der Kraftbedarf des Kompressors ist folglich

$$N_i = \frac{F \cdot p_m \cdot v}{75},$$

wobei sich

$$v = \frac{2 \cdot (0,7 \cdot 100)}{60} = 2,33 \text{ m/sek}$$

berechnet.

$F =$ Wirkliche Kolbenfläche in qcm,
$p_m =$ Mittlerer Kolbendruck in kg/qcm,
$v =$ Mittlere Kolbengeschwindigkeit in m/sek bei
$n = 100$ pro Minute.

Es ist für den Hochdruckzylinder vorn und hinten

$$N_i = \frac{(1408,02 \cdot 3,3 \cdot 2,33)}{75} \cong 144 \text{ PS}_i$$

und für den Niederdruckzylinder
vorn und hinten

$$N_i = \frac{(3587,52 \cdot 1,3 \cdot 2,33)}{75} \cong 145 \text{ PS}_i$$

Sa.   289 PS$_i$.

Der Wirkungsgrad kann zu $\eta = 0,8$ angenommen werden. Bei sehr guter Ausführung werden Wirkungsgrade bis zu $\eta = 0,90$ erreicht.

Der Motor muß demnach leisten:

$$\frac{289}{0,8} \cong 360 \text{ PS}_e.$$

Nach der »Hütte« II. 1908, S. 589, sind zur Komprimierung von 1 cbm Luft von 1 auf 6 Atm. Überdruck ($p_2 = 7$ Atm.) 19 500 bei isothermischer und 26 100 mkg bei adiabatischer Kompression erforderlich. Wenn im vorliegenden Falle auch Mantel- und Deckelkühlung vorhanden ist, so soll doch nur der Zwischenkühler als vorhanden betrachtet werden mit Rücksicht auf etwa eintretenden Wassermangel usw. Es soll also mit adiabatischer Kompression gerechnet werden.

Die theoretische Leistung des Kompressors wäre demnach

$$N_i = \frac{26\,100 \cdot 0,75}{75} = 261 \text{ PS}_i$$

(gegenüber den errechneten 289 PS$_i$).

Die pro Minute anzusaugende Luft beträgt $0,75 \cdot 60$ = 45 cbm/min.

Die pro Minute vom Kompressor angesaugte Luft beträgt bei einem volumetrischen Wirkungsgrad von $\eta_v = 0,96$

$$Q_l = 2 \, (F_n \cdot h \cdot n \cdot \eta) = 2 \cdot 0,358752 \cdot 0,7 \cdot 100 \cdot 0,96$$
$$\cong 48,3 \text{ cbm/min.}$$

Der Kompressor ist also reichlich.

Da der Luftverbrauch sehr unregelmäßig ist und sehr oft bis auf die Hälfte herunter sinkt, soll eine Regulierung der Umlaufzahl des Motors im Verhältnis 1 : 2 erfolgen. Zu diesem Zwecke ist es praktisch, einen regulierbarem Nebenschlußmotor anzuwenden und den Nebenschlußregulator mit automatischem Antrieb zu versehen. Die Einleitung der Regulatorbewegung erfolgt durch ein mit dem Druckwindkessel in Verbindung stehendes Kontaktmanometer, welches den Stromkreis für den Antriebsmotor des Nebenschlußregulators oder ein Zwischenrelais od. dgl. schließt.

N. Die Apparatenanlage.

Als der Elektromotor in die Praxis eingeführt wurde, beschränkte sich die Apparatenanlage meist auf die Sicherung. Ein Ausschalter war dagegen nur selten vorhanden. Mit Rücksicht darauf, daß es sich damals um Gleichstromanlagen von 65 bzw. 110 V Spannung handelte und die Motoren nicht an wichtigen Stellen angewendet wurden, genügte dies auch. Wegen der mit Rücksicht auf den Aktionsradius sich stetig steigernden Spannung, der Anwendung des Elektromotors auch für die schwierigsten Spezialfälle und aus anderen Gründen mehr wurde nach und nach auch der Apparatenanlage die ihr gebührende Sorgfalt zugewendet. Nachstehend sollen die hauptsächlichsten der jetzt üblichen Einrichtungen beschrieben werden.

Zum Schutz des Motors gegen unzulässige Stromaufnahme dienen die Schmelzsicherungen. Für Spannungen bis 250 V,

neuerdings sogar bis 1000 V, werden fast ausschließlich Patronensicherungen (z. B. Siemens-Schuckertwerke) oder Edisonstöpsel-
sicherungen (z. B. Allgemeine Elektrizitätsgesellschaft) angewendet, sofern es sich um Stromstärken unter 100—130 A
handelt. Zur Kenntlichmachung der erfolgten Durchschmelzung
ist bei den Patronensicherungen ein parallel zu dem Schmelzdraht gelegter Kenndraht, der von außen sichtbar ist, angeordnet; bei den Stöpselsicherungen dagegen eine kleine rote
Scheibe, die beim Durchschmelzen durch Federkraft nach
außen gedrückt und dadurch sichtbar wird. In letzter Zeit
sind verschiedene Patronensicherungen auf den Markt ge-
kommen, die mehrere Schmelzeinsätze (bis zu 7) enthalten
und daher nur um einen bestimmten Winkel gedreht zu
werden brauchen, wenn sie durchgeschmolzen sind. Ob sie
sich einbürgern werden, steht noch dahin. Jedenfalls ist das
Bedenken nicht von der Hand zu weisen, daß bei größeren
Stromstärken, etwa von 20 A ab, die zur Verfügung stehende
Kontaktfläche sehr gering ist und daher eine größere Erwärmung, als bei den bisherigen Patronen, zu erwarten steht.

Für Stromstärken über 100—150 A sind Streifensicherungen mit oder ohne besondere Umhüllung im Gebrauch.
Die Siemens-Schuckertwerke verwenden z. B. Sicherungen, die
so in eine Anzahl schmaler Streifen zerschnitten sind, daß an
den beiden Enden der Zusammenhang noch besteht. Die einzelnen Streifen werden dann abwechselnd senkrecht zur Fläche
herausgebogen, so daß die Abkühlung eine erheblich bessere
wird. Diese und andere Firmen verwenden auch statt der
Streifen Drähte, die parallel zwischen zwei Klemmstücken
liegen und eingelötet sind. Auch spiralförmig aufgewickelte
und von einem Schutzrohr umschlossene Drähte werden verwendet. Bei sehr großen Stromstärken werden mehrere derartige Streifen oder Drähte parallel geschaltet.

Als Material für Sicherungen kommt hauptsächlich Blei
und seine Legierungen, Zinn sowie Silber in Frage; letzteres
besonders für höhere Stromstärken.

Um den beim Durchschmelzen einer Sicherung auftretenden
Lichtbogen mit Sicherheit zum Verlöschen zu bringen, werden
die verschiedensten Mittel angewendet. Bei den Patronen-

und Stöpselsicherungen wird dies dadurch erreicht, daß der Schmelzdraht in eine karborundähnliche sandförmige Masse gebettet wird. Die Streifensicherungen erhalten Polhörner, wie die bekannten Blitzschutzvorrichtungen, an denen der Lichtbogen aufklettert und dann abreißt. Die Röhrensicherungen enthalten keine besonderen Einrichtungen; bei ihnen wird beim Durchschmelzen die Luft plötzlich verdünnt. Die heftig nachströmende Luft bewirkt das Ausblasen des Lichtbogens. Am besten erfolgt dies, wenn die Sicherungen senkrecht oder wenigstens schräg nach oben montiert werden, weil dann die Luft infolge des Auftriebes nur nach oben entweicht und von unten frisch nachströmt. Oberhalb der Röhrensicherung dürften sich Leitungen oder brennbare Gegenstände nicht befinden. Dasselbe gilt selbstverständlich auch von den Streifsicherungen mit Polhörnern.

Ein gefahrloses Einsetzen ermöglichen die Patronen- und Stöpselsicherungen ohne weiteres. Bei allen andern Sicherungen empfiehlt es sich, den Ausschalter, der die Zuleitung allpolig abschalten muß, vor die Sicherungen zu legen, damit bei offenem Schalter die Sicherungen spannungslos sind. Da dies nicht in allen Fällen durchführbar ist, werden die Streifen- und Röhrensicherungen auch als abschaltbare Sicherungen ausgeführt. Erstere, für Niederspannung, meist in der Form, daß der Schmelzstreifen auf eine feuersichere Platte oder in einen feuersicheren, an einer Seite offenen Kasten mit Handgriff gesetzt wird. Die Klemmstücke tragen dann noch Schneiden, die beim Einsetzen der Sicherung in federnde Kontakte — genau wie bei normalen Ausschaltern — des festen Teiles eingreifen. Die für höhere Spannung in Anwendung befindlichen Röhrensicherungen werden dagegen meist mit einer isolierenden Zange in die Klemmkontakte eingedrückt.

In Räumen, in denen Explosionsgefahr vorliegt, ist es unstatthaft, offene Sicherungen zu verwenden. Wenn irgend möglich werden daher die Sicherungen in einem anderen Raume untergebracht. Ist dies nicht möglich, wie z. B. in Schlagwettergruben, so müssen die Sicherungen vollständig luftdicht gekapselt werden. Die Kapselung besteht meist in

18*

einem gußeisernen Gehäuse mit dichtschließendem Deckel.
Die Zu- oder Ableitungen sind in den festen Teil des Gußgehäuses luftdicht eingesetzt. Das Anklemmen der Leitungen
erfolgt außerhalb des Gehäuses.

Um es dem Bedienungspersonal unmöglich zu machen,
an Stelle der richtigen Sicherung eine stärkere einzusetzen,
sind alle Patronen- und Stöpselsysteme so ausgebildet, daß
entweder infolge verschiedener Höhen oder infolge verschiedener Durchmesser der Patronen bzw. Stöpsel oder deren
Füße eine Verwechslung nur nach unten möglich ist. Es
kann also wohl eine zu schwache, aber niemals eine zu starke
Sicherung eingesetzt werden. Bei den Sicherungen für größere
Stromstärken ist die Unverwechselbarkeit noch nicht allgemein
üblich, obwohl auch hier bereits versucht ist, eine brauchbare
Lösung zu finden. Die übliche Methode, die Schmelzstreifen
verschieden lang zu machen, versagt, da die Streifen für die
größeren Stromstärken des heftigeren Lichtbogens halber länger
sein müssen als diejenigen für kleinere Stromstärken und
daher auch zu große Streifen eingesetzt werden können, wenn
vorher eine Ausbauchung vorgenommen wird.

An Stelle der Sicherung werden auch automatische Stark-
stromausschalter angewendet, und zwar hauptsächlich dann,
wenn Überlastungen häufig vorkommen und durch das zeit-
raubende Auswechseln der Sicherung die Stillstände zu groß
ausfallen. Diese Apparate gestatten nach erfolgter Abschaltung
ein rasches Wiedereinschalten und bieten außerdem noch den
Vorteil, daß die maximale Stromstärke, bei der die Ausschaltung
erfolgen soll, in ziemlich weiten Grenzen eingestellt werden
kann. Dagegen ist mit ihnen der Nachteil verbunden, daß
der Schalter Stromunterbrechung herbeiführt, sobald die eingestellte Stromstärke erreicht ist, gleichgültig ob es sich um
einen unendlich kurzen Stromstoß oder um eine längere Überlastung handelt. Da eine sehr kurze Überlastung im allgemeinen
dem Motor nichts schadet, so ist dies nicht erforderlich. Die
Sicherungen, welche eine bestimmte Zeit zur Erwärmung
brauchen, sind in diesem Falle praktischer, da sie, sofern es
sich um sehr kurze Überlastung handelt, nicht sofort durchbrennen.

Die Art der Ausführung solcher Maximalschalter ist sehr mannigfaltig. Das Gemeinsame an allen ist, daß beim Einschalten eine Feder gespannt oder ein Gewicht gehoben wird. In der eingeschalteten Lage wird der Schalter meist durch eine Nase festgehalten, die bei Überschreitung der zulässigen Stromstärke durch den Anker eines Elektromagneten fortgezogen wird. Die Kontakte selbst sind meist Metall- oder Kohlenkontakte; Quecksilberkontakte, die früher vielfach in Anwendung standen, werden fast gar nicht mehr benutzt. Zur Unterbrechung des entstehenden Lichtbogens werden entweder über der Funkenstrecke Polhörner angebracht, von denen eins am festen und eins am beweglichen Teil sitzen, oder es wird eine Hilfsfunkenstrecke mit Kohlenkontakten, die später öffnen als der Hauptkontakt, benutzt, oder der Funke wird magnetisch ausgeblasen, wozu die Auslöse-Magnetspule gleich mit benutzt wird. Um zu verhüten, daß bei vorhandenem Kurzschluß durch das Wiedereindrücken des Maximalausschalters eine Gefährdung des Motors oder der Leitungen eintritt, werden diese Schalter auch so gebaut, daß sie mit einem normalen Schalter derart in Abhängigkeit gebracht werden bzw. zusammen gebaut werden, daß zuerst der Kontakt des Maximalschalters geschlossen wird. Bestand also der Kurzschluß beim Einschalten noch, so schaltet der Apparat sofort wieder aus. Bei Anwendung eines normalen Maximalschalters und eines getrennten Hebelschalters sollte daher stets erst der automatische Schalter und dann erst der Hebelschalter eingelegt werden.

Bei kleinen Anlagen mit geringen Entfernungen finden sich vielfach die Sicherungen für alle Motoren auf der Hauptschalttafel vereinigt, besondere Leitungen zu jedem Motor vorausgesetzt. Diese Anordnung ist zwar in der Anlage die billigste, hat jedoch den Nachteil, daß beim Durchbrennen einer Sicherung unnötiger Zeitverlust entsteht. Die Verlegung der Sicherung in die Nähe des Motors ist anderseits auch nicht angängig, weil dann bei einem Kurzschluß in der Zuleitung die Maschinensicherungen durchgehen und dadurch alle anderen Motoren in Mitleidenschaft gezogen werden. Es ist daher am praktischsten, an beiden Stellen Sicherungen

einzubauen und die Sicherung auf der Hauptschalttafel etwas
stärker zu nehmen, sofern die Leitungen dies gestatten, damit
erst die in der Nähe des Motors befindliche Sicherung schmilzt.
Ist die Leitungsanlage so getroffen, daß eine Gruppe von
Motoren eine gemeinsame Zuleitung hat, oder daß alle Motoren
an eine Ringleitung angeschlossen sind, die an mehreren
Punkten gespeist wird, so ist es unbedingt erforderlich, an
beiden Stellen Sicherungen anzuwenden. Die Bemessung
der auf der Hauptschalttafel befindlichen Sicherungen muß
dann so erfolgen, daß die Summe der maximal auftretenden
Stromstärken berechnet wird.

Als Schalter für Motoren kommen, abgesehen von ganz
kleinen Typen, die mit Moment-Drehschaltern eingeschaltet
werden, nur Hebelschalter zur Verwendung. Es werden für
Gleich- und Einphasenstrom einpolige Schalter verwendet,
wenn in der anderen Leitung ein Maximal- oder ev. Minimal-
schalter liegt, zweipolig, wenn dies nicht der Fall ist; für
Drehstrom kommen nur dreipolige Schalter zur Anwendung.
Die meisten Schalter werden mit Reibungskontakten ausgeführt, wobei eine Schneide zwischen zwei federnde Kontaktstücke greift. In neuer Zeit sind für größere Stromstärken
auch Druckkontakte bei Schaltern angewendet. Es wird bei
diesen durch einen Kniehebel-Mechanismus eine geblätterte
Kupferfeder mit großer Kraft gegen eine Metall- oder Kohlen-
platte gedrückt. Um den beim Ausschalten auftretenden
Öffnungsfunken möglichst klein zu halten, werden für kleinere
Stromstärken und Spannungen bis 500 V meist Abreißfedern
verwendet, die auch bei langsamer Bewegung des Schalters
ein plötzliches Abschalten bewerkstelligen. Außerdem sind
noch in Benutzung Polhörner und Kohlenkontakte zum
Funkenziehen. Diese unterbrechen zwar nicht plötzlich,
schwächen aber den Strom durch allmähliches Verlängern
des Funkens, so daß nur kleine Stromstärken bei der Unterbrechung vorhanden sind. Ein weiteres Mittel, die Unter-
brecherfunken klein zu halten, besteht darin, die Funkenstrecke
in mehrere zu unterteilen, so daß jeder Pol gleichzeitig an
mehreren Stellen unterbrochen wird. Für Hochspannungsanlagen — für Niederspannungsanlagen dann, wenn es sich

um explosionsgefährliche Räume handelt — kommen in neuerer Zeit hauptsächlich sog. Ölschalter zur Verwendung. Dies sind Schalter, deren Kontakte vollständig unter Öl liegen und bei denen das Öl nicht nur die Funkenlöschung bewirkt, sondern auch den Lichtbogen gegen die umgebende Luft vollständig abdichtet. Die Unterteilung der Funkenstrecke wird bei Ölschaltern fast immer angewendet, und zwar werden meist zwei Funkenstrecken pro Pol benutzt. Fast von allen Firmen

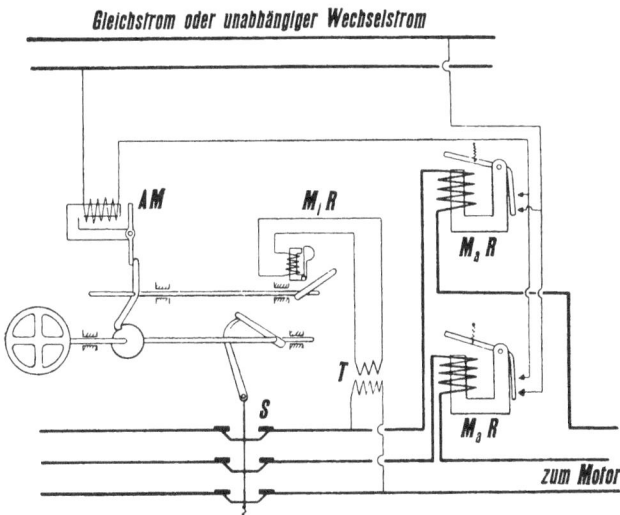

Fig. 164. Ölschalter mit Handeinschaltung und selbsttätiger Maximal- und Minimalausschaltung.

ist der Ölschalter nach der Richtung hin verbessert, daß er die Funktionen des Anlassers (Ausschaltung bei Überlastung, bei Rückgang der Spannung, bei Überlastung und Rückgang der Spannung, bei Entlastung usw.) übernimmt. Außerdem wird er vielfach für Ferneinschaltung gebaut. Hierdurch wird der Vorteil erreicht, daß die Lage des Schalters sich nicht nach dem Platze des Wärters zu richten braucht, sondern beliebig sein kann, da zum Schalter nur zwei schwache Steuerleitungen gezogen werden müssen.

Fig. 164 zeigt das Schema eines dreipoligen Ölschalters mit selbsttätiger Maximal- und Minimalauslösung, während die

Einschaltung immer von Hand erfolgen muß. Die Ausschaltung bei Überschreitung der zulässigen Stromstärke erfolgt hier unter Zwischenschaltung von Maximalrelais $M_a R$. Der zur Betätigung des Auslösemagneten AM dienende Strom kann Gleich- oder Wechselstrom sein. Im letzteren Falle muß er aber unabhängig vom Drehstromnetz sein. Die maximale Ausschaltung erfolgt unter Vermittelung des Strom-

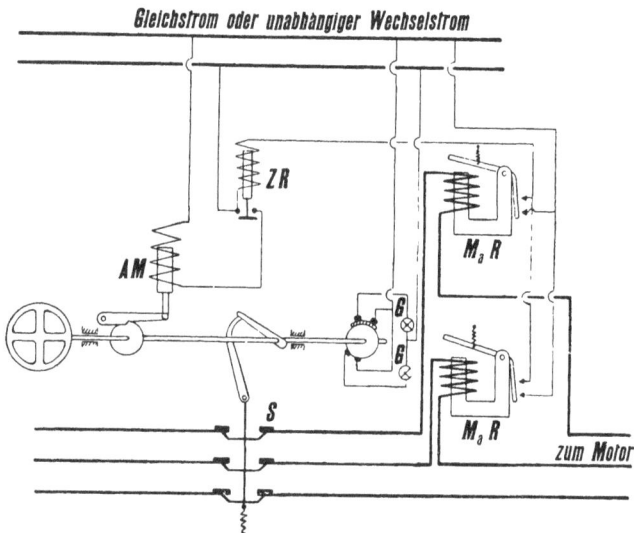

Fig. 165. Ölschalter mit Handeinschaltung und selbsttätiger Maximalausschaltung unter Zwischenschaltung eines Zeitrelais.

wandlers T derart, daß das Minimalrelais $M_i R$ seinen Gewichtsanker bei Unterschreitung einer gewissen Spannung fallen läßt und dadurch die Sperrung der Handradwelle aufhebt; Ausführung der elektrotechnischen Fabrik Rheydt, Max Schorch & Co., A.-G. Die Allg. Elektr.-Ges. Berlin verwendet einen dreiphasigen Stromwandler T und einen dreiphasigen, mit Dreieckswicklung versehenen Haltemagneten $M_i R$, dessen Anker unterstützt durch eine Zugfeder beim Abfallen den Sperrhaken löst[1]). Durch diese Ausführungsart wird vermieden,

---

[1]) E. T. Z. 1906, Seite 740 ff.

daß ein Abschalten nicht erfolgt, wenn nur eine Leitung bzw.
Sicherung usw. defekt wird, in unserem Beispiel die mittlere.

An Stelle der Maximalrelais $M_a R$ können die Ausschaltmagnete $A M$ auch direkt vom Hauptstrom umflossen werden.
Es ist dann aber nötig, je zwei Magnete $A M$ anzuwenden und
je einen in eine Phase zu schalten. Oft ist es nicht erwünscht,
die Maximalauslösung immer wirken zu lassen, nämlich dann
nicht, wenn der Stromstoß sehr kurz ist. Da derartige Strom-

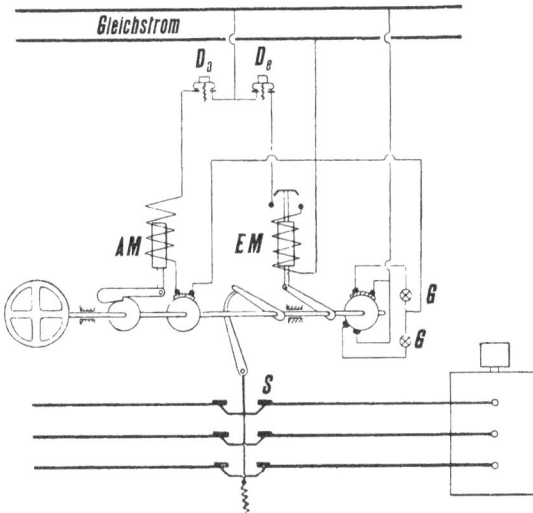

Fig. 166. Ölschalter mit Fern-Ein- und -Auschaltuug.

stöße ungefährlich sind, werden sie meist geduldet, und es
wird die Abschaltung nur vorgenommen, wenn sie über eine
gewisse Zeit bestehen bleiben. Hierzu dient das Zeitrelais.
Fig. 165 zeigt einen selbsttätigen Maximalschalter mit Zeitrelais $Z R$. Die Schaltung unterscheidet sich von derjenigen
der Fig. 164, was die Maximalauslösung betrifft, nur durch
die Einschaltung des Zeitrelais, welches eine Verzögerungs-
einrichtung irgendwelcher Art besitzt, die regulierbar ist und
innerhalb gewisser Grenzen bequem eingestellt werden kann.
Außerdem sind zur Kontrolle der Schalterlage noch zwei
Glühlampen G angeordnet, von denen eine dauernd brennt.

Soll die Einschaltung des Schalters ebenfalls elektrisch erfolgen, so kommt die Schaltung nach Fig. 166 zur Anwendung. Die Betätigung des Ölschalters kann sowohl durch das Handrad als auch durch die Druckknöpfe D_e und D_a erfolgen. Soll der Schalter geöffnet werden, so wird der Druckknopf D_a gedrückt, wodurch AM Strom erhält und die Sperrklinke fortzieht. Die Stromunterbrechung für AM findet, wenn D_a dauernd gedrückt würde, an der kleinen Unterbrecherscheibe

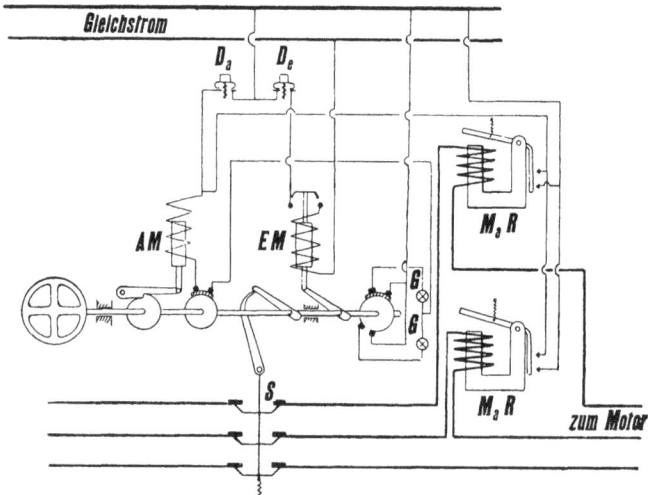

Fig. 167. Selbsttätiger Ölschalter mit Maximal- oder Maximal-Zeitrelais und Fern-Ein- und Ausschaltung.

statt. Beim Einschalten erhält EM Strom, nachdem D_e gedrückt ist. Die Abschaltung erfolgt hier durch einen mit dem Kern von EM verbundenen Kontakt, der in der höchsten Stellung den Stromkreis unterbricht. Zur Betätigung der Magnete, hauptsächlich für EM, ist nur Gleichstrom anwendbar, da bei Wechselstrom gerade dieser Magnet unhandliche Dimensionen annehmen würde.

Wird die Fernausschaltung nicht nur von Hand vorgenommen, sondern auch noch automatisch bewirkt, so muß nach Fig. 167 geschaltet werden. Der Schalter besitzt hierbei also außer der Ein- und Ausschaltung durch Druckknopf-

bedienung noch selbsttätige Maximalauslösung unter Zwischenschaltung von Relais.

Die Verwendung von Solenoiden zur Betätigung der Einschaltbewegung wird von den meisten Firmen bevorzugt; die
Siemens-Schuckertwerke dagegen benutzen kleine Motoren
hierfür, Fig. 168.

Der Schaltmotor M treibt mittels Schnecke das Schneckenrad R. Er hat 2 Magnetwicklungen, deren wechselweise Benutzung die Änderung der Drehrichtung besorgt. Die Welle,

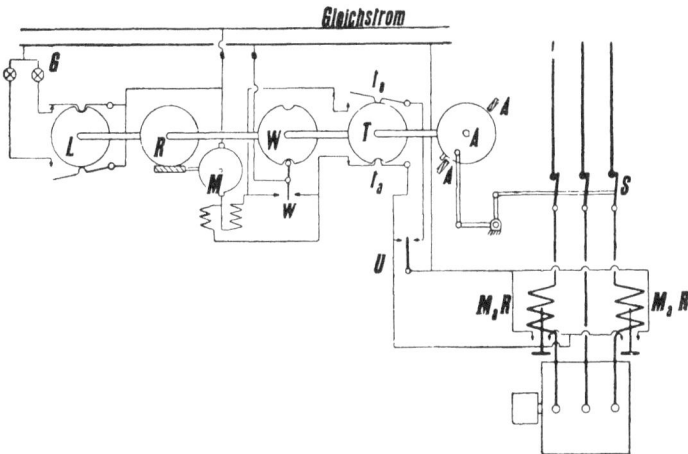

Fig. 168. Selbsttätiger Ölschalter mit Motorentrieb (Siemens-Schuckertwerke).

auf der R sitzt, kann nur um ca. 180^0 gedreht werden wegen
der festen Anschläge A. Die Einleitung der Motorbewegung
kann entweder durch Hand erfolgen vermittelst des Steuer-
schalters U oder selbsttätig durch die Maximalrelais $M_a R$,
die ihrerseits ohne oder mit Zeiteinstellung hergestellt werden
können. Die Kontakte der Maximalrelais und des Hand-
schalters U liegen parallel. Auf der Schalterwelle sitzt ferner
die Scheibe T, welche zwei Schalter t_a und t_e steuert. Diese
Schalter bezwecken, nach Einleitung einer Schalterbewegung die
entgegengesetzte zu sperren. Es soll also nicht möglich sein,
durch Hin- und Herbewegung des Schalters U den Motor M

rechts und links laufen zu lassen. Da der Kontakt t_a und t_e nur in einer der Endlagen besteht, so. ist es nötig, nach Beginn der Motorbewegung diese Kontakte durch andere parallelgeschaltete zu ersetzen. Dies geschieht durch die Scheibe W mit dem Wiederholungskontakt w. Sobald der Motor M angelaufen ist und die Welle eine kleine Bewegung gemacht hat, wird durch w links oder rechts Kontakt gemacht, und nun bekommt Motor M direkt vom Netz Strom und läuft. mit Sicherheit bis zu Ende. Zur Betätigung von Signallampen G ist noch eine weitere Steuerscheibe L vorhanden, die in bekannter Weise in jeder Endlage eine der beiden Signallampen zum Leuchten bringt. Zweckmäßig wird hinter die Glühlampe noch eine Klingel geschaltet, damit auch ein hörbares Zeichen, daß ein Schalter durch ein Relais betätigt wurde, vorhanden ist. Der Antrieb des Schalters S erfolgt durch eine Stange und Winkelhebelübertragung.

Die Relais, Ein- und Ausschaltmagnete usw. werden in den meisten Fällen auf den Deckel des Ölschalters montiert. Seltener sind die Konstruktionen, die eine separate Anordnung dieser Teile aufweisen, wie z. B. diejenige von Voigt und Häffner. Die Siemens-Schuckertwerke setzen den Antriebsmotor immer separat und treiben durch Stange an; bei Hochspannungsanlagen werden dabei zwei bzw. drei einpolige Ölschalter nebeneinander gestellt und durch eine Kurbelstange verbunden.

Der Zusammenbau von Schaltern und Sicherungen, eventuell auch noch mit Strom- und Spannungsmessern, erfolgt in Niederspannungsanlagen, soweit nicht besondere Verhältnisse vorliegen, auf kleinen Schalttafeln. Die gewöhnlichen Hebelschalter erhalten dann eine Schutzkappe. Sobald unsicheres Personal dazu zwingt, werden an Stelle der offenen Tafeln geschlossene Eisenkasten, sogenannte Schaltkästen, genommen, deren Öffnung davon abhängig ist, daß der Schalter geöffnet ist. Letzterer läßt sich nicht schließen, solange der Kasten offen ist. Die Sicherungen können daher stets gefahrlos eingesetzt werden. Derartige Schaltkasten werden auch vollkommen luft- und wasserdicht für Bergwerke ausgeführt, desgleichen auch für Hochspannungsanlagen mit Ölschalter und den etwa erforderlichen Meßtransformatoren, oder mit Transformatoren zusammen gebaut.

Für größere Anlagen mit zentralisierter Schaltanlage kommen die ausfahrbaren Schaltwagen mit Verriegelung in Betracht. Das über die Verriegelung bei den Schaltkasten Gesagte gilt auch für diese. Bemerkt sei, daß auch besondere Riegelhebel angewendet werden. Diese können aber erst dann benutzt werden, wenn der Hauptschalter geöffnet ist, und unterbrechen dann meist noch einmal die Zuleitung am Trennschalter.

Bei Wechsel- und Drehstrom-Hochspannungsanlagen wird auch nach Abschaltung des Motors vom Transformator Magnetisierungsenergie verbraucht. Dies könnte in einfachster Weise dadurch vermieden werden, daß der Statorstromkreis durch einen Hochspannungsschalter auf der primären Seite des Transformators geschlossen wird. Es erfordert aber teure Schalter und macht unter Umständen eine Verlegung der Hochspannungsleitungen in den Arbeitsraum nötig. Außerdem ist diese Methode nur anwendbar, wenn ein Motor allein vom Transformator gespeist wird. Der den Siemens-Schuckertwerken patentierte Transformatorenschalter umgeht die Nachteile; er wird durch Eigengewicht oder Federkraft eingeschaltet und durch einen Elektromagneten geöffnet. Fig. 169 zeigt die einfachste Form für Handbedienung des Sekundärschalters. Sobald dieser Schalter S, der einen besonderen Hilfskontakt k besitzt, geschlossen wird, fließt ein Strom der kleinen Batterie B — einige Trockenelemente — über die Leitung 1, den Einschaltmagneten E, die Kontaktfeder f zur Batterie zurück. E zieht seinen Anker an und entzieht dadurch dem Kern von A die Stütze, so daß Schalter H geschlossen wird. Im umgekehrten Falle, wenn S geöffnet wird, erhält die Spule von A Strom über die Sicherung s, Leitung 3 und Hilfskontakt k. Der lose in einer Hülse liegende Kern schnellt empor und bringt den Schalter rasch in die Ausschaltstellung. In der höchsten Lage greift der senkrechte Hebel b des Ankers von E unter den Kern von A und hält ihn in der Ausschaltestellung fest.

Für automatische Betätigung durch ein Relais wird der Apparat in etwas anderer Form gebaut, und zwar mit drehender

Schaltbewegung. Auf die Achse ist ein drehbarer Magnet
gesetzt, der das Ausschalten entgegen der Wirkung einer Feder
bewirkt, das Einschalten erfolgt durch Federkraft.

Von der automatischen Betätigung wird meist nur dann
Gebrauch gemacht, wenn von zwei parallel arbeitenden Transformatoren einer abgeschaltet werden soll, sobald die gesamte

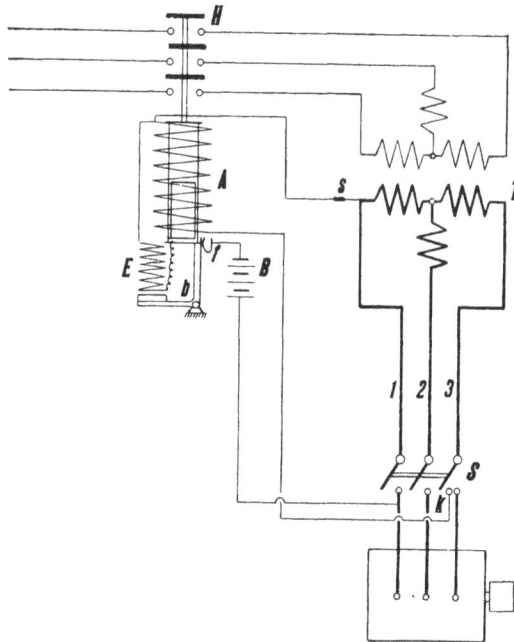

Fig. 169. Transformatorenschalter der Siemens-Schuckertwerke.

Belastung unter die Leistung eines einzigen Transformators
sinkt. Es ist natürlich ohne weiteres einzusehen, daß dieselbe
Einrichtung gebraucht werden kann, um einen Transformator
abzuschalten, wenn von den von ihm gespeisten Stromver-
brauchern keiner Strom verbraucht.

Die Anwendung von Stromzeigern mit nach PS geeichten
Skalen empfiehlt sich immer. Die Beobachtung der Leerlauf-
stromstärke gibt zuverlässige Auskunft über den Zustand des

mechanischen Teils der Anlage bzw. die Unterhaltung und Bedienung. Außerdem liegt bei Vorhandensein eines Strommessers die Gefahr nicht vor, daß die Überlastungen des Motors zur Regel werden, sei es infolge schlechter Unterhaltung, sei es durch Bearbeitung zu großer Stücke oder durch zu große Arbeitsgeschwindigkeit.

In seltenen Fällen ist auch ein Zähler erwünscht. Immer sollte man aber durch eine bequeme Einrichtung Sorge dafür tragen, daß der provisorische Anschluß eines Zählers sich leicht und rasch ausführen läßt.

Bei der stetig zunehmenden Zahl von Überlandzentralen mit Drehstrom-Hochspannung, dürfte es auch am Platze sein, einiges über den Überspannungsschutz zu sagen. Sind Motoren an ein Sekundärnetz angeschlossen, so kommen im allgemeinen keine Überspannungssicherungen zur Anwendung, abgesehen von den Blitzschutzeinrichtungen, die ja auch Überspannungen fernhalten sollen. Wird aber ein Motor wegen seiner Größe oder aus anderen Gründen direkt an das Hochspannungsnetz angeschlossen oder enthält er einen eigenen Transformator, so ist meist ein Überspannungsschutz nötig. Inwieweit dieser erfolgen muß, hängt von sehr vielen Faktoren ab, die aufzuzählen zu weit führen würde. Maßgebend sind in diesem Falle nicht besondere Regeln oder Bestimmungen, sondern lediglich Erfahrungen, die den örtlichen Verhältnissen von Fall zu Fall angepaßt werden müssen.

Der Schutz gegen Übertritt von Hochspannung in den Niederspannungsstromkreis durch Spannungssicherungen (Durchschlag-Sicherungen) ist allgemein üblich. Auch Blitzableiter werden bei Freileitungsanlagen von einiger Ausdehnung immer angewendet. Sofern der Motor an ein Niederspannungsnetz angeschlossen ist, wird allerdings der Blitzschutz meist auf die Speisepunkte beschränkt. Es sollten jedoch bei mittleren und größeren Motoren die verhältnismäßig geringen Mehrkosten einer besonderen Blitzschutzanlage immer in Kauf genommen werden, wenn die Zuleitung nicht in ihrer ganzen Länge im Schutze von Gebäuden usw. liegt. Hochspannungsmotoren erhalten dagegen, schon wegen der größeren Ausdehnung ihrer Zuleitung, fast immer Blitzschutzeinrichtung.

Die in den Leitungen auftretenden Überspannungen infolge
plötzlicher Abschaltung großer Energiemengen sind erfahrungsgemäß erheblich geringer, wenn Ölschalter zur Anwendung
gelangen und wenn die Sicherungen durch Maximalrelais, die
auf den Ölschalter einwirken, ersetzt werden. Der Spannungs-
ausgleich zwischen den Leitungen und zwischen den Leitungen
und der Erde wird durch Stern-Dreieck-Schutz, Wasserstrahl-
erdung und a. m. bewirkt[1]).

Auch bei reinen Kabelanlagen ohne irgendwelche Frei-
leitungen können Überspannungen auftreten, die, wie an an-
gegebener Stelle ausgeführt, durch Stern-Dreieck-Schutz oder
ähnliche Mittel unschädlich gemacht werden müssen.

O. Gesichtspunkte bei der Projektierung der Antriebe.

Bei der Projektierung elektromotorischer Antriebe sind
eine ganze Reihe von Einzelfragen richtig zu lösen, wenn das
Endresultat das beste werden soll, das heißt, wenn unter Berücksichtigung aller Nebenumstände die gesamten Betriebskosten ein Minimum darstellen sollen. Außer der rein elektrischen Seite ist daher viel mehr, als bis jetzt üblich, dem
mechanischen Teil ganz besondere Sorgfalt zu widmen. Als
oberste Grundsätze sind daher zu befolgen:

1. Vermeidung jeder irgendwie zu umgehenden Zwischen-
   übersetzung,
2. Anwendung möglichst großer Geschwindigkeiten.

Der unter 1. angeführte Grundsatz läßt sich in idealer
Weise durch ausschließlichen Einzelantrieb erfüllen. Derselbe
stellt, abgesehen von einigen wenigen Ausnahmen, die beste
und im Betrieb billigste Antriebsart dar. Besonders bei Neuanlagen bietet die grundsätzliche Durchführung des Einzelantriebes so erhebliche Vorteile, daß wenigstens überwiegender
Einzelantrieb stets angestrebt werden sollte. Die bekannten

---

[1]) Vgl. Elektr. Anz. 07, Seite 63/65 und 87/90, 387/89 und 407/8.

Vorteile gegenüber dem am weitesten verbreiteten Transmissionsbetrieb sind folgende:

1. Betriebsmaschine.

a) Dieselbe kann beliebig aufgestellt werden, ohne Rücksicht auf die Lage der Werkstätten und Transmissionen. Es ist daher meist eine bessere Raumausnutzung möglich.

b) Als Betriebsmaschine kann eine ganz beliebige Maschine, z. B. Dampfturbine, gewählt werden.

c) Die Betriebsmaschine kann für die Durchschnittsbelastung bemessen werden und arbeitet daher stets mit dem höchsten Wirkungsgrad. Etwaige vorübergehende Überlastungen lassen sich durch Anschluß des Werkes an eine Zentrale oder in anderer Weise, z. B. durch Aufstellung einer Akkumulatoren-Batterie oder kleinen, billigen Reservemaschine usw., bewältigen.

2. Arbeitsmaschine.

a) Anordnung der Arbeitsmaschine nach dem Arbeitsprozeß zur Erzielung der geringsten Transportkosten und nicht nach der Lage der Transmission.

b) Einfache und weitgehende Regulierung der Geschwindigkeit auf elektrischem Wege.

c) Möglichkeit, in vielen Fällen die Wendegetriebe zu vermeiden und den Motor umsteuerbar einzurichten.

d) Unabhängigkeit jeder einzelnen Maschine von der Belastung anderer.

3. Gebäude.

a) Wegen Fortfall aller Transmissionen können die Gebäude leicht und billig hergestellt werden.

b) Die Ausnutzung der einzelnen Räume ist eine bessere, weil auch solche Räume, in welche Transmissionen entweder überhaupt nicht oder nur unter Anwendung komplizierter Übersetzungen gelegt werden können, ohne weiteres benutzbar sind.

c) Gleich gute Verwendbarkeit von ein- oder mehrgeschossigen Gebäuden. Bei Transmissionsbetrieb läßt sich bei einer Betriebsmaschine durch eine Übersetzung meist nur durch Seilbetrieb mit seinen Nachteilen eine Kraftübertragung nach mehreren Geschossen ausführen.

4. Betrieb.

a) Durch den Fortfall der vielen Riemen wird der Arbeitsraum heller.

b) Die erforderlichen, von der Gewerbeinspektion verlangten Schutzeinrichtungen, die oft ein Hindernis im Betrieb bilden, sind nur in geringem Umfange nötig.

c) Störungen und Defekte beschränken sich meist nur auf eine Maschine und nicht auf eine ganze Werkstatt.

d) Die Wartung und Unterhaltung ist bei modernen Motoren sehr gering und nicht annähernd so groß, wie die einer ausgedehnten Transmissionsanlage mit vielen Vorgelegen, Riemen usw.

e) Möglichkeit, bei Überstunden einzelne Werkstätten oder einzelne Maschinen laufen zu lassen, ohne daß ganze Transmissionszüge, die das Mehrfache der Kraft der Arbeitsmaschine verbrauchen, mitzulaufen brauchen.

f) Einfache Überwachung jeder einzelnen Maschine auf gute Unterhaltung durch Meßinstrumente.

g) Beliebige Versetzbarkeit jeder Maschine.

h) Einfache Kalkulation infolge einfacher Messungen des Energieverbrauches jeder einzelnen Maschine.

Bei Anwendung des Einzelantriebes ist es zur Erzielung des besten Wirkungsgrades nötig, die unmittelbare Kupplung zwischen Motor und Maschine anzustreben, höchstens jedoch eine Riemen-Zahnrad- oder dergl. Übersetzung zuzulassen. Es ist daher unwirtschaftlich, eine langsam laufende Maschine durch einen schnell laufenden Motor mit zwei Übersetzungen (ein Vorgelege) anzutreiben; in einem solchen Falle ist entweder ein langsam laufender Motor zu wählen oder die Übersetzung vom Motor zur Maschine groß zu machen. Bei rasch laufenden Riemen und richtiger Riemenspannung kann dies, wie an anderer Stelle ausgeführt, ohne Schädigung des Wirkungsgrades geschehen.

Sehr oft läßt sich auch eine direkte Kupplung dadurch erzielen, daß die Geschwindigkeit der Arbeitsmaschine erhöht wird. Besonders bei rasch laufenden Maschinen, wie Ventilatoren, Exhaustoren, Zentrifugalpumpen, Holzbearbeitungsmaschinen usw., ist eine mäßige Vergrößerung der Umlaufzahlen meist ohne weiteres zulässig. Aber auch bei geringeren Umlaufzahlen ist eine Erhöhung oft zweckmäßig, weil dadurch ein besseres Übersetzungsverhältnis geschaffen wird.

Die unter 2. angeführte Erhöhung der Geschwindigkeit trägt ebenfalls erheblich zur Verminderung der Anlagekosten und Verbesserung des Wirkungsgrades bei. Die Erhöhung der Umlaufzahl der etwa erforderlichen Transmissionen und Vorgelege verbilligt diese ebenso wie die Erhöhung der Riemengeschwindigkeit, da letztere nicht nur leichte Scheiben, sondern auch einen weit geringeren Achsdruck im Gefolge hat. Vor allem werden aber die Riemen, welche durch ihren Verschleiß eine dauernde Betriebsausgabe verursachen, erheblich leichter und billiger und die Riemenabnutzung entsprechend geringer.

Ein rechnerischer Vergleich zwischen den dauernden Verlusten einer Anlage mit reinem Transmissionsantrieb und einer solchen mit elektrischem Einzelantrieb ist überaus schwer durchzuführen. Es sind daher auch in der Literatur nur spärliche Angaben bekannt geworden. Indizierversuche von Eberle, München, haben einen Wirkungsgrad von $\eta = 70\%$ ergeben. Dies dürfte jedoch die obere Grenze sein, mit der gerechnet werden kann. Bei Anlagen mit sehr großen Übersetzungen und dementsprechend vielen Vorgelegen, z. B. bei Spinnereien mit Übersetzung ins Schnelle und bei gewissen chemischen Fabriken mit Übersetzungen ins Langsame (für Rührwerke), sind viel geringere Wirkungsgrade zu finden. Von wesentlichem Einfluß auf den Wirkungsgrad ist ferner die richtige Riemenspannung. Da diese bei der üblichen Ausführung der Transmissionsanlage nicht einreguliert werden kann, so ist die Riemenspannung bei neu aufgelegten Riemen meist zu groß und bei länger laufenden zu gering. Durch größere Abweichungen von der richtigen Spannung sinkt aber der Wirkungsgrad der Transmission und ist niedriger, als gewöhnlich angenommen wird. Die Leerlaufverluste der Transmission sind ferner während der ganzen Betriebszeit vorhanden, also bei 10 stündiger Arbeitszeit 3000 Stunden im Jahre, während nur verhältnismäßig wenige Arbeitsmaschinen volle 3000 Stunden im Betriebe sind. Durch

das Aufspannen der Arbeitsstücke bei Metallbearbeitungs-
maschinen, durch das Auswechseln der Fräser, Bohrer, Stähle,
Hobelmesser, Sägeblätter usw., hauptsächlich aber dadurch,
daß nicht jede Maschine infolge wechselnder Fabrikation
dauernd voll beschäftigt werden kann, entstehen Arbeitspausen, die nicht vernachlässigt werden dürfen.

Bei elektrischem Einzelantrieb stellen sich die Wirkungsgrade etwa zu:

$\eta = 0{,}93$ für die Dynamo (mittlere Größe angenommen);

$= 0{,}95$ für die Leitungsanlage;

$= 0{,}85$ für die Motoren (Durchschnittswert für mittlere
und kleinere Motoren).

Der Gesamtwirkungsgrad ist demnach $\eta_g = 0{,}93 \cdot 0{,}95 \cdot$
$0{,}85 = 0{,}75 = 75 \%$. Der Verlust von 25% tritt aber im
Gegensatz zum Transmissionsbetrieb nur während der wirk-
lichen Arbeitszeit auf, da in den Arbeitspausen der Motor
abgeschaltet wird. Je nach der Art des Betriebes und der
Arbeitsmaschine, nach dem Grade der Beschäftigung usw.
wird das Verhältnis:

$$\frac{\text{Summe der Benutzungsdauer aller Arbeitsmaschinen}}{\text{Arbeitszeit} \times \text{Anzahl der Arbeitsmaschinen}}$$

verschieden ausfallen; Werte von 0,5 und darunter sind nicht
selten. Je kleiner dieses Verhältnis wird, um so günstiger
arbeitet der Einzelantrieb, aber selbst wenn das Verhältnis 1
wird, ist unter Annahme einer sehr guten Transmission mindestens noch ein Gewinn von 5% an Kraft zu erzielen.

Der Gruppenantrieb mit einer geringen Anzahl von
Motoren, aber auch nicht so ausgedehnten Transmissionen
steht naturgemäß zwischen Einzel- und Transmissionsbetrieben
und besitzt die Vorteile und Nachteile beider. Von diesem
wird hauptsächlich bei vorhandenen Anlagen Gebrauch gemacht, da die Gruppierung der einzelnen Maschinen, ihre
Umlaufzahlen u. a. m. den Einzelantrieb oft erschweren oder
unmöglich machen.

Der Gruppenantrieb empfiehlt sich bei Neuanlagen nur
dann, wenn die anzutreibende Transmissionswelle nicht zu
lang ist und eine größere Anzahl sehr kleiner Arbeitsmaschinen antreibt, welche

1. dauernd oder doch ohne nennenswerte Unterbrechungen voll belastet sind;
2. konstante Umlaufzahlen besitzen, also nicht reguliert zu werden brauchen;
3. nicht rasch ausgeschaltet und stillgesetzt werden;
4. stets dieselbe Drehrichtung haben und
5. immer vollzählig arbeiten.

Die rechnerische Ermittelung, ob Einzel- oder Gruppenantrieb wirtschaftlicher ist, kann nur dann durchgeführt werden, wenn die Arbeitszeit für jede Maschine bekannt ist. Es ist:

$N =$ zu leistende PSe;

$t =$ Arbeitszeit pro Tag im Durchschnitt;

$t_o =$ Arbeitspause pro Tag im Durchschnitt;

$Vw_g =$ Arbeitsaufwand für Leerlauf bei Gruppenantrieb;

$Vw_e =$ Arbeitsaufwand für Leerlauf bei Einzelantrieb;

$\eta_g =$ Wirkungsgrad bei Gruppenantrieb;

$\eta_e =$ Wirkungsgrad bei Einzelantrieb.

Nach der A. E. G. ist:

$$\eta_g = \frac{N \cdot t}{N \cdot t + Vw_g\,(t + t_o)};$$
$$\eta_e = \frac{N \cdot t}{N \cdot t + Vw_e \cdot t}.$$

Es kann η_e selbst dann noch besser sein als η_g, wenn der Wirkungsgrad der kleinen Motoren schlechter ist als der eines großen Motors, da Leerlaufarbeit in den Arbeitspausen nicht vorhanden ist. Die Festsetzung des günstigsten Wirkungsgrades ist jedoch für die Wahl der Antriebsart nicht allein ausschlaggebend, es muß vielmehr unter Berücksichtigung der Anlagekosten, Verzinsung und Amortisation eine Rentabilitätsberechnung angestellt werden.

Bei der Projektierung neuer Antriebe wird sehr oft der Fehler gemacht, daß die betreffende Arbeitsmaschine ohne Rücksicht auf den zu bewirkenden Antrieb gekauft wird und nachher ein passender Motor und etwa erforderliche Übertragungsmittel beschafft werden. Da die meisten gängigen Maschinen immer noch für den üblichen Transmissionsbetrieb

eingerichtet werden, so sind die Umdrehungszahlen und
Riemenscheibenabmessungen oft nicht ohne weiteres für
Motorantrieb zu gebrauchen. In vielen Fällen würde eine
diesbezügliche Änderung ohne erhebliche Mehrkosten möglich sein und dann einen einfachen und billigen Antrieb ermöglichen. Der technisch und wirtschaftlich richtigste Antrieb, die direkte Kupplung, müßte für alle Maschinen angestrebt werden. Wenn auch nicht verkannt werden soll, daß
die Anfänge derartiger Konstruktionen vorhanden sind, so
ist doch für die Konstrukteure noch ein weites Feld der
Betätigung offen. Es genügt z. B. nicht, eine Arbeitsmaschine
für direkte Kupplung mit einem Motor zu bauen und eine
beliebige Umlaufzahl zu wählen. Eine solche Maschine kann
dann zwar mit Gleichstrommotoren, die, wenn auch in ab-
normaler Ausführung, fast für jede Umlaufzahl gebaut werden
können, benutzt werden, aber nicht für asynchrone Dreh-
und Wechselstrommotoren. Bei der in Deutschland üblichen
Periodenzahl von 50 = 100 Polwechsel pro Sekunde lassen
sich bekanntlich Dreh- und Wechselstrommotoren nur für
folgende Umlaufzahlen herstellen:

$n =$ 2800 bis 2900 für Motoren bis etwa 5 PS
$n =$ 1350 » 1480 » » von etwa 2 bis etwa 200 PS
$n =$ 920 » 980 » » » » 2 » » 200 »
$n =$ 720 » 740 » » » » 2 » » 200 »
$n =$ 570 » 590 » » von 5 PS an
$n =$ 470 » 490 » » » 6 » »
$n =$ 400 » 420 » » » 10 » »
$n =$ 350 » 370 » » » 20 » »
$n =$ 310 » 325 » » » 40 » »
$n =$ 280 » 296 » » » 60 » »

Auf besondere Bestellung werden für die angegebenen
Umlaufzahlen auch größere und ausnahmsweise auch kleinere
Typen gebaut. Es ist jedoch zu empfehlen, hiervon möglichst
keinen Gebrauch zu machen, da diese abnormalen Ausführungen nicht nur erheblich teurer sind, sondern auch besondere
Reserveteile erfordern, die gleich mitbeschafft werden müssen,
da im Bedarfsfalle mit einer längeren Lieferfrist wegen besonderer Anfertigung gerechnet werden muß.

Es sollten daher — auch für Antriebe mit Gleichstrommotoren — nur diese Umlaufzahlen dem Entwurf von Arbeitsmaschinen für direkte Kupplungen mit einem Motor zugrunde gelegt werden.

Auch die Wahl des Übersetzungsmittels innerhalb der Maschinen möge hier kurz erörtert werden. Schneckenübersetzungen sind zwar, was gedrängte Bauart betrifft, sehr bequem und gestatten dabei ein fast beliebig hohes Übersetzungsverhältnis, besitzen aber trotz sorgfältiger Ausführung durchschnittlich nur Wirkungsgrade von etwa 50 bis 90 %, je nach der Größe und den Steigungsverhältnissen. In Ausnahmefällen kommen allerdings Wirkungsgrade bis 94 % vor, z. B. bei den Stirnradschneckengetrieben von Renk, Augsburg, und den Globoid-Rollengetrieben der Maschinenfabrik Pekrun. Gute Zahnradgetriebe mit automatisch geschnittenen Zähnen besitzen dagegen meist Wirkungsgrade, die über 95 % liegen. Es ist daher in den meisten Fällen eine größere Übersetzung rationeller durch eine doppelte Zahnradübertragung zu erreichen, als durch einfache Schneckenübersetzung. Auch das mit dem Motor zusammengebaute Zentratorgetriebe ist für Übersetzungen bis 12 : 1 einer Schneckenübersetzung mindestens gleichwertig, da sein Wirkungsgrad etwa 80 bis 90 % beträgt. Die beste Arbeitsübertragung ist aber immer noch diejenige mittels Riemen, und zwar nicht nur wegen der billigen Herstellungskosten, sondern hauptsächlich wegen des hohen Wirkungsgrades der Riemenübertragung. Nach Möglichkeit sollte daher auch bei größeren Übersetzungen der Riemen mit oder ohne Spannrolle angewendet werden. Erst wenn sich die Unmöglichkeit herausstellt den Riemen anzuwenden, sollte ein anderes Übersetzungsmittel gewählt werden, dann aber immer zunächst dasjenige, welches den besten Nutzeffekt hat. Bei vielen Arbeitsmaschinen, besonders den schweren Maschinen für Metallbearbeitung, ist der Wirkungsgrad so schlecht, daß der Unterschied im Kraftbedarf zwischen leerlaufender Maschine und arbeitender Maschine verschwindend klein ist.

Auch der Wirkungsgrad der Elektromotoren darf nicht vernachlässigt werden. Wenn auch zugegeben werden kann,

daß moderne Motoren durchschnittlich einen sehr hohen
Wirkungsgrad besitzen, der auch bei schwacher Belastung
noch hoch bleibt, so kommen doch Fälle vor, bei denen Er-
sparnisse durch Verbesserung des Wirkungsgrades zu erreichen
sind. Wenn z. B. in Betrieben die überwiegende Anzahl der
Motoren sehr klein ist — wie in Webereien —, so sinkt der
gesamte Wirkungsgrad der Anlage unter denjenigen Betrag,
den eine andere Anlage gleicher Gesamtleistung aber mit
größeren Motoren aufweist. Werden in einem solchen Falle
die Motoren mit Kugellager beschafft, so erhöht sich der
Wirkungsgrad, da die Verluste durch Lagerreibung bei kleinen
Motoren prozentual sehr hoch sind und durch die Kugellager auf ein Minimum gebracht werden.

Die Geschwindigkeitsregulierung ist nach Möglichkeit
durch elektrische Regulierung zu bewerkstelligen. Stufenscheiben oder auswechselbare Zahnradübersetzung od. dgl.
sind stets als Notbehelf zu betrachten. Über die Arten der
Geschwindigkeitsregulierung ist bereits an anderer Stelle ausführlich gesprochen, so daß hier nur darauf hingewiesen zu
werden braucht.

Auch die Änderung der Drehrichtung läßt sich in den
meisten Fällen auf elektrischem Wege weit besser und einfacher bewerkstelligen als durch Wendegetriebe, verschieb-
bare Riemen usw. Die Anlagekosten werden durch Fortfall
letzterer geringer, da der elektrische Teil nicht teurer wird.

Die Unabhängigkeit der einzelnen Maschinen voneinander
ist für den Betrieb von größter Wichtigkeit. Es ist daher der
Einzelbetrieb, der dieser Forderung am besten gerecht wird,
auch überall da am Platze, wo große oder stoßweise arbeitende
Maschinen mit kleineren nebeneinander arbeiten. Würde in
einem solchen Falle Gruppenantrieb angewendet, so könnten
Schwankungen der Umlaufzahl von den kleineren Maschinen
nur dadurch ferngehalten werden, daß der Antriebsmotor mit
entgegengesetzt wirkender Compoundwicklung versehen wird.
Diese Gegencompoundierung macht man aber in solchen Fällen
nicht gern wegen der Unsicherheit der maximalen Belastung.
Tritt nämlich infolge Klemmung od. dgl. eine sehr hohe
Stromstärke auf, so wird das Magnetfeld ev. derartig ge-

schwächt, daß der Motor ohne Magnetisierung der Magnete arbeitet, folglich noch höhere Stromstärke aufnimmt und dadurch die Sicherung zum Schmelzen bringt. Auch die Verwendung von Schwungmassen schließt sich aus. Wird bekanntlich ein Nebenschlußmotor genommen, so sind die Schwungmassen annähernd wirkungslos, weil der Tourenabfall zwischen normaler Belastung und Überlastung zu gering ist. Wird nun ein Compoundmotor mit gleicher Magnetisierung beider Magnetwicklungen gewählt, so sinkt bei Belastungen infolge Verstärkung des Feldes die Drehzahl und steigt bei Entlastung aus dem entgegengesetzten Grunde, was wieder für die anderen Maschinen, welche gleichmäßige Drehzahlen verlangen, von Nachteil ist. Es ist also das richtigste, die stoßweise arbeitenden Maschinen einzeln anzutreiben und dann Schwungmassen mit Compoundmotoren für variable Drehzahl zu verwenden, wenn es sich um Gleichstromanlagen handelt. Bei Drehstromanlagen liegen die Verhältnisse fast genau so wie bei Gleichstrom; auch bei Drehstromanlagen läßt sich ein gutes Arbeiten mit Schwungmassen erzielen, wenn in den Rotorstromkreis des Asynchronmotors ein Widerstand eingeschaltet wird, wodurch die Drehzahl sinkt. Bei den ins Auge gefaßten einfachen Verhältnissen genügt ein kleiner, fester Widerstand, der allerdings den Wirkungsgrad etwas herabsetzt.

Bei der Wahl der Anlaßmethode und des Anlassers ist nicht nur die Eigenart der Maschine selbst bzw. des Betriebes zu berücksichtigen, sondern auch der Aufstellungsort und das zur Verfügung stehende Bedienungspersonal.

Je unkundiger dies ist, um so rohere Behandlung ist zu erwarten, und folglich sind alle Einrichtungen darauf zuzuschneiden. Vor allem ist das Anlassen entsprechend einfach zu gestalten, möglichst also vollständig automatisch. Mit unkundigem Personal ist besonders in Saisonbetrieben zu rechnen, also Zuckerfabriken, Konservenfabriken, Ziegeleien u. a., aber auch in Bergwerken, Hütten usw.

Bei jeder Anlage sollte nicht vergessen werden, auch wirtschaftliche Überlegung und Berechnung anzustellen. Es wird z. B. sehr oft der Fehler gemacht, daß für jede Maschine

der am besten passendste Motor gewählt wird, sowohl was
Leistung als auch Umdrehungszahl betrifft. So kommt es,
daß in einem Betriebe nicht nur eine sehr große Anzahl verschiedener Motortypen sind, sondern daß die einzelnen
Motoren gleicher Typen noch nicht einmal in ihrer Umlaufzahl übereinstimmen. Die Folge davon ist, daß entweder
nur für wenige wichtige Motoren Reserveteile beschafft
werden, da die Ausgabe hierfür sonst zu groß wird, oder daß
die Anlagekosten durch die für alle Motoren zu beschaffen-
den Reserveteile erheblich anwachsen. Wird auf diesen Punkt
bei der Projektierung gebührend Rücksicht genommen, so
läßt sich durch entsprechende Wahl der Antriebsverhältnisse,
der Übersetzung oder Geschwindigkeiten usw. erreichen, daß
nur eine geringe Anzahl Motortypen erforderlich wird und
alle Motoren gleicher Type dieselben Umlaufzahlen besitzen.
Die Beschaffung von Reserveteilen für alle Motoren ist dann
billiger, selbst wenn der Mehrpreis für diejenigen Motoren,
welche der Einheitlichkeit halber größer gewählt werden
mußten, hinzugezählt wird. Außerdem ist aber noch der
große Betriebsvorteil vorhanden, daß die Motoren gleicher
Typen ohne weiteres gegeneinander ausgetauscht werden
können. Für alle provisorischen Betriebe oder Betriebe mit
sehr geringen Arbeitszeiten sollten die technischen Einrichtungen, Motoren, Leitungen, Apparate, so billig wie möglich
beschafft werden, auch wenn der Wirkungsgrad darunter
leidet. Die Ausgabe für Verzinsung und Amortisation über-
wiegen diejenigen für die elektrische Energie meist derart,
daß dies unbedenklich gemacht werden kann. Wenn z. B.
für Gründungsarbeiten eine Pumpe durch einen Gleichstrommotor mit variabler Umdrehungszahl beschafft werden soll,
so ist es nicht empfehlenswert, einen regulierbaren Nebenschlußmotor zu nehmen, sondern einen Nebenschluß- bzw. Compoundmotor mit einem Hauptstrom-Vorschaltswiderstand, es
sei denn, daß der regulierbare Nebenschlußmotor nach Fertig-
stellung der Gründungsarbeiten an anderer Stelle Verwendung finden kann. Die jährlichen Unkosten, bestehend aus
Verzinsung, Amortisation und Stromkosten, müssen stets ein
Minimum bilden.

P. Elektrische Montage.

Die Ausführung der Montage, soweit sie den elektrischen Teil betrifft, regelt 'sich nach den vom Verband Deutscher Elektrotechniker herausgegebenen »Vorschriften für die Errichtung elektrischer Starkstromanlagen nebst Ausführungsregeln«. Da diese Vorchriften allgemeine Anwendung finden und neuerdings sogar seitens der Aufsichtsbehörden als maßgebend bezeichnet sind, so dürfte nichts hinzuzusetzen sein. In besonderen Fällen sind noch zusätzliche Vorschriften seitens Landes- oder anderer Behörden zu beachten, die jedoch fast stets nur geringfügige Zusätze oder Abweichungen enthalten.

Als einzige zusätzliche Maßnahme sei hier nur die allgemeine Anwendung von Motorschalttafeln empfohlen. Dieselben werden zweckmäßig mit folgenden Instrumenten und Apparaten versehen:

1. Strommesser nach Amp. und PS geeicht und mit einem roten Strich für normale Belastung versehen, gut gedämpft.
2. Hebelschalter mit Schutzkasten.
3. Sicherungen.
4. Steckkontakte zum Anschluß einer Handlampe.
5. Isolierte Klemmen zum Anschluß eines Zählers.
6. Erwünscht: Spannungsmesser mit beschränktem Meßbereich, gut gedämpft.

An Stelle der Motortafeln können auch die in letzter Zeit sehr in Aufnahme gekommenen Schaltkästen mit Verriegelungseinrichtung gewählt werden, doch sind diese wesentlich teurer.

Die Verwendung von Motortafeln oder Schaltkästen bringt im Betrieb erhebliche Vorteile mit sich. Der die betreffende Maschine oder den Motor Bedienende ist stets über die Belastung des Motors unterrichtet und, wenn ein Spannungsmesser angebracht wird, auch über die Belastung der Zuleitungen. Es kommt dann nicht vor, daß jahrelang Überlastungen bestehen, ohne daß jemand eine Ahnung davon hat. Eintretende Unregelmäßigkeiten an dem mechanischen Teil, die sich durch Steigerung des Stromverbrauches bemerkbar machen, werden in der Entstehung entdeckt und können dann verhältnismäßig leicht beseitigt werden. Hebelschalter und Sicherung sind stets nebeneinander zu setzen. Anordnungen, bei denen der Hebelschalter sich in handlicher Nähe des Bedienungsmannes befinden, während die Sicherungen mit anderen zusammen an der Wand dicht unter der Decke sitzen, sind nicht vereinzelt; sie erschweren das Aufsuchen und Auswechseln einer ausgebrannten Sicherung. Die Anbringung eines Steckkontaktes für eventuelle Reparaturarbeiten, die abends ausgeführt werden müssen, empfiehlt sich immer. Es ist jedoch in solchen Fällen, in denen der Kraftstrom von irgendeiner Zentrale bezogen wird, die besondere Erlaubnis dieser Zentrale einzuholen, wenn der Kraftstrom zu einem billigeren Satz bezogen wird. Auch die Anbringung von Klemmen zum Anschluß eines Zählers ist erwünscht. Ein Zähler wird zweckmäßig von Zeit zu Zeit auf 1—2 Wochen angeschlossen, damit der durchschnittliche Energieverbrauch des Motors festgestellt wird. Ganz besonders empfiehlt sich die Einschaltung eines Zählers bei Arbeitsmaschinen für neue Arbeitsstücke oder neue Arbeitsmethoden, zum Zwecke der Kalkulation genaue Werte für den Kraftbedarf zu liefern. Wird an Stelle des normalen Wattstundenzählers ein Zeitzähler angeschlossen, so kann auch die Festsetzung der Akkordsätze hierdurch erleichtert werden.

In manchen [Fällen ist bei Gruppenantrieb erwünscht, von mehreren Punkten des Arbeitsraumes den Motor in Fällen der Gefahr stillsetzen zu können. Es ist dann zweckmäßig, bei Gleichstrommotoren einen Anlasser mit selbsttätiger Rückstellung wirkend bei Rückgang der Spannung (Fig. 45) zu verwenden und die Zuleitung zu dem Haltemagneten an allen den Punkten vorbeizuführen, an denen eine Ausschaltung erfolgen soll. Plombierte Hebel- oder Dosenschalter sind für diesen Stromkreis normal geschlossen und werden im Bedarfsfalle geöffnet. Alle Schalter müssen natürlich in Hintereinanderschaltung liegen. Bei Drehstrom-

motoren ist zur Erreichung desselben Zweckes ein dreipoliger
Schalter, wirkend bei Rückgang der Spannung anzuwenden,
dessen Haltemagnetleitung in oben beschriebener Weise an
den Punkten vorbeizuführen ist, von denen ausgeschaltet
werden soll. Der Anlasser ist in diesem Falle selbstverständlich mit selbsttätiger Rückstellung auszuführen, damit ein

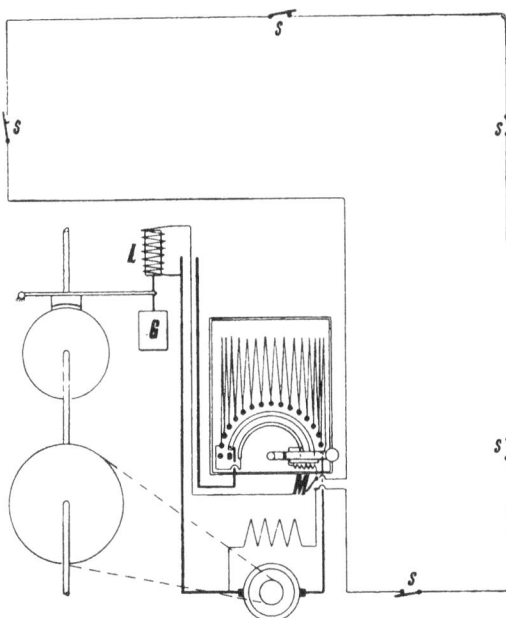

Fig. 170. Einrichtung zum raschen Stillsetzen von Transmissionen mit
Bremslüftmagnet.

Wiedereindrücken des selbsttätigen Schalters keine Gefährdung des Motors zur Folge haben kann.

Vereinzelt wird auch in solchen Fällen eine Einrichtung
getroffen, um das Triebwerk rasch zum Stillstand zu bringen.
Dies läßt sich auf einfache Weise derart erreichen, Fig. 170,
daß ein normaler Bremslüftmagnet L, wie er im Kranbetrieb
üblich ist, zum Lüften einer mechanischen Band- oder Backen-
bremse verwendet wird. Die Magnetspule des Magneten ist
für die Netzspannung zu bemessen und parallel zur Erreger-

wicklung des Motors zu legen. Der Lüftmagnet L wird also gleich nach der Unterbrechung des Nebenschlusses stromlos, so daß die Bremse sofort beim Ausschalten des Anlassers in Tätigkeit tritt. Da es vorkommen kann, daß einer der Schalter s nicht wieder geschlossen wird, wenn er zwecks rascher Stillsetzung des Getriebes betätigt wurde, so liegt die Gefahr vor, daß der Motor beim nachherigen Anlassen ohne

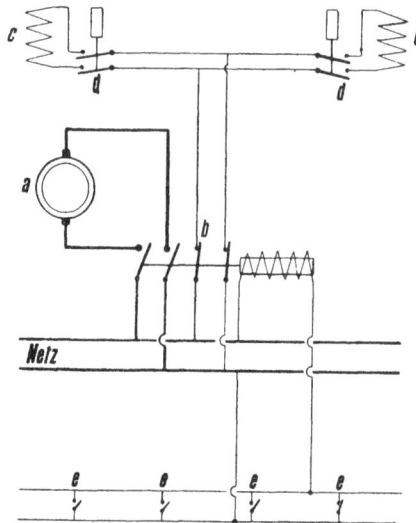

Fig. 171. Einrichtung zum raschen Stillsetzen von Transmissionen (Felten & Guilleaume-Lahmeyerwerke).

Erregung ist. Zur Vermeidung dieses Übelstandes ist der Schalter M am Anlasser (vgl. Fig. 42) vorzusehen. Dieser ist normal geschlossen und wird von der Anlasserkurbel in der Betriebsstellung geöffnet. War also das Schließen eines Schalters s vergessen, so wird zwar der Motor normal angelassen, sobald jedoch die Kurbel die Betriebsstellung erreicht hat, erfolgt sofortiges Zurückspringen.

Eine andere von den Felten & Guilleaume-Lahmeyer-Werken[1]) in den Handel gebrachte elektromagnetische Transmissionsnotbremse ist in Fig. 171 und 172 dargestellt. Im

---

[1]) E. A. 1909, S. 669

Schema Fig. 172 ist *a* der Motor, *b* ein Fernschalter, *c* sind
Bremslüftmagnete, *d* vom Bremsgewicht betätigte Schalter
und *e* Druckknöpfe oder Schalter. Wird ein Schalter *e* geschlossen, so erhält die Magnetspule des Fernschalters *b*
Strom, schaltet den Motor ab und schließt den Stromkreis
von *c*. Durch das Fallen des Gewichtes wird der Schalter *d*
betätigt und der Bremsmagnet wieder stromlos gemacht. Soll
der Motor wieder in Betrieb genommen werden, so wird zu-

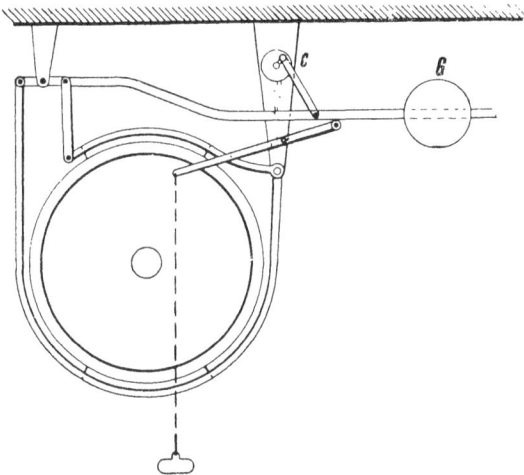

Fig. 172. Einrichtung zum raschen Stillsetzen von Transmissionen (Felten
& Guilleaume-Lahmeyerwerke.)

nächst der Fernschalter in die Betriebsstellung gelegt, wodurch der Stromkreis der Bremsmagnete unterbrochen wird,
und dann mittels Kettenzuges die Bremse wieder gelüftet.
Diese Einrichtung ist gegenüber der vorbeschriebenen zwar
etwas teurer, hat jedoch den Vorteil, daß in einfachster
Weise mehrere über die Transmission verteilte Bremsmagnete
gleichzeitig betätigt werden können, und daß die Bremsmagnete im Betriebe stromlos sind, also keinen Energie-
aufwand bedingen und in gleicher Ausführung auch für
Wechsel- und Drehstromanlagen brauchbar sind. Als Nachteil ist anzuführen, daß das Lüften der Bremse nicht selbsttätig geschieht. Fig. 172 gibt eine schematische Darstellung

der praktischen Ausführung. Bei Drehstrom wird der Lüfte-
magnet oder Lüftmotor parallel zum Hauptmotor gelegt.
Wenn also der selbsttätige Schalter die Primärleitung unterbricht, wird auch der Bremsmotor bzw. Bremsmagnet stromlos, und das Gewicht G bewirkt Anziehen der Bremse.

Nicht genügend berücksichtigt wird oft bei Riemenspannvorrichtungen die Verschiebung des Motors. Die Zuleitungen
müssen die maximal mögliche Verschiebung gestatten. Solange es sich um kleine Motoren und dementsprechend
schwachen Leitungen handelt, genügen normale Leitungen,
die natürlich lang genug sein müssen und oft zu Spiralen
gewunden werden. Bei größeren Motoren werden aber die
Leitungen so steif, daß bei Verschiebung des Motors erhebliche Spannungen auftreten und die Verbindungsschrauben
nicht selten gelockert werden. Es ist daher nötig, flexibele
Verbindungsstücke aus vieldrähtiger Litze, wie sie z. B. auch
für die Zuleitungen zum Anker von Gleichstrommotoren benutzt werden, anzuwenden.

Das Abschmirgeln des Kollektors oder der Schleifringe
ist vor der Inbetriebsetzung unbedingt erforderlich, damit
guter Kontakt vorhanden ist. Hierzu gehört ebenfalls das
genaue Einschleifen der Kohlen nach der Rundung des
Kollektors und bei Gleichstrommotoren mit verdrehbarer
Bürstenbrille die Einstellung letzterer nach der Marke.

Hat ein Motor vor der Montage lange gestanden oder
ist er bei feuchtem Wetter nicht immer in einem trockenen
Raume gewesen, so empfiehlt es sich, ihn vor der Inbetrieb-
nahme auszutrocknen. Zu diesem Zwecke wird ihm unter
Vorschaltung eines entsprechend großen Widerstandes Strom
von sehr geringer Spannung, aber normaler Stärke zugeführt.
Nach verhältnismäßig kurzer Zeit hat dann der Motor seine
normale Betriebstemperatur angenommen, und die etwa im
Innern der Wicklung sitzende Feuchtigkeit verdunstet. Wird
das Trocknen 2—3 Stunden ausgeführt, so kann mit Sicherheit angenommen werden, daß ein Wicklungen keine Feuchtigkeit mehr enthalten. Bei großen Motoren dürfte eine
etwas längere Zeit erforderlich sein.

Q. Mechanische Montage.

Die Fundamente der Motoren sollen möglichst so hoch sein, daß der Kommutator oder die Schleifringe in bequemer Höhe liegen und anderseits beim Reinigen der Arbeitsräume Spritzwasser nicht leicht an die Wicklungen gelangen kann. Im allgemeinen ist es üblich, die Fundamente 15—30 cm über Fußboden hoch zu führen, wenn keine Gründe anderer Art eine Abweichung bedingen. Um zu vermeiden, daß durch die Wände usw. der Gebäude das Geräusch der Motoren übertragen wird, ist es zweckmäßig, die Maschinenfundamente von den Gebäudefundamenten zu trennen und eine Sand- oder Koksschicht zwischen beiden zu verwenden. Müssen die Motoren an den Wänden, Decken oder Fußböden der Gebäude befestigt werden, und ist eine Schallübertragung zu befürchten, so muß der Motor schallsicher aufgestellt werden, am besten auf einer Unterlage von Eisenfilz oder Kork, ev. auf Federn.

Die Fundamente müssen gut verputzt werden; zweckmäßig werden sie gut mit Ölfarbe bestrichen, damit im Betrieb das aus den Lagern tropfende Öl den Zement des Fundamentes nicht angreifen kann.

Die vielfach verwendeten Wandkonsolen sind so auszuführen, daß Vibrationen nicht eintreten können. Konstruktionen aus Flacheisen sind nur für kleinere Motoren zweckmäßig, für größere eignen sich Winkel- oder ⊏-Eisenkonstruktionen wegen ihrer größeren Steifigkeit bei gleichem Materialquerschnitt besser. Bei schwachen Wänden empfiehlt es sich, die Konsole nicht unmittelbar auf die Wand zu setzen, sondern längere nicht zu schwache Flach- oder ⊏-Eisen vertikal auf die Wand zu legen, mit dieser zu verankern und diese auf die Konsole zu setzen. Die Beanspruchung wird dadurch auf eine größere Wandfläche verteilt. Wenn der Motor so auf der Konsole aufgestellt wird, daß seine Asche parallel zur Wand liegt, so ist eine besondere Querversteifung der Konsole meist nicht erforderlich, wohl aber dann, wenn die Motorachse senkrecht zur Wandfläche liegt. Daß der Riemen

im letzteren Falle an der Wand liegen muß, damit der Kollektor oder die Schleifringe vorn bequem zugänglich sind,
dürfte selbstverständlich sein. Oft wird der Abstand der
Riemenscheiben von der Wand zu knapp bemessen, so daß
das Aufbringen des Riemens mit Schwierigkeiten verknüpft
ist. In den meisten Fällen genügt es, wenn dieser Abstand
etwa gleich der Hälfte der Riemenbreite ist.

Die Anbringung des Motors an der Wand ohne Konsole
ist möglich, wenn die Motorachse parallel zur Wand liegt
und sich die Lagerschilder oder Lagerbügel des Motors um
90⁰ drehen lassen. Bei zweipoligen Motoren ist dies nicht
immer der Fall.

Zum Antrieb von Deckenvorgelegen wird der Motor oft
zweckmäßig unter die Decke gehängt, sofern die Lagerschilder
oder Bügel sich um 180⁰ drehen lassen. Wenn dies auch
bei den meisten der modernen Typen der Fall ist, so gibt es
doch noch einige Konstruktionen mit auf der Grundplatte
verschraubten oder mit ihr vergossene Stehlagern, welche
diese Art der Anbringung nicht gestatten.

Bei allen nicht bequem zugänglichen Motoren sollten
Ölstandsgläser vorhanden sein, damit von unten beobachtet
werden kann, ob noch Öl in den Lagern ist und ob dasselbe
noch klar ist oder erneuert werden muß.

Die Beschaffung einer Riemenspannvorrichtung ist immer
wichtig. Wenn auch zunächst alte ausgereckte Riemen zur
Verwendung gelangen, die ein Nachspannen nicht erfordern,
so kommen doch nach Verbrauch derselben neue zur Anwendung und dadurch ergibt sich die Notwendigkeit, nach
Bedarf die Achsenabstände zu vergrößern. Aber auch bei
Verwendung alter Riemen ist die Riemenspannvorrichtung
insofern zweckmäßig, als man weniger auf die Geschicklich-
keit usw. des Unterhaltungspersonals angewiesen ist. Durchschnittlich kann man damit rechnen, daß bei allen ohne
Riemenspannvorrichtung arbeitenden Riemengetrieben die
Riemen anfangs zu stramm aufgelegt werden. Das hierdurch
bedingte unnötige Strecken der Riemen, sowie der unnötige
Lagerdruck und größere Lagerverschleiß, fällt fort, sobald
durch die Riemenspannvorrichtung eine genaue Einregulie-

rung möglich ist. Die normalen horizontalen Riemenspannschlitten können sowohl bei horizontalen als auch schrägen
Riemenzügen (bis zu etwa 45 °) benutzt werden. Senkrechte
Riemenspannvorrichtungen wurden früher vielfach angewendet, sind aber neuerdings selten geworden, und zwar
hauptsächlich wegen ihres hohen Preises. An deren Stelle
werden die Riemenwippen der verschiedensten Arten verwendet, sobald es sich um einen Antrieb nach oben handelt.
Beim Antrieb nach unten wird in den meisten Fällen auf
die Spannvorrichtung verzichtet, wenn der Motor horizontal
aufgestellt werden muß. Kann er um 90° gedreht und an
eine Wand gesetzt werden, so läßt sich auch in diesen
Fällen eine Spannvorrichtung anwenden, und zwar die
normale. Die Spannschienen werden dann in die Wand ein-
gelassen. Es ist hierbei jedoch zu empfehlen, Spannschienen
zu verwenden, die an einer Seite geschlossen sind, damit dieselbe Spannvorrichtung auch für Antriebe nach oben benutzt
werden kann. Wenn nämlich der Motor unterhalb der anzutreibenden Welle liegt, so würde das Spannen nur durch
das Motorgewicht erfolgen, wenn die Schrauben unten sitzen.
Es müssen daher die Schrauben oben und, damit beim Nachspannen während des Betriebes der Motor beim Reißen oder
Abschlagen des Riemens nicht nach unten fällt, die Spannschienen unten geschlossen sein. Die Verwendung von in
die Wand eingelassenen Spannschienen hat noch den weiteren
Vorteil, daß besondere Konsolen dadurch gespart werden. Ist
eine Spannvorrichtung schwierig anzubringen, z. B. bei Antrieben senkrecht nach unten oder bei 'an der Decke aufge-
hängten Motoren, so empfiehlt es sich, entweder alte sich nicht
mehr reckende Riemen zu verwenden, oder Stahlbänder zu
nehmen. Besonders bei letzteren ist eine Nachspannvorrichtung
nicht erforderlich, wenn das Stahlband mit der richtigen Spannung aufgelegt wird, da eine Dehnung nicht stattfindet.

Ein Spannschlitten wird in besonderen Fällen auch bei
Zahnradübersetzungen oder bei direkten Kupplungen angewendet. Bei ersteren wird durch den Spannschlitten die
genaue Entfernung der Wellenmitte und dadurch korrekter
Zahneingriff ohne viele Mühe eingestellt und außerdem die

20*

Möglichkeit geschaffen, durch Auswechseln der Zahnräder ein anderes Übersetzungsverhältnis zu schaffen. Bei direkter Kupplung hat der Spannschlitten denselben Zweck, die Montage oder das Auswechseln zu erleichtern. Man findet hierbei die Spannschienen sowohl rechtwinkelig zur Achse, wie bei Zahnrädern, als auch parallel mit der Achse zum Herausziehen des Motors aus der Kupplung.

Bei horizontaler oder schräger Riemenübertragung ist die Drehrichtung, oder wenn dieselbe festliegt und nicht geändert werden kann, die Lage des Motors zu der Gegenscheibe nach Möglichkeit so zu wählen, daß das ziehende Riementrum unten liegt. Besonders bei größeren Übersetzungsverhältnissen, also etwa von 1 : 5 an, ist hierauf Wert zu legen, weil der umspannte Bogen der Motorscheibe dadurch größer wird. Auch bei großen Achsabständen ist es empfehlenswert, das ziehende Trumm unten zu haben, da dann der etwaige Riemenschutz dicht unter den Riemen gelegt werden kann, während im umgekehrten Falle, wegen des größeren Durchhanges des gezogenen Trumms der Riemenschutz wesentlich tiefer angeordnet werden muß.

Bei der Inbetriebsetzung ist es von Wichtigkeit, die Lager genau nachzusehen, da beim Transport manchmal Schmutz in die Ölkammern kommt. Es empfiehlt sich daher, die Lager gründlich mit Petroleum auszuspülen, bis dasselbe unten klar wieder abläuft. Beim Einfüllen des Schmieröles ist die Ölmarke zu beachten. Wird zu wenig Öl eingeführt, so berühren die Schmierringe nur die Oberfläche des Öles und bringen dies bald zum Schäumen, so daß die Schmierung sehr schlecht ist und die Lager warm laufen. Ein zu hoher Ölstand ist ebenfalls schädlich; dieser wird aber meist dadurch vermieden, daß die Lager mit einem Ölüberlaufrohr versehen sind. In der ersten Zeit des Betriebes muß das Öl öfter abgelassen und durch neues ersetzt werden. Sobald sich aber die Lager eingelaufen haben, braucht das Öl nur in sehr großen Zwischenräumen erneuert zu werden. Bei gut dicht haltenden Lagern ist es nichts Seltenes, daß das Öl erst nach 1/2 Jahr und noch später abgelassen zu werden braucht.

Zur [Erleichterung der Betriebskontrolle werden manchmal die Lager der Motoren mit einer Farbe gestrichen, die bei verhältnismäßig geringer Temperaturerhöhung sich ändert. Diese Maßnahme [ist dann zu empfehlen, wenn der Motor sehr schwer zugänglich ist und daher ein öfteres Nachfühlen des Lagers unterbleibt.

Die Nachprüfung, ob der Anker die Pohlschuhe oder den Stator streift, sollte nie vergessen werden. Es kann dies sowohl durch verbogene Achsen als auch durch gerissene Bandagen u. dgl. vorkommen, obwohl es zu den Seltenheiten gehört.

Daß vor der Inbetriebsetzung alle Klemmschrauben und die Befestigungsschrauben nochmals fest angezogen werden, ist selbstverständlich.

R. Mittlerer Kraftbedarf von Arbeitsmaschinen.

Abbrausesiebe für Kohlenwäschen	10 bis	15 PS
Abrichthobelmaschine für Tischlereien . .	2 »	6 »
Anfeuchtemaschine für Papierfabriken . .		5 »
Auflockerungsmaschine für Werg, 100 kg/Std.		3 »
Aufwickelmaschine für Jutewebereien . .		0,25 »
Aufzug je nach Geschwindigkeit und Nutzlast für Personen	2 »	20 »
Aufzug je nach Geschwindigkeit und Nutzlast für Lasten	5 »	30 »
Bäummaschine für Baumwollwebereien .	0,1 »	0,4 »
» » Leinenwebereien . . .	0,5 »	1,25 »
Ballenbrecher » Baumwollspinnereien . .	2 »	3 »
Bandsäge für Holz. Schnitthöhe 300 mm		1 »
» » » » 400 »		2 »
» » » » 500 »		3 »
» » » » 600 »		4 »
» Block- » bis 1000 »	6 »	30 »

Becherwerk für Kohlenwäschen	20	bis	40	PS
Blechbiegemaschine f. Bleche v. 10 mm × 3 m			10	»
» » » » 20 » × 3 »			20	»
» » » » 30 » × 3 »			40	»
Bohrmaschine für weiches und mittelhartes Gestein normale	1	»	2	»
Bohrmaschine für weiches und mittelhartes Gestein, große . .	2	»	5	»
Bohrmaschine für Holz	0,25	»	2	»
» » Metall kleine Lochdurch- messer 20 mm		»	2	»
Bohrmaschine für Metall, größere Lochdurch- messer 40 mm		» 4	»	
Bohrmaschine für Metall, größere Loch- durchmesser 60 mm			6	»
Bohrmaschine (Zylinder) 600 mm Zylinder- durchmesser			5	»
Bohrmaschine (Zylinder) 1000 mm Zylinder- durchmesser			8	»
Bohrmaschine (Zylinder) 1500 mm Zylinder- durchmesser			10	»
Bohrmaschine (Zylinder) 2000 mm Zylinder- durchmesser			15	»
Bohrmaschine (Zylinder) 3000 mm Zylinder- durchmesser			22	»
Brecher, Knochen-, Leistung 1 t/Std. . .			3	»
» » » 2 »			5	»
» » » 4 »			7	»
» Zucker-			6	»
Brechmaschine, Walzen- für Flachs . . .			1	»
Buchdruckerpresse siehe unter Druckerpresse				
Bürstmaschine für Baumwolle . .	0,1	»	0,2	»
» » Streichwolle .			1	»
Desintegrator für Kohlenwäsche	30	»	50	»
Drahtstiftmaschine	0,2	»	4	»
Drehbank, Kurbelzapfen-			20	»
» Plan-, 1 bis 2 m Durchmesser .	3	»	5	»
» 2 » 4 » »	5	»	10	»

Drehbank, Plan-, 4 bis 8 m Durchmesser .	10 bis	20 PS
» Radsatz-, 1 m Raddurchmesser		6 »
» » 1,5 » »		10 »
» » 2 » »		14 »
» » 2,5 » »		18 »
» Revolver-, 150 bis 300 mm Spitzen-höhe	1 »	3 »
» » 350 bis 500 mm Spitzen-höhe	4 »	6 »
» Spitzen-, 150 bis 300 mm Spitzen-höhe	1 »	3 »
» » 350 bis 500 mm Spitzen-höhe	4 »	6 »
» » 500 bis 1000 mm Spitzen-höhe	6 »	12 »
» Walzen-, 400 mm Walzendurch-messer		6 »
» » 800 mm Walzendurch-messer		10 »
» » 1200 mm Walzendurch-messer		16 »
» Holz-, ...	1 »	2 »
Drehscheibe, 12 bis 20 m Durchmesser . .	5 »	20 »
Dreschmaschine, normale	10 »	20 »
» große	»	35 »
Druckerpresse, einfache Schnellpresse . . .	1 »	2 »
» Doppelschnellpresse . . .	2 »	4 »
» Zweitourenpresse	4 »	8 »
» Zylinderrotationspresse, ein-fache	6 »	10 »
» » Zwillings-	10 »	20 »
Eismaschine, Leistung pro Stunde 50 kg Eis		3 »
» » » » 100 » »		5 »
» » » » 250 » »		10 »
» » » » 500 » »		18 »
» » » » 1000 » »		36 »
» » » » 2000 » »		70 »

wenn Gefrier- und Kühlwasser je $+ 10^0$ C Temperatur haben.
Die Leistung sinkt um je 1 % für je 1^0 C höhere Temperatur

des Gefrierwassers. Der Kraftverbrauch steigt um je 4% für
je 1⁰ C höhere Temperatur des Kühlwassers.

Entkörn(Egrenier)maschine für Rohbaum-	
wolle	2 PS
Exhaustor, Leistung 5 cbm pro Minute .	0,2 »
» » 70 » » »	2 »
» » 160 » » »	4 »
» » 260 » » »	6 »
Fallhammer siehe unter Hammer	
Fallorthaspel siehe unter Haspel	
Faltmaschine für Jutewebereien	0,5 »
Faßreinigungsmaschine für Brauereien . .	3 »
Fleischschneidemaschine	1,5 bis 8 »
Förderhaspel siehe unter Haspel	
Fourniersäge für 60 cm Schnittbreite . .	2 »
» » 80 » » .	3 »
» » 100 » » . .	4 »
Fräsmaschine für Holz	1 » 6 »
» » Metall	0,5 » 6 »
Futterquetsche	0,5 » 2 »
Gatter, Horizontal-, mit 1 Sägeblatt für 1,0 m	
Stammdurchmesser . .	5 »
» » mit 1 Sägeblatt für 1,4 m	
Stammdurchmesser . .	8 »
» » mit 1 Sägeblatt für 1,8 m	
Stammdurchmesser . .	10 »
» Voll-, mit 12 Sägeblättern für 0,4 m	
Stammdurchmesser	6 »
» » mit 12 Sägeblättern für 0,6 m	
Stammdurchmesser	7,5 »
» » mit 12 Sägeblättern für 0,8 m	
Stammdurchmesser	9 »
» » mit 12 Sägeblättern für 1,0 m	
Stammdurchmesser	13 »
» » mit 12 Sägeblättern für 1,2 m	
Stammdurchmesser	18 »
Gebläse siehe unter Rootgebläse	
Gerstenputzer für Brauereien . . .	5 »

Gesteinsbohrmaschine siehe unter Bohr-
   maschine

Getreidereiniger	0,5 bis	1	PS
Gewindeschneidemaschine	0,3 »	2	»
Gießwagen, Fahrmotor	30 »	50	»
» Drehmotor	10 »	15	»
» Kippmotor	10 »	15	»
» Verschiebemotor	10 »	15	»

Grubenlokomotiven siehe unter L.

Hadernkocher für Papierfabriken 8 cbm Inhalt		2	»

Hadernschneider für Papierfabriken, Leistung
6 bis 10 t pro 10 Stunden	4 »	10	»

Hadernstäuber für Papierfabriken, Leistung
6 bis 10 t pro 10 Stunden, ungereinigte
Lumpen	3 »	4	»

Hadernstäuber für Papierfabriken, Leistung
6 bis 10 t pro 10 Stunden, gereinigte
Lumpen	1 »	2	»
Häckselmaschine	2 »	5	»

Hängebahn pro km gerader, horizontaler
Strecke und 1 t stündlicher Förderleistung	0,1	»

Hammer, Feder-,
25 kg Bärgewicht, 250 Schläge pro Minute	1,5	»
50 » » 240 » » »	2,5	»
75 » » 230 » » »	3,5	»
100 » » 200 » » »	4	»

Hammer, Luftdruck-,
50 kg Bärgewicht 230 Schläge pro Minute	2 »	3	»
100 » » 200 » » »	4,5 »	6	»
200 » » 175 » » »	6 »	12	»
300 » » 165 » » »	8 »	16	»
500 » » 150 » » »	12 »	24	»
750 » » 130 » » »	16 »	32	»
1000 » » 110 » » »	20 »	40	»

Hammer, Stangenreib-, 100 kg Bärgewicht
	2	»
» » 200 » »	4	»
» » 300 » »	6	»
» » 500 » »	9	»

Hammer, Stangenreib-, 750 kg Bärgewicht					12		PS
» Stiel-, 50 » »					1,5		»
, » 80 » »					2		»
Haspel, Fallort-, normale			5	bis	10		»
» » große			10	»	20		»
» Förder-, je nach Geschwindigkeit							
und Nutzlast			10	»	100		»
Hechelmaschine für Flachs					1		»
Hobelmaschine für Holz, Abricht-, . .			1	»	3		»
» » » Dicken-, .		.	3	»	20		»
» » » Kehl-, ...			3	»	10		»
» » » Nut- und Spund-,			4	»	12		»
» » » mit selbsttätigem							
Walzenvorschub für Hölzer bis 300 × 160					2		»
» 500 × 180					3		»
» 700 × 260					5		»
» 900 × 280					6		»
Hobelmaschine für Metall, 600 mm breit			1	»	3		»
» , » 1000 » »			3	»	6		»
» » » 2000 » ,			10	»	15		»
, » Spandicke $1/32''$ engl.			15	»	20		»
» » » $3/64''$ »			20	»	25		,
» » » $1/16''$ »			25	»	30		,
» » » $3/32''$ »			30	»	35		,
Hobelmaschine, Blechkanten-, 4 m lang . .			6	»	12		»
» » 6 » ,			10	»	20		»
, » 8 » »			15	»	30		»
Holländer für Papierfabriken, kleinere für							
Halbzeug			1	»	3		,
» für Papierfabriken, größere für							
Halbzeug 1 t pro 10 Std. . . .					15		»
» für Papierfabriken, größere für							
Halbzeug 1 bis 2,5 t pro 10 Std.			20	»	40		»
» für Papierfabriken, kleinere für							
Ganzzeug			3	,	8		»
Horizontalgatter siehe unter Gatter							
Kämmaschine für Baumwollspinnereien, 15							
bis 50 kg pro 10 Stunden					1		»

Kaffeeschälmaschinen für frische Kaffee- kirschen 1000 kg pro Std.		1,5 PS
1600 » » »		3,0 »
» für getrocknete Kaffee- kirschen 200 kg pro Std.	10 bis	12 »
Kalander, hydraulische, für Jutewebereien	10 »	30 »
» für Papierfabriken	20 »	40 »
Kammgarnspinnmaschine pro 40 Spindeln		1 »
Kehlmaschine siehe unter Hobelmaschine		
Kettenförderung für Kohlenwäschen . . .	15 »	30 »
Kettengarnspinnmaschine pro 75 Spindeln .		1 »
Kettenspulmaschine für Baumwollwebereien	0,25 »	0,5 »
» » Leinenwebereien .	1 »	2 »
» » Jutewebereien .	1,5 »	3 »
Klebemaschine für Papierfabriken		10 »
Klopfmaschine für Florettseidenspinnereien		1,5 »
Knochenbrecher siehe unter Brecher		
Knotenfänger für Papierfabriken .		10 »
Kohlenrotationsbrecher 10 bis 20 t. . . .	6 »	15 »
Kohlenstampfmaschine für Koksöfen 5 t pro 10 Minuten		5 »
Koksausdrück- und -beschickmaschine		30 »
Kollergang, Leistung 0,1 t pro Stunde		1 »
» » 0,5 t » »		5 »
» » 1 t » »		6 »
» » 2 t » »		8 »
» » 4 t » »		12 »
» für Papierfabriken	8 »	20 »
Kompressor, zweistufig, f. 6 Atm. Luftpressung angesaugte Luft pro Minute 1 cbm		8 »
» » » » 3,5 »		27 »
» » » » 8 »		58 »
» » » » 16 »		110 »
» » » » 32 »		210 »
Kompressor, fahrbarer, f. Stoßbohrmaschinen pro Stoßbohrer		8 »
Kopfpressen für Holzschrauben	0,5 »	5 »
Kopiermaschine für Holz		1 »

Krane, Lauf-, Last	3 t	Hubmotor			7	PS
		Kranfahrmotor . .			7	»
		Katzenfahrmotor .			1,5	»
»	»	» 10 t Hubmotor . . .			12	»
		Kranfahrmotor . .			12	»
		Katzenfahrmotor .			3	»
»	»	» 20 t Hubmotor			18	»
		Kranfahrmotor . .			18	»
		Katzenfahrmotor .			3	»
»	»	» 30 t Hubmotor			24	»
		Kranfahrmotor . .			18	»
		Katzenfahrmotor .			6	»
»	»	» 50 t Hubmotor			36	»
		Kranfahrmotor . .			24	»
		Katzenfahrmotor .			10	»

Kreissäge für Holz, lang schneiden,

200 mm Sägeblattdurchmesser		1	»
400 » »		3	»
600 » »		5	»
800 » »		7	»
1000 » »		10	»
1200 » »		12	»

» für Holz, quer schneiden,

600 mm Sägeblattdurchmesser	3	»
700 » »	4	»
800 » »	5	»

» für Metall, kalt,

500 mm Sägeblattdurchmesser	5	»
1000 » »	10	»
1500 » »	15	»

» für Metall, warm für kleinere Profile 600 mm Sägeblattdurchmesser   20 »   30 »

» für Metall, warm für mittlere Profile bis NP 32 1000 mm Sägeblattdurchmesser . . . .   40 »   50 »

» für Metall, warm für große Profile bis NP 55 1500 mm Sägeblattdurchmesser . .   . . .   100 »

Klettenwolf siehe unter Wolf

Krempel für Baumwollspinnereien 20 bis
      100 kg pro 10 Stunden . . . .   1 PS

» für Flachsspinnereien,
      40 kg pro Stunde (Vorkrempel)   3 »
      25 » » » (Feinkrempel)   2 »

» für Jutespinnereien,
      150 kg pro Stunde (Vorkrempel)   5 »
      120 » » » (Feinkrempel)   5 »

Krempelwolf siehe unter Wolf.

Laufwinde, Hubmotor . . . . 1,5 » 12 »
    »   Fahrmotor . . . . 0,75 » 3 »

Lochmaschine,
  Blechdicke 10 mm, Lochdurchm. 20 mm   5 »
    » 20 »   »   26 »   10 »
    » 30 »   »   35 »   25 »
    » 40 »   »   40 »   40 »

Lokomotiven, Gruben-, 450 mm Spurweite » 16 »
    »   »   560 »   »   » 35 »
    »   »   700 »   »   » 55 »
    »   »   1000 »   »   » 80 »

Lumpenreißer für Papierfabriken, Leistung
  1 t pro Stunde. . . . .   5 »

Lumpenschneider für Papierfabriken, größere 10 » 15 »

Maischwerk für Brauereien . . . . . . 2 » 3 »

Malzputzer für Brauereien . . . . . . 0,5 » 3 »

Malztrommel »   »   . . . . . . 2 » 4 »

Mischmaschine (Ballenbrecher) siehe unter
          Ballenbrecher.
    »   Mörtel-, 2 cbm pro Stunde 1 » 4 »
              6 » » » 2 » 10 »

Mühle, Getreidemahl-,
  für 1000 kg Roggen pro 24 Stunden   4 »
  » 1000 » Weizen » 24   »   3 »
  » Kohlenstaub-, für 0,5 t pro Stunde 6 »
      für 1,5 bis 2,0 t »   »   15 »
  » Kugel-, 1 m Trommeldurchmesser 2 »
  »   »   1,5 »   »   7 »

Mühle, Kugel-, 2 m Trommeldurchmesser	15	PS
» » 2,5 » »	25	»
» Schlagkreuz-, für, Ton, bei 3 mm		
Spaltweite und mittelharten Ton:		
1 t pro Stunde	5	»
2,5 t » »	10	»
3,5 t » »	15	»
4,5 t » »	20	»
5,5 t » »	25	»
» Stoff-, für Papierfabriken 2,5 t pro		
10 Stunden	25	»
» Traß- und Gips-, (Kollergang),		
100 kg pro Stunde feinen Traß . .	6	»
200 bis 500 kg pro Stunde Gips	6	»
» Quarz-, Zement-, Kalkstein-, Kohle usw.,		
Leistung 1,5 t pro Stunde	25	»
» 3 t » »	35	»
» 4 t » »	48	»
» 5 t » »	60	»
» 7 t » »	70	»
» Zucker-, Soda-, Kreide-,		
Leistung 0,4 t pro Stunde	1	»
» 1,8 t » »	4	»
» 7 t » »	14	»
» 10 t » »	20	»
» 15 t » »	30	»
» 20 t » »	40	»

Nähmaschine	0,1 bis	0,5		»
Nut- und Spundmaschine siehe unter Hobel-				
maschine.				
Öffner für Baumwollspinnereien 2 bis 3 t				
pro 10 Stunden	4	»	6	»
» für Florettseidenspinnereien (Kokon)			1	»
» für Jutespinnereien	6	»	10	»
Ölkuchenbrecher	0,5	»	1	»
Ölwolf siehe unter Wolf.				
Packpresse für Papierfabriken	3	»	6	»
Papiermaschine 4 t pro 24 Std. Druckpapier	20	»	50	»

Papiermaschine 8 t pro 24 Std. feines Papier		bis 120 PS
Papierschneidemaschine	2 »	5 »
Papierrollmaschine	5 »	10 »
Pendelkreissäge für Holz, 200 mm Durchm.		1 »
400 » »		1,5 »
600 » »		2 »
800 » »		4 »
Pflüge, $v = 1,2$ bis 1,6 m pro Sek. . . .	40 »	60 »
Presse für Dosen 400 mm Blechdurchmesser		3 »
» 800 » »		6 »
» 1200 » »		9 »
» » Kalksandstein 1000 bis 2000 Steine/Std.	4 »	12 »
» » Nieten und Bolzen	0,5 »	5 »
» » Tonröhren von 350 mm Durchm.		6 »
500 » »		7 »
650 » »		8 »
und größer bis zu		50 »
Propellerrinnen 10 bis 100 t pro Stunde	4 »	20 »
Pumpen, Kolben-, für Preßwasser von 250 Atm.		
25 l pro Minute		20 »
50 l » »		40 »
100 l » »		80 »
» Kolben-, für Förderhöhen bis 300 m		
1 cbm pro Minute bei 300 m Förderhöhe		90 »
2,5 » » » » 300 » »		225 »
5 » » » » 300 » »		450 »
Pumpen, Drillings-, für Förderhöhen bis 600 m		
0,1 cbm pro Minute pro 10 m Förderhöhe		0,34 »
0,5 » » » » 10 » »		1,6 »
1 » » » » 10 » »		3,2 »
2 » » » » 10 » »		6,4 »
4 » » » » 10 » »		12,5 »
6 » » » » 10 » »		18,8 »
8 » » » » 10 » »		25 »
10 » » » » 10 » »		32 »

Pumpen, Ventilvakuum-, einstufige, für ein
  Vakuum unter $1/_4$ mm Quecksilbersäule
  abs. Druck

angesaugte Luft		1,5 cbm	pro	Minute				1,5	PS
»	»	5	»	»	»			5	»
»	»	10	»	»	»			10	»
»	»	25	»	»	»			25	»
»	»	50	»	»	»			50	»
Querschneider für Papierfabriken						2	»	10	»
Quetschen für Jute, Leistung 0,8 t pro Std.								4	»
Raffineur für Holzschleifereien						10	»	30	»
Rauhmaschine für Streichwollwebereien . .						1	»	4	»

Reißwolf siehe unter Wolf.

Richtmaschine, Blech-, für 10 mm-Blech				.			10	»
»		»	» 20	»	»	.	20	»
»		»	» 30	»	»	.	60	»
»		»	» 40	»	»	.	120	»
»	Träger- (Stößelpressen)							
	für 100 mm Trägerhöhe			.			4	»
	» 200	»	»	.			8	»
	» 300	»	»	.			14	»
	» 400	»	»	.			20	»
	» 500	»	»	.			26	»
»	Winkeleisen-, 100 mm Schen-							
	kellänge . . .						15	»
»		»	200 mm Schen-					
	kellänge . . .						30	»

Ringspinnmaschine siehe unter Spinnmaschine.

Rollgang, Transport-	25	»
Rollmaschine, Umrollmaschine für Papier-		
fabriken	5 bis 20	»
Rolltreppe, 60 Personen pro Minute . . .	8	»
Rootgebläse für 5 bis 8 Schmiedefeuer, Druck		
von 175 mm Wassersäule	1	»
Rootgebläse für 12 bis 22 Schmiedefeuer,		
Druck von 175 mm Wassersäule . . .	2	»
Rootgebläse für 24 bis 44 Schmiedefeuer,		
Druck von 175 mm Wassersäule . .	4	»

Rootgebläse für 40 bis 80 Schmiedefeuer, Druck von 175 mm Wassersäule . . .   8 PS

Rootgebläse für 700 kg pro Stunde zu schmelzendes Eisen, Druck von 300 mm Wassersäule . . . . , . .   3 »

Rootgebläse für 1800 kg pro Stunde zu schmelzendes Eisen, Druck von 300 mm Wassersäule . . . .   6 »

Rootgebläse für 3300 kg pro Stunde zu schmelzendes Eisen, Druck von 300 mm Wassersäule . . . .   12 »

Rootgebläse für 5800 kg pro Stunde zu schmelzendes Eisen, Druck von 300 mm Wassersäule . . . .   24 »

Ratationsdruckmaschine siehe unter Druckerpresse.

Rübenschneider . . . .   0,5 bis   1 »

Rübsamenreinigungsmaschine . .   2 »

Rührbütte für Holzschleifereien . . . . .   2 »   6 »

Rührwerk für Maischpfannen von Brauereien   0,3 »

Rundholzschälmaschine für Hölzer von 500 bis 750 mm Durchm. und 500 mm Länge   4 »

Rundholzschälmaschine für Hölzer von 500 bis 750 mm Durchm. und 750 mm Länge   6 »

Rundholzschälmaschine für Hölzer von 500 bis 750 mm Durchm. und 1000 mm Länge   8 »

Rundholzschälmaschine für Hölzer von 750 bis 1000 mm Durchm. und 1000 mm Länge   10 »

Rundholzschälmaschine für Hölzer von 750 bis 1000 mm Durchm. und 1500 mm Länge   15 »

Rundholzschälmaschine für Hölzer von 750 bis 1000 mm Durchm. und 2000 mm Länge   18 »

Säge, Kreis-, Warm-, Kalt- siehe unter Kreissäge.

   » gatter siehe unter Gatter.

   » Schweif-, für Holz, 500 Hübe pro Minute   0,5 »   1 »

Sandstrahlgebläse 0,5 t Guß pro Stunde .			6	PS
» 1 t » » » .			9	»
» 2 t » » » .			12	»
Satinierwerk für Holzpappen	10	bis	20	»
Seilmaschine, transportable	6	»	8	»
Schere, Blech-	1	»	10	»
» Grobblech-. mit Schwungrad . . .			10	»
» Platinen- » »			10	»
Schermaschine für Leinenwebereien . . .			1	»
» » Jutewebereien, doppelte	3	»	4	»
» » Streichwollwebereien . .	0,25	»	1	»
Schiebebühne	5	»	15	»
Schlagmaschine (Batteur) für Baumwoll-				
spinnereien, 1 Schläger			4	»
Schlagmaschine (Batteur) für Baumwoll-				
spinnereien, 2 Schläger			8	»
Schleiferei, Holz-, für je 100 kg trockenen				
Holzstoff			8	»
Schleifmaschine, für Metall	0,3	»	6	»
» » Holz . . .	3	»	10	»
» Rund-, für Metall . . .	5	»	15	»
Schleifstein, klein	0,5	»	1	»
» mittel	1,5	»	4	»
» groß	4	»	8	»
Schleppzug zur seitlichen Bewegung des Walz-				
gutes pro 2,5 t			5	»
Schlichtmaschine für Baumwollwebereien .			1	»
» » Jutewebereien . . .			1	»
» » Leinenwebereien . .			3	»
Schmiedehammer siehe unter Hammer.				
Schmirgelmaschine zum Sägeschärfen . .			0,5	»
Schneidemaschinen f. Schrauben u. Muttern	1	»	2	»
Schöpfwerk für Papierfakriken . . .	10	»	15	»
Schrotmühle für Brauereien u. a. . .	2	»	6	»
Schrotwalzenstuhl	3	»	20	»
Schußspulmaschine für Baumwollspinnereien.				
für 100 Spindeln			1	»

Schußspulmaschine für Jutespinnereien, für 30 Spindeln		1 PS
Schwingmaschine (Brecher) für Flachs . .		1 »
Sortiermaschine, rotierende, für Holzschleifereien		6 bis 25 »
Spinnmaschine, Vor- für Baumwolle Grobspindelbank pro 40 bis 60 Spindeln		1 »
Mittelspindelbank » 50 » 80 »		1 »
Fein- und Extrafeinspindelbank pro 60 bis 90 Spindeln		1 »
Spinnmaschine, Ring-, pro 100 Spindeln .		1 »
» Selfaktor, pro 80 bis 160 Spindeln		1 »
» Vor-, für Flachs und Werg pro 30 Spindeln . . .		1 »
» Fein-, für Flachs und Werg pro 50 Spindeln		1 »
» Vor-, für Jute pro 10 Spindeln		1 »
» Fein-, für Jute pro 12 bis 15 Spindeln		1 »
» Streichgarn- pro 200 Spindeln		1 »
Splitternfänger für Holzschleifereien . . .	1 »	2 »
Spülmaschine	0,25 »	0,5 »
Spulmaschine für Wollspinnereien		1 »
Spundmaschine siehe unter Hobelmaschine.		
Stacheldrahtmaschine, 25 m pro Minute		2 »
Steinbrecher, Leistung 1,25 t pro Stunde	1 »	4 »
» » 2,5 t » »	2 »	6 »
» » 5 t » »	3 »	10 »
» » 7,5 t » »	6 »	15 »
» » 15 t » »	9 »	25 »
» » 20 t » »	12 »	40 »
Stemmaschine für Holz, vertikal, klein . .	1 »	5 »
» » » » groß . .	6 »	20 »
Strickmaschine	0,25 »	0,5 »

Stoffmühle siehe unter Mühle.

Stoffreibemaschine für Seidenwebereien . .				1,25 bis	2,5	PS
Stoßmaschine, senkrecht, 200 mm Hub . .					3	»
»	»	300	»	» . .	6	»
»	»	400	»	» . .	8	»
»	»	600	»	» . .	12	»
»	»	800	»	» . .	16	»
Sudmaische für Zuckerfabriken					3	»
Tonschneider, Leistung 250 kg pro Stunde					1,5	»
»	»	500	»	» »	4	»
»	»	1000	»	» »	6	»
»	»	2000	»	» »	8	»
»	»	4000	»	» »	12	»
Torfpresse, 4000 Steine pro Stunde . .			25	»	40	»
Treberaufhackmaschine für Brauereien . .					5	»
Trockenapparat, Kanal-, für Holzpappen-						
fabrikation			10	»	20	»
Trockenmaschinen für Baumwollwebereien .			10	»	15	»
Ventilator, für 175 mm Wassersäuledruck,						
für 5 bis 8 Schmiedefeuer . .					1,5	»
» 16 » 19	»			. .	3,5	»
» 40 » 50	»			. .	6,5	»
» 70 » 80	»			. .	9,5	»
» für 300 mm Wassersäuledruck zum						
Schmelzen von 1000 kg Eisen pro Stunde					3	»
2750	»	»	»	»	6,5	»
6000	»	»	»	»	12,5	»
10000	»	»	»	»	18	»
Ventilator, Schraubenrad-,						
Leistung 10 cbm Luft pro Minute					0,1	»
»	60	»	» »	»	0,4	»
»	180	»	» »	»	1	»
»	280	»	» »	»	2	»
»	450	»	» »	»	3	»
»	1000	»	» »	»	5	»
»	1800	»	» »	»	8	»
»	2800	»	» »	»	13	»
»	4000	»	» »	»	18	»

Vollgatter siehe unter Gatter.

Vorspinnmaschine siehe unter Spinnmaschine.

Vorspinnkrempel für Wollspinnereien . .			1 PS
Walzen-Druckschraubenverstellung		10 bis	15 »
Walzenmaschinen zum Zerkleinern von Scherben, Ton, Kies usw.			
Leistung 0,5 t pro Stunde			0,75 »
» 1 t » »			2 »
» 2 t » »			4 »
» 3 t » »			6 »
» 6 t » »			11 »
» 10 t » . »			15 »
» 15 t » »			20 »
Walzenschleifmaschine für Papierfabriken .			15 »
Walzenwalke für Jutewebereien		2 »	3 »
Waschmaschine für Florettseidenspinnereien		0,5 »	1,5 »
» » Wollspinnereien . .		0,5 »	1,5 »
» » Getreide,			
Leistung 1 t pro Stunde			1 »
» 2 t » »			2 »
» 3 t » »			3 »
» 4 t » »			4 »
Webstuhl für Baumwolle		0,1 »	0,5 »
» » Leinen		0,2 »	1 »
» » Jute		0,4 »	1 »
» » Bukskin		0,3 »	1,5 »
» » Kammgarn . . .		0,2 »	0,3 »
» » Seide		0,2 »	0,25 »
» » Seidenband		0,16 »	0,2 »
» » Gardinen			1 »
Wiegemaschine für Fleischereien .			1 »
Wolf, Kletten-, für Wollspinnereien . .		2 »	4 »
» Krempel-, » » . .		2 »	4 »
» Öl-, » »		2 »	3 »
» Reiß-, » Jutespinnereien, 400 kg			
pro Stunde			4 »

Zapfenscheidemaschine . . . .   5 PS

Zentrifugalpumpe, einstufige bis 30 m Förderhöhe

   Leistung 150 l pro Min. pro 1 m Förderhöhe 0,07 bis 0,08 »
     » 300 l » » » 1 » » 0,13 » 0,17 »
     « 600 l » » » 1 » » 0,23 » 0,32 »
     » 1500 l » » » 1 » » 0,55 » 0,72 »
     » 4000 l » » » 1 » » 1,4 » 1,7 »
     » 9000 l » » » 1 » » 3,0 » 4,1 »
     » 12000 l » » » 1 » » 3,8 » 5,3 »
     » 21000 l » » » 1 » » 6,5 » 7,5 »

Zentrifugalpumpe, mehrstufige bis 120 m
   Förderhöhe

   Leistung 150 l p. Min. p. 10 m Förderhöhe 0,6 » 0,8 »
     » 300 l » » » 10 » » 1,2 » 1,4 »
     » 600 l » » » 10 » » 2,2 » 2,5 »
     » 1500 l » » » 10 » » 5,5 » 5,8 »
     » 4000 l » » » 10 » » 13 » 14 »
     » 9000 l » » » 10 » » 29 » 32 »
     » 12000 l » » » 10 » » 37 » 40 »
     » 21000 l » » » 10 » » 64 » 68 »

Zentrifuge, zum Entölen von Putzwolle,
        Leistung 10 kg pro Stunde   0,75 »
           » 20 » » »   1 »
           » 30 » » »   1,5 »
           » 70 » » »   3 »

   » Milch-, ...   0,5 » 2 »

   » Zucker-, 600 mm Korbdurchm.   2 »
        800 »   »   5 »
        1000 »   »   9 »
        1200 »   »   11 »
        1500 »   »   18 »

Ziegelpresse, Leistung 1000 Normalsteine p. Std.   10 »
        1500   »   » »   15 »
        2000   »   » »   25 »
        2500   »   » »   30 »

Ziehmaschine f. Wellen, Formeisen, Röhren usw.

	Zugkraft	2 t	2 PS
	»	5 t	5 »
	»	10 t	8 »
	»	20 t	16 »
	»	30 t	22 »
	»	50 t	35 »

Zuckerbrecher siehe unter Brecher

Zwirnmaschine für Jute pro 30 Spindeln　　　　　　1 »

Benutzte Literatur.

Annalen der Elektrotechnik.

Dettmar, Deutscher Kalender für Elektrotechnik.

Elektrotechnische Zeitschrift.

Elektrotechnischer Anzeiger.

Helios, Exportzeitschrift für Elektrotechnik.

Hirsch-Wilking, Elektro-Ingenieur-Kalender.

Hütte 1908, Des Ingenieurs Taschenbuch.

Joly, Technisches Auskunftsbuch.

Niethammer 1900, Generatoren, Motoren und Steuerapparate für elektrisch betriebene Hebe- und Transporteinrichtungen.

Philippi 1905, Elektrische Kraftübertragung.

Preislisten und Broschüren:
Allgemeine Elektrizitäts-Gesellschaft.
Elektrotechnische Fabrik Rheydt Max Schorch & Cie., A.-G.
Ernst Heinrich Geist E. A. G.
Felten & Guilleaume-Lahmeyerwerke A. G.
Klöckner
Siemens-Schuckertwerke G. m. b. H.
Voigt & Haeffner A. G.

Strecker 1907, Hilfsbuch für die Elektrotechnik.

Zeitschrift des Vereins Deutscher Ingenieure.

Sach- und Namensverzeichnis.

www.ingramcontent.com/pod-product-compliance
Lightning Source LLC
Chambersburg PA
CBHW031432180326
41458CB00002B/523